普通高等学校“十二五”省部级重点规划教材

高层建筑施工

主　编　董　颇　王　俊　原胜利
副主编　范玉东

黄河水利出版社
·郑州·

内容提要

本书内容主要包括高层建筑施工测量、高层建筑深基坑工程施工、高层建筑大体积混凝土施工、高层建筑起重及运输机械、高层建筑现浇混凝土结构施工、钢结构高层建筑施工、高层建筑施工中的安全管理等，并对新技术、新工艺作了重点介绍。本书可作为高等学校土木工程专业和相关专业学生的教学用书，也可供从事建筑施工的工程技术人员参考阅读。

图书在版编目(CIP)数据

高层建筑施工/董颇，王俊，原胜利主编. —郑州：黄河水利出版社，2013.9 （2016.5 重印）

普通高等学校“十二五”省部级重点规划教材

ISBN 978-7-5509-0550-4

Ⅰ.①高… Ⅱ.①董… ②王… ③原… Ⅲ.①高层建筑-工程施工-高等学校-教材 Ⅳ.①TU974

中国版本图书馆 CIP 数据核字(2013)第 226707 号

组稿编辑：王志宽 电话：0371-66024331 E-mail：wangzhikuan83@126.com

出 版 社：黄河水利出版社

地址：河南省郑州市顺河路黄委会综合楼 14 层 邮政编码：450003

发行单位：黄河水利出版社

发行部电话：0371-66026940、66020550、66028024、66022620（传真）

E-mail：hhslcbs@126.com

承印单位：郑州龙洋印务有限公司

开本：787 mm×1 092 mm 1/16

印张：15.5

字数：360 千字 印数：3 101—6 100

版次：2013 年 9 月第 1 版 印次：2016 年 5 月第 2 次印刷

定价：29.00 元

前　言

随着我国社会经济的蓬勃发展，建筑科学和建筑技术也有了高速发展，尤其在城市，土地的供应紧张需要进一步充分发挥土地的综合利用率，高层建筑正在日益成为城市建设的主体。随着我国的建设事业迅速发展，施工领域的新技术、新工艺、新材料不断涌现，传统的高层钢筋混凝土结构施工方法有了很大的改进和发展，钢结构和钢与钢筋混凝土组合结构的高层施工方法有了系统的积累和创新，本书从介绍高层建筑发展的简况、各种高层建筑结构体系等开始，结合国内高层建筑施工实践经验，系统介绍了高层建筑工程的施工技术和施工工艺方法。在编写上严格遵守国家现行建筑工程施工及验收规范，结合高校学生特点，按照“必需、够用”的基本要求，本着“讲清概念、强化应用”的原则进行编写，做到理论联系实际，注重科学性、实用性和先进性，体系完整，内容精炼，文字表达通畅，所附图力求准确、直观，以帮助学生充分理解所学内容。

本书第一章、第二章、第八章由河南金建隆诚建筑工程有限公司范玉东编写；第三章第一节、第二节、第四节及第七章由河南城建学院董颇编写；第三章第三节、第四章、第六章由许昌学院王俊编写；第五章由新乡学院原胜利编写。本书由董颇、王俊、原胜利担任主编并由董颇统稿，由范玉东担任副主编。另外，在此对所有为本书出版给予支持和帮助的单位及个人表示衷心的感谢！

由于时间关系，书中不当之处在所难免，恳请读者批评指正。

编　者

2013 年 6 月

目　录

第一章　绪　论

自19世纪中叶电梯发明以来，建筑向高发展的趋势始终没有停止过。100多年来，结构计算越来越精确，承重材料越来越高强，新的结构体系不断出现，新的施工技术不断发展和成熟，使得建筑的层数和高度极限一次次被突破。20世纪后期，高层建筑的发展已超出建筑学、规划学的范畴，许多人把高层建筑的多少视为城市实力和现代化水平的标志，高层建筑甚至被称为20世纪城市现代化的图腾。

高层建筑的故乡是美国，1885年建成的美国芝加哥家庭保险公司大楼（建于1883～1885年，共10层，高55 m），被公认为世界第一幢高层建筑，也是世界上第一幢按现代钢框架结构原理建造的高层建筑，开启了摩天大楼建造之先河。自此，摩天大楼以飞快的速度覆盖了芝加哥、纽约，成为“一种独特的美国艺术形式，然而在以著名建筑师菲利普·约翰逊为首的一大批人拒绝在美国建造摩天大楼的同时，环太平洋西岸亚洲国家及地区成为高层建筑的新生地，且有愈演愈烈之势。

形成这“巅风”的原因有多种，可以简单概括为以下几方面：城市人口持续增长，土地资源紧缺，促使城市建筑向高空延伸。科学技术的进步，新材料、新工艺的涌现，使人们在高空居住和工作成为可能。建筑师和开发商以建筑高度之最为骄傲，是否拥有高之又高的楼成为衡量一个国家实力的标准之一。

改革开放以来，我国一大批具有现代气派和民族风格的高层建筑竞相出现，光彩夺目。其中单以建筑体型来说，就有联谊大厦和瑞金大厦的“方”、金桥大厦和新锦江的“圆”、花园酒家的“板式”、城市酒家的“锯齿”、太平洋饭店的“弧形”、扬子江酒家的“几何斜面”、虹桥和银河宾馆的“三角斜面”、锦沧文华的“骨牌”、锦明与晚报大楼的“八角双塔”、解放日报的“方棱组合”，还有U字形的太阳广场大厦、山字形的波特曼、风车形的华亭宾馆、凹凸形的电管大楼，以及棱椎体形的明天广场、白玉兰形的上海外滩活动中心、宝塔形的金茂大厦，令人眼花缭乱，目不暇接。

第一节　高层建筑的定义

在世界各国高层建筑及超高层建筑都没有固定的划分标准，联合国科教文组织所属的世界高层建筑委员会在1972年国际高层建筑会议上建议按高层建筑的层数和高度分为四类：第一类，9～16层（最高到50 m）；第二类，17～25层（最高到75 m）；第三类，26～40层（最高到100 m）；第四类，40层以上（即超高层建筑）。

我国根据《民用建筑设计通则》（GB 50352—2005）将民用建筑按地上层数或高度划分如下：

（1）住宅建筑按层数分类：1～3层为低层，4～6层为多层，7～9层为中高层，10层及10层以上为高层。

(2)除住宅建筑外的民用建筑高度不大于24 m者为单层和多层建筑，大于24 m者为高层建筑（不包括建筑高度大于24 m的单层公共建筑）。

(3)建筑高度大于100 m的民用建筑为超高层建筑。

建筑高度的计算：当为坡屋面时，应为建筑物室外设计地面到其檐口的高度；当为平屋面（包括有女儿墙的平屋面）时，应为建筑物室外设计地面到其屋面面层的高度；当同一座建筑物有多种屋面形式时，建筑高度应按上述方法分别计算后取其中最大值。局部突出屋顶的瞭望塔、冷却塔、水箱间、微波天线间或设施、电梯机房、排风和排烟机房以及楼梯出口小间等，可不计入建筑高度内。

第二节 高层建筑的发展

一、我国古代高层建筑

(一)河南登封县嵩岳寺塔

建于公元523年的河南登封县嵩岳寺塔，总高41 m左右，周长33.72 m，塔身呈平面等边十二角形，中央塔室为正八角形，塔室宽7.6 m，底层砖砌塔壁厚2.45 m，为砖筑密檐式塔，其近于圆形的平面，分为上、下两段的塔身，外涂白灰，内为楼阁式，外为密檐式，这种密檐形十二边形塔在中国现存的数百座砖塔中是绝无仅有的，在当时也属少见。整个塔室上下贯通，呈圆筒状。塔室之内，原置佛台佛像，供和尚和香客绕塔做佛事之用。全塔刚劲雄伟，轻快秀丽，建筑工艺极为精巧。该塔虽高大挺拔，但却是用砖和黄泥粘砌而成的，塔砖小而且薄，历经千年而依旧屹立，充分证明了我国古代建筑工艺之高。嵩岳寺塔无论是在建筑艺术上，还是在建筑技术上，都是中国和世界古代建筑史上的一件珍品。

(二)山西应县佛宫寺释迦塔(应县木塔)

山西应县佛宫寺释迦塔（应县木塔）建于辽清宁二年（1056年），金明昌六年（1195年）增修完毕，是中国现存最高最古老的一座木构塔式建筑，也是唯一一座木结构楼阁式塔，为全国重点文物保护单位。

木塔位于寺南北中轴线上的山门与大殿之间，属于“前塔后殿”的布局。塔建造在4 m高的台基上，塔高67.31 m，底层直径30.27 m，呈平面八角形。第一层立面重檐，以上各层均为单檐，共五层六檐，各层间夹设暗层，实为九层。因底层为重檐并有回廊，故塔的外观为六层屋檐。各层均用内、外两圈木柱支撑，每层外有24根柱子，内有8根，木柱之间使用了许多斜撑、梁、枋和短柱，组成不同方向的复梁式木架。有人计算，整个木塔共用红松木料3 000 m^3，2 600多t重，整体比例适当，建筑宏伟，艺术精巧，外形稳重庄严。

应县木塔的设计大胆继承了汉、唐以来富有民族特点的重楼形式，充分利用了传统建筑技巧，广泛采用斗拱结构，全塔共用斗拱54种，每个斗拱都有一定的组合形式，有的将梁、坊、柱结成一个整体，每层都形成了一个八边形中空结构层。设计科学严密，构造完美，巧夺天工，是一座既有民族风格、民族特点，又符合宗教要求的建筑，在中国古代建筑艺术中可以说达到了最高水平，即使在现代也有较高的研究价值。

二、我国近代高层建筑

20世纪60年代已经有较多的高层建筑落成，其中最高的是27层的广州宾馆，高87 m。

20世纪70年代最高建筑的代表是广州白云宾馆，33层，高112 m。

20世纪80年代中期，我国的高层建筑数量更多，遍布各地，其中深圳市数百座高层建筑拔地而起，成为建筑发展史上的奇迹。这时的高层建筑层数和高度都有了突破，北京京广中心大厦（57层，高208 m）、广东国际大厦（63层，高200.8 m）、深圳国贸大厦（53层，高160 m）等都在50～70层，高度突破或接近200 m，成为我国这时期的几幢最高的建筑物。据记载，1980～1984年所建的高层建筑相当于以前30多年中兴建的总和。

20世纪90年代，我国的一些城市已建起了80层以上的高层建筑。广州中天大厦（80层，高322 m）、深圳地王大厦（81层，高325 m）都是近年来我国当时最高的摩天大楼。上海的浦东是继深圳后兴建高层建筑的另一个奇迹，1995年底已建成高层建筑117幢。雄踞黄浦江东畔的高420 m、88层的上海金茂大厦已在1998年宣告落成。

金茂大厦是集商务、酒店、娱乐、观光、购物为一体的智能化大楼（见图1-1）。大厦总建筑面积29万m^2，总高420.5 m，建筑物地上88层、地下3层，裙房6层。主体建筑3～50层为办公用房，53～87层为超豪华的上海金茂凯悦大酒店。第88层是迄今为止中国最高、最大的观光厅，全部采用进口天然大理石。

进入2000年以后，在一些发达的地区，100层以上的摩天大楼也相继问世，上海环球金融中心是位于中国上海陆家嘴的一幢摩天大楼，2008年8月29日竣工，是目前世界最高的平顶式大楼，楼高492 m，地上101层。

2003年11月落成的台北101大楼（见图1-2），地上101层、地下5层，总高508 m，超过了462 m的美国芝加哥希尔斯大楼和451 m的马来西亚双子星大楼。

图1-1　金茂大厦

图1-2　台北101大楼

台北101大楼由国际级建筑大师李祖原设计，外形呈竹节形，每8层为一单位，取其8为"发"的好兆头，像是向上长高的竹子或盛开的花朵，步步高升。加上26楼外的古铜币造型、每8层楼的如意造型，让这栋看似时髦又传统的建筑物别有新意。台北101大楼还拥有世界上最快的电梯，其中有2部电梯以1 000 m/min的速度上升，可以在39 s内将乘客载到 89 楼的观景台。

台北 101 大楼犹如大都会生活的缩影。目前 B2 ~ B5 层被规划为停车场,B1 ~5 层为聚集时尚与美食的现代化购物中心,6 ~ 84 层为办公大楼,85 层为商务俱乐部,86 ~ 88 层为观景餐厅,89 ~ 91 层为象征未来之窗的观景台。最受瞩目的是位于裙楼部分的购物中心,总面积 7 万多 m^2,共容纳 160 多家商店。

上海中心大厦位于浦东的陆家嘴功能区,占地面积 30 368 m^2,建筑面积 74 058 m^2,其中地上总建筑面积约 410 139 m^2,主体建筑结构高度为 580 m,总高度 632 m。建筑层数:地下结构 5 层,地上部分包括 124 层塔楼和 7 层东西裙房。结构形式:钢筋混凝土核心筒 - 外框架结构,用钢量约 100 000 t。总投入超过 148 亿元,其建筑设计方案由美国 Gensler建筑设计事务所完成。上海中心大厦按照工程计划,将于 2015 年全面建成并启用。

中国 117 大厦位于天津高新区,大厦塔楼地下 4 层,地上 117 层,建筑高度 597 m,占地面积 83 万 m^2,规划建筑面积 183 万 m^2,预计投资 270 多亿元,集高档商场、写字楼、商务公寓和六星级酒店于一身。

目前 117 大厦之最:

(1)单体工程基坑开挖面积之最:开挖面积达 13.9 万 m^2(324 m×428 m);

(2)单体工程基坑土方工程量之最:约 200 万 m^3;

(3)房建工程基坑深度之最:预计达到 37 m;

(4)工程桩长度之最:工程桩桩长在 100 m 以上;

(5)工程桩长径比之最:121∶1;

(6)工程桩水下浇筑混凝土之最:C55 水下浇筑;

(7)钢筋规格之最:直径 50 mm 三级钢;

(8)底板 C50 大体积混凝土体量最大:7 万 m^3;

(9)自密实混凝土强度之最:C70;

(10)钢结构巨型钢柱尺寸世界之最:24 m×22.8 m;

(11)垂直度偏差之最:1/300(1/150);

(12)已开工建设的单体建筑面积之最:规划建筑面积 120 万 m^2。

117 大厦施工现场见图 1-3。

图 1-3 117 大厦施工现场

第三节　高层基础与结构体系

一、基础形式

基础类型的选择与场地工程地质及水文地质条件、房屋的使用要求及荷载大小、上部结构对不均匀沉降的适应程度以及施工条件等因素有关。

高层建筑的上层结构荷载很大，基础底面压力也很大，应采用整体性好、能满足地基的承载力和建筑物容许变形要求并能调节不均匀沉降的基础形式。根据上部结构类型、层数、荷载及地基承载力，可以用单独柱基础、交叉梁基础、筏形基础或箱形基础；当地基承载力或变形不能满足设计要求时，可以采用桩基础或复合地基。

(一)筏形基础

筏形基础也称为板式基础，多用于上部结构荷载较大、地基承载力较低的情况。一般有两种做法：倒肋形楼盖式和倒无梁楼盖式。倒肋形楼盖式的筏基板的折算厚度较小，用料较省，刚度较好，但施工比较麻烦，模板较费。采用板底架梁的方案有利于地下室空间的利用，但地基开凿施工麻烦，而且破坏了地基的连续性，扰动了地基土，会降低地基承载力；采用倒无梁楼盖式的筏基板的折算厚度较大，用料较多，刚度也较差，但施工较为方便，且有利于地下空间的利用。采用此种形式的筏板，应在柱下板底或板面加墩，板底加墩有利于地下空间的利用，板面加墩则施工较为方便。因此，选择施工方案的时候应考虑综合因素。

筏形基础有足够的刚度以调整基底压力分布，减小不均匀沉降，因此可跨过局部软弱或易受压缩的地段。但筏基若未考虑挖去的土用来补偿建筑物的荷载，则沉降量较大。若将筏基作为地下室底板，与侧墙和顶板组成具有相当刚度的地下空间结构，用作车库等比箱形基础有更宽敞的利用空间。此时，由于地下挖去土方量大，有补偿基础的作用，筏板还可作为防渗底板。

(二)箱形基础

当地基极软且沉降不均匀十分严重时，采用筏形基础，其刚度会显得不足，在上部结构对基础不均匀沉降敏感时尤其如此，在这种情况下采用箱形基础就较为合理。

箱形基础是由底板、顶板、外围挡土墙以及一定的内隔墙组成的单层或多层混凝土结构。箱形基础刚度大、整体性好、传力均匀；能适应局部不均匀沉降较大的地基，有效地调整基底反力。由于地基面积较大，且埋深也较大，挖去了大量土方，卸除了原有的地基自重应力，地基承载力有所提高，建筑物沉降减小。由于埋深较大，箱形基础外壁与土的摩擦力增大，增大了基础周围土体对结构的阻尼，有利于抗震。但是箱形基础的内隔墙较多，支模等施工时间较长，工期较长，在使用上也受到隔墙太多的限制。

(三)桩基础

在浅层地基承载力比较软弱，而坚实土层距离地面又较深的时候，采用其他类型的基础就不能满足承载力或变形控制的要求，这时应当考虑采用桩基础。

桩基础由两部分组成：一是桩基承台，二是桩基本身。桩基承台的作用是将上部荷载传给桩，并使桩群连成整体，而桩又将荷载传至较深的土层中。桩基承台一般可利用筏形基础的底板或箱形基础的底板，这时称这种形式的基础为桩筏基础或桩箱基础。

桩的类型应根据工程地质资料、结构类型、荷载性质、施工条件以及经济指标等因素确定。桩按受力性能来区分，有摩擦桩和支承桩两种；按施工方法区分，有预制桩和灌注桩两种。在桩基平台面积确定的情况下，不同桩径、不同的桩基持力层会有不同的单桩承载力，桩的平面随之也可以确定。当箱形基础或筏形基础下桩的数量较少时，桩基布置在墙下、梁板式筏形基础的梁下或平板式筏形基础的柱下。桩距应尽可能大，在充分发挥单桩承载力的同时，还能发挥承台土反力作用，以取得最佳效果。

二、高层建筑结构体系

高层建筑按结构体系划分，有框架体系、剪力墙体系、框架－剪力墙体系和筒体体系；高层建筑结构按使用材料划分，主要有钢筋混凝土结构、钢结构、钢－钢筋混凝土组合结构。

（一）高层建筑结构设计特点

1. 水平荷载成为决定因素

（1）因为楼房自重和楼面使用荷载在竖构件中所引起的轴力和弯矩的数值，仅与楼房高度的一次方成正比；而水平荷载对结构产生的倾覆力矩，以及由此在竖构件中引起的轴力，与楼房高度的二次方成正比。

（2）对某一定高度楼房来说，竖向荷载大体上是定值，而作为水平荷载的风荷载和地震作用，其数值随结构动力特性的不同而有较大幅度的变化。

2. 轴向变形不容忽视

高层建筑中，竖向荷载数值很大，能够在柱中引起较大的轴向变形，从而会对连续梁弯矩产生影响，造成连续梁中间支座处的负弯矩值减小，跨中正弯矩值和端支座负弯矩值增大；还会对预制构件的下料长度产生影响，要求根据轴向变形计算值，对下料长度进行调整。另外，对构件剪力和侧移产生影响，与考虑构件竖向变形比较，会得出偏于不安全的结果。

3. 侧移成为控制指标

与较低楼房不同，结构侧移已成为高楼结构设计中的关键因素。随着楼房高度的增加，水平荷载下结构的侧移变形迅速增大，因而结构在水平荷载作用下的侧移应被控制在某一限度之内。

4. 结构延性是重要设计指标

相对于较低楼房而言，高楼结构更柔一些，在地震作用下的变形更大一些。为了使结构在进入塑性变形阶段后仍具有较强的变形能力，避免倒塌，特别需要在构造上采取恰当的措施来保证结构具有足够的延性。

（二）高层建筑的结构体系

1. 框架－剪力墙体系

当框架体系的强度和刚度不能满足要求时，往往需要在建筑平面的适当位置设置较大的剪力墙来代替部分框架，便形成了框架－剪力墙体系。在承受水平力时，框架和剪力墙通过有足够刚度的楼板和连梁组成协同工作的结构体系。在体系中框架体系主要承受垂直荷载,剪力墙主要承受水平剪力。框架 - 剪力墙体系的位移曲线呈弯剪型。剪力墙的设置,增大了结构的侧向刚度,使建筑物的水平位移减小,同时框架承受的水平剪力显著降低且内力沿竖向的分布趋于匀匀,所以框架 - 剪力墙体系的能建高度要大于框架体系。

2. 剪力墙体系

当受力主体结构全部由平面剪力墙构件组成时,即形成剪力墙体系。在剪力墙体系中,单片剪力墙承受了全部的垂直荷载和水平力。剪力墙体系属刚性结构,其位移曲线呈弯曲型。剪力墙体系的强度和刚度都比较高,有一定的延性,传力直接均匀,整体性好,抗倒塌能力强,是一种良好的结构体系,能建高度大于框架或框架 - 剪力墙体系。

3. 筒体体系

凡采用筒体为抗侧力构件的结构体系统称为筒体体系,包括单筒体、筒体 - 框架、筒中筒、多束筒等多种形式。筒体是一种空间受力构件,分实腹筒和空腹筒两种类型。实腹筒是由平面或曲面墙围成的三维竖向结构单体,空腹筒是由密排柱和窗裙梁或开孔钢筋混凝土外墙构成的空间受力构件。筒体体系具有很大的刚度和强度,各构件受力比较合理,抗风、抗震能力很强,往往应用于大跨度、大空间或超高层。

(三)高层建筑的转换层

目前高层建筑的发展趋势为集吃、住、办公、娱乐、购物、停车为一体的综合建筑。由于空间功能的复杂化,使得建筑结构也随之变化。为了适应上部小空间、下部大空间的功能需要,需在两种结构的交接部位设置过渡结构,也就是转换层。因高层建筑结构的多样性,转换层也呈现多种形式,有功能转换层和结构转换层两种。

1. 功能转换层

功能转换层即在高层的中间拦腰一断,设一个设备层。如果楼层太高,用水、用电等都从地下室向上供,存在距离太远、主电源不在负荷中心、供水末端与起始点压差过大等问题,这需要我们在中间部位对电负荷进行重分配,对水系统进行减压处理等。这种转换层因为通常是设备层,所以许多设计院在设计时将其高度限定在 2.2 m 以下,以减少占用规划指标。

2. 结构转换层

结构转换层通常是在不同的结构方式之间进行的。比如下部是框架结构、上部是砌体结构,这是我国目前经济条件下特有的一种结构形式,通过将上部部分砌体墙在底部变为框架而形成较大的空间,底部一般作为商业用房,上部仍然用作住宅。这种情况下就必须要转换构件(如托墙梁)将上部砌体墙承受的内力转移至下部的框架柱(框支柱),具备该功能的楼层我们通常称为结构转换层。

第四节　高层建筑施工技术的发展

一、基础工程

桩基技术尤其混凝土灌注柱,能适用于任何土层,承载力大,施工对环境影响小,因而发展最快，目前已形成挤土、部分挤土和非挤土三类，数十种桩和成桩工艺，最大直径达3 m，最深达100 m左右。桩基承载力的检验已开发应用了动态测试技术。目前，基础埋深超过15 m的已很普遍，其中中国大剧院工程基础最深达41 m。支护技术有了很大的发展，其方法也较多，可根据土质、深度和周围环境选用。

常用的挡土结构有灌注桩、钢板桩、土钉支护及地下连续墙等，常用的支撑结构分坑外支撑（主要为土层锚杆）、坑内支撑。土层锚杆技术不但可用于较好的土层，也已成功地用于含水量饱和的淤泥质软黏土中。我国对支护结构计算方法、施工机械和施工工艺均进行了研究和开发，取得了较显著的效果。例如，北京京城大厦23.76 m的深基坑，采用H形板桩、3道预应力土层锚杆，比日方提出的设5道土层锚杆，节约工程费用约1/3。支护结构与地下结构工程结合、地下连续墙与逆作法联合应用，效果显著，这方面亦已取得初步经验。在深基坑施工降低地下水位方面，对于因降水而引起附近地面严重沉降的问题，也研究了防治措施。

二、模板工程施工技术的进步

20世纪70年代末研制开发的组合小钢模，在一段时间内成为使用面积最广的一种模板。其优点是模板成本较低，周转次数多，使用灵活方便；缺点是模板拼缝较多，给装修带来极大困难，在结构表面往往要刮多道腻子，既费工又拖延工期。对于组合小钢模需要及时维修的问题，国内生产了不少修理组合小钢模的专用设备；租赁体制对组合小钢模的使用与管理，也起到很大的促进作用。到20世纪90年代后期，小钢模用量已开始逐年下降。20世纪70年代中期研制开发的全钢大模板，用4～6 mm厚钢板作面板、8号槽钢作龙骨，焊接而成。其优点是模板整体刚度好，不易损坏，浇筑成的墙面平整；缺点是自重和用钢量大。组合小钢模拼制成大模板，用脚手架钢管作骨架，其优点是投资少、成本低；缺点是整体刚度差，板面拼缝多，给墙面装修带来极大困难等。钢框木（竹）胶合板组合模板（板宽60～120 cm，长150～240 cm）、无框木（竹）胶合板组合模板的优点是适应性强，可以实现“一模多用”，从而避免了模板的停滞积压。另外，浇筑的墙面所出现的少量板缝，经手提打磨机打磨后，墙面可不再抹灰，克服了用小钢模拼制的大模板施工所带来的缺点。20世纪90年代后期，为克服这类模板刚度差、面板容易坏等弊病，又出现了全钢中型组合模板，很受欢迎。曾用于高耸构筑物施工的滑动模板工艺，移植到高层房屋建筑施工，可用于剪力墙、框架和筒体结构施工。20世纪70年代末爬模在上海开始用于外墙和电梯井筒施工，目前已发展到内外墙模板同时爬升。它既具有大模板一次能浇筑一个楼层墙体混凝土的长处，又具有滑动模板可以随楼层升高而连续爬升，不需要每层拆卸和拼装模板的特点。88层的金茂大厦的核心筒体就是采用这种工艺，创造了一个月施工13层的施工速度，最快达到两天一层。其他尚有板柱结构体系施工的台模（又称飞模）、大跨度密肋楼盖施工的塑料和玻璃钢模壳、圆形柱子施工的半圆形定型钢模和玻璃钢圆柱模板、剪力墙清水混凝土施工的铸铝模板、楼板模板免拆施工的混凝土薄板（50～80 mm厚）或压型钢板永久性模板。早拆支撑体系的特点是可以提高楼板模板的周转率，减少模板的投入量。划分小流水段和多划流水段、少配模板的组织办法，可以加快模板的周转。

三、粗钢筋连接方法的突破

传统的帮条焊、搭接焊,工艺复杂,接头施焊时间较长,给混凝土浇筑也带来很大的难度。20世纪80年代初期,研制发展了电渣压力焊、气压焊等新工艺;但气压焊推广力度不大,较少使用。20世纪80年代中期又出现了径向套筒挤压连接和轴向套筒挤压连接等机械接头,虽然机械接头的成本比电渣压力焊(每个接头4~5元)、气压焊(每个接头7~8元)要高,但它的工艺简单、效率高、易保证质量、节约能源且无明火作业,故应用较广。20世纪90年代后期,针对其安全度又出现了锥螺纹接头和直螺纹接头,其接头强度均超过了钢筋母材。为简化钢筋镦粗和丝扣的加工工艺,1999年又研制了等强滚压直螺纹接头,这种接头工艺简单、工效高、性能稳定,其价格一般大于电渣压力焊,低于套筒冷挤压接头,是值得推荐使用的一种接头。此外,在钢筋混凝土剪力墙结构大模板施工中,还使用了点焊网片,它可以节约钢材、减少钢筋绑扎时间、加快施工速度。

四、高强混凝土、钢管混凝土和型钢混凝土的应用

预拌混凝土可以避免出现施工现场砂石堆放困难、混凝土搅拌噪声大、混凝土强度不稳定等问题。预拌混凝土搅拌站装备成套的运送设备,如搅拌车、混凝土输送泵、布料泵车等,从而使混凝土施工的机械化水平有了迅速提高。

混凝土外加剂已成为现代混凝土材料和技术中不可缺少的部分。在高层建筑的大体积基础混凝土中,已广泛使用了缓凝剂;在高层建筑混凝土结构施工中,已广泛采用了各种高效减水剂配制高强混凝土和高流动性混凝土;此外,还有防冻早强剂和缓凝早强剂等,对改进混凝土工艺和性能,都起到了明显的作用。目前,我国外加剂的品种比较齐全。

进入20世纪90年代,我国高强、高性能混凝土发展很快。高强混凝土的强度等级已达C70和C80。高性能混凝土(HPC)采用高强混凝土的意义,一是减小构件的截面面积,增加使用空间及面积;二是节约大量的水泥和钢材。以耐久性为基本混凝土,如补偿收缩混凝土、自密实免振混凝土等,具有高工作度、高体积稳定性和高抗渗性以及结构整体性好,刚度大,位移小,舒适性佳,耐腐蚀、耐火,维护方便,造价低于钢结构的优点。但高性能混凝土还有待在实践中进一步完善、总结,逐步实现规范化。

五、高效钢筋和现代化预应力技术的应用

为解决配筋稠密、钢筋用量大、造价高的问题,研制开发了400 MPa的新Ⅲ级钢筋,比原来370 MPa的Ⅲ级钢筋性能优良。另外,引进生产了20世纪70年代国外发展起来的新型钢筋——冷轧带肋钢筋,这种钢材强度高、韧性好,且锚固性能强,已成为钢丝和热轧光圆钢筋的替代品。

在现代预应力混凝土技术方面,高强度低松弛钢绞线的强度已达到国际先进水平(1 860 MPa)。大吨位锚固体系和张拉设备的开发与完善,金属螺旋管(波纹管)留孔技术的开发与无黏结预应力成套技术的形成(包括开发了环向、竖向和超长束预应力工艺),将我国现代预应力技术从构件推向结构新阶段,应用范围不断扩大。采用预应力混凝土大柱网结构,满足高层建筑下部大空间功能的要求;无黏结预应力平板技术,可比梁

板结构降低层高 0.2 ~0.4 m,具有显著的经济效益和社会效益。由于研制开发了环向、竖向和超长束预应力工艺,使预应力混凝土技术用于高耸构筑物成为可能。如高度居世界第三、第四、第五的上海东方明珠电视塔(高 450 m)、天津电视塔(高 415.2 m)和北京中央电视塔(高 405 m)均采用了上述技术。采用预应力技术建造整体装配式板柱结构(简称 IMS 体系),已用于北京建筑设计研究院科研楼和北京工业大学基础楼(均为 12 层)以及成都珠峰宾馆(15 层)。近几年来,我国预应力技术在特大跨度钢结构建筑中(如北京西站 45 m 跨钢桁架门楼),对节约钢材和提高结构刚度,均发挥了重要作用。

六、脚手架技术的进步

从竹木脚手架和钢管脚手架并存转变为以钢管脚手架为主,并出现包括扣件式、门架式、碗扣式等的多种新型脚手架;特别是爬架,由于它能沿着建筑物攀升和下降,不受建筑物高度的限制,所以既可用于结构施工,又可用于外装饰作业。脚手架的功能多样化,脚手架的搭设、安装和设计计算也逐步趋向规范化。

七、装饰工程施工技术水平的提高

装饰材料及对应的施工技术翻新很快,包括花岗岩、大理石、釉面砖、变色釉面砖、大型瓷砖、玻璃锦砖、彩色玻璃面砖、不透明饰面玻璃、玻璃大理石、装饰铝板、不锈钢板、彩色压型钢板、多层树脂采光壁板、耐擦洗耐水涂料、复层花饰涂料(含地面涂料)、塑料地板、塑料壁纸墙布、塑料装饰板以及钙塑板、铝塑吊顶装饰板、各种用途的胶粘剂(用于瓷砖、大理石、塑料地板、塑料壁纸等,不含甲醛)、轻钢龙骨纸面石膏板隔墙、轻钢龙骨或铝合金龙骨与装饰石膏板以及各类装饰吸声板和铝合金装饰板吊顶(组合形式有明龙骨、暗龙骨和敞开式等)、玻璃或非玻璃透明材料采光屋顶。花岗岩以干挂最理想,可以解决长期存在的石材表面变色问题;且销钉式挂件改为卡片式挂件。外墙面砖由于黏结层配比(有的含胶料)不准确、搅拌不均、粘贴不饱满,会出现剥落现象,可以考虑在以下方向改进:黏结层用胶粉、粘贴工艺严格要求、保证养护期、分格消减热胀冷缩。

八、防水工程施工技术水平的发展

高层建筑的屋面、楼层和基础地下室防水工程,从热作业逐步向冷作业发展。在地下水位较深的工程中,广泛采用在混凝土中加 UEA 等膨胀剂的做法,或在密实自防水混凝土外侧涂刷聚氨酯。从 20 世纪 90 年代中期开始,对重要工程的屋面和地下工程都实行多道设防的防水措施,包括材料防水、自防水和构造防水等多种做法,大大减少了屋面和地下工程的渗漏现象。高层建筑的屋面和楼层防水材料近几年发展很快,品种繁多,主要有橡胶改性沥青卷材、高分子防水卷材及防水涂料和嵌缝密封材料等。

九、施工机械化水平的提高

进入 20 世纪 80 年代,塔吊需求日益增多,吨位日渐增大,如 1 300 ~2 500 kN · m。塔吊的形式基本上可分为两种:一种是"内爬塔",另一种是"外立塔"。高度较低(40 m 左右)时可以行走,超高后就必须与建筑物拉结固定。内爬塔可随建筑物升高,且造价低，高度不限，但是拆塔难度较大。

外用施工电梯已广泛应用于高层建筑施工中，近几年外用电梯已由单笼发展到双笼，高度亦由百米发展到250 m。高层建筑外装修施工用的电动吊篮，国内已能生产，并得到广泛应用。

由于高层建筑基础的加深，促进了基础、地下工程施工机械化水平的提高。各种大型土方机械、各类打桩机、钻孔机和扩孔钻机、土层锚杆钻孔机、振动拔桩机（可拔 30 m 钢板桩）等都被大量地推广应用。土层锚杆钻孔机钻孔深度可达30余m。

随着预拌混凝土的发展，大型自动上料由计算机控制的搅拌设备发展迅猛，与之配套的搅拌车、混凝土泵车（带布料杆）和固定式混凝土泵以及楼层上使用的移动式小型混凝土布料杆等，已普遍推广应用，并且这类机械一般都能在国内自行生产。

在装饰工程中，电动小机具有了飞速的发展，诸如石材切割机、瓷片切割机、双速冲击电钻、电锤、电动攻丝机、电动螺丝刀、电（气）动拉铆枪、射钉枪、电剪刀、角向磨光机、混凝土磨刨机以及木装修使用的手提式电锯、木电刨等，这类机具已由国外引进逐步转向国内自行生产。

第五节　高层建筑存在的问题

从城市发展的规律上看，高层建筑的存在是合理的，但如果数量过多，布局无序，就会给城市发展带来不利影响。举例来说，一座500 m高的超高层建筑，相当于把一条大街竖起来，人们在此类“垂直交通”中生活、工作所遇到的困难远远超过一般建筑。高层建筑尤其是超高层建筑造价和维护费用昂贵，防火、防震等安全性能也容易引发人们忧心。同时，高层建筑也是城市“热岛效应”产生的主要根源，并容易造成日照量不足、光污染等不利影响。

一、高层建筑火灾中人员疏散救生中存在的问题

（一）火灾燃烧速度快，救火难度大

高层建筑火灾呈一种上升趋势，“9·11”事件再次给世界高层建筑的安全敲起了警钟。

在20世纪70年代，纽约市经历了一场蔓延2个楼层（33层和34层）的高层建筑火灾。80年代，洛杉矶发生了一起蔓延达5个楼层（12~16层）的高层建筑火灾。90年代的费城也遭受了一场燃及9个楼层（22~30层）的高层建筑火灾。这3起火灾有着一个共同的特征，就是它们全部发生在消防队的延伸梯所不能达到的高度范围内，这样一来，外部的救援灭火行动就无法展开了。

这几起火灾的扑救工作都是在内部展开的（在费城的火灾中，消防部门曾尝试从附近的及毗连的建筑物中出水灭火，但没有产生什么效果）。在低层建筑火灾中，经过30 min或40 min的快速扑救后，火势通常都能够得到有效控制。如果仍无法扑灭的话，消防队员可能就要撤到室外比较安全的地方，从外部展开灭火行动。但在扑救高层建筑火灾时则有所不同，如果大火在最初的30~40 min内没有得到控制，那么可能要花上2 h或

是 3 h 从内部进行扑救了。1970 年发生在纽约宾馆的火灾,足足花了消防部门 6 h 才将蔓延在 2 个楼层内的大火熄灭,洛杉矶 5 个楼层的火灾则花了 8 h 才熄灭,而费城 9 个楼层的大火则花了超过 16 h 才扑灭。也就是说,扑灭一个楼层的火灾就要花费约 2 h。

在灭火救人的时候,面临着由于楼层多、功能复杂、设备繁多、可燃物多进而引发救援难度大,消防车往往无法接近火灾现场的诸多难题。更致命的是,高层楼房的火势蔓延快。高层建筑的楼梯间、电梯井、管道井、风道、电缆井等竖向井道多,如果防火分隔处理不当,发生火灾的高楼就好比一座烟囱,竖向井道则成为火势迅速蔓延的途径。据测定,在火灾燃烧猛烈阶段,各管井烟气扩散速度可达 3 ~ 4 m/s。以一座高度为 100 m 的高层建筑为例,在无阻挡的情况下,半分钟左右烟气就能顺竖向管井扩散到顶层。

(二)人员疏散慢

上海金茂大厦曾做过试验,请一群身强力壮的消防队员从 85 层楼往下跑,结果最快跑出大厦的一个队员也花了 35 min。

二、投资成本高

上海某大厦建造投资达到了 2 万元/m^2,每天管理维护费超过 100 万元(两架擦窗机一天到晚不停地擦,擦完一遍也要一年)。建筑界人士认为,高度超过 300 m 的摩天大楼已经失去了节约用地的经济意义(摩天大楼从建筑上来讲并不经济。为了抗震、防火,全部使用钢结构的超高层建筑建造成本是一般的砖混结构和框架结构的数倍)。目前,我国高层楼宇的空置现象相当严重,而日常管理开支又十分高昂,一批超高层建筑已几乎被庞大的开支压垮。

第二章 高层建筑施工测量

近十多年来，我国的高层建筑蓬勃兴起，高层民用住宅群也在各大、中型城市中悄然屹立。“质量第一”已成为建筑企业的立身之本。为了提高工程质量，高层建筑施工测量越来越受到广泛地重视，施工测量应紧密配合施工，起到指导施工的作用。

高层建筑的特点是层数多，高度高，结构复杂。因结构竖向偏差直接影响工程受力情况，故在施工测量中要求竖向投点精度高，所选用的仪器和测量方法要适应结构类型、施工方法和场地情况。由于建筑结构复杂，设备和装修标准较高，特别是高速电梯的安装等，对施工测量精度要求亦高，一般情况在设计图纸中有说明，有各项允许偏差值，施工测量误差必须控制在允许偏差值以内。因此，面对建筑平面、立面造型的复杂多变，要求在工程开工前，先制订施工测量方案，仪器配置，测量人员的分工，并经有关专家论证后方可实施。

高层建筑施工测量的主要任务是将建筑物的基础轴线准确地向高层引测，并保证各层相应的轴线位于同一竖直面内，要控制与检核轴线向上投测的竖向偏差每层不超过 5 mm，全楼累计误差不大于 20 mm；在高层建筑施工中，要由下层楼面向上层传递高程，以使上层楼板、门窗口、室内装修等工程的标高符合设计要求。

第一节 高层建筑施工测量的特点及基本要求

一、高层建筑施工测量的特点

（一）精度要求高

高层建筑的精度和准确性直接决定着施工的质量。高层建筑由于结构超高，结构受力受施工测量精度影响比较大，施工过程中测量误差易偏大，不但会影响建筑功能正常发挥（如长距离高速电梯的正常运行），而且会恶化高层建筑结构受力和结构偏差过大造成无法验收。因此，必须严格控制施工测量误差。

由于建筑结构复杂，设备和装修标准较高，特别是高速电梯的安装等，对施工测量精度要求亦高。一般情况在设计图纸中有说明，总的允许偏差值，由于施工时亦有误差产生，为此测量误差只能控制在总的偏差值之内。

（二）技术难度大

由于建筑层数多、高度高，结构竖向偏差直接影响工程受力情况，故施工测量中要求竖向投点精度高，所选用的仪器和测量方法要适应结构类型、施工方法和场地情况。

由于建筑平面、立面造型既新颖又复杂多变，故要求开工前先制订施测方案，进行仪器配备和测量人员的分工，并经有关专家论证方可实施。

（三）对周边影响

在高层建筑施工过程中，由于种种因素，或多或少会造成周边建筑物、构筑物、道路、管线产生不同程度的沉降、位移、倾斜、裂缝等变形，因此在工程开工前必须对周边环境进行有效的测量，并形成书面资料，为在施工中对周边环境造成影响提供最原始的数据，并对施工过程中新旧构造物交叉施工提供有效的数据，同时在工地与周边用户发生纠纷时，可提供施工前现场原始数据。

二、高层建筑施工测量的基本要求

（1）遵守国家法令、政策和规范，明确为工程施工服务。

（2）遵守先整体后局部和高精度控制低精度的工作程序。

（3）要有严格审核制度。

（4）建立一切定位、放线工作要经自检、互检合格后，方可申请主管部门验收的工作制度。

第二节　建立施工控制网

高层建筑施工控制测量的任务首先是建立施工控制网。施工控制网是施工放样的依据，其精度要求高，测设困难，一般情况下，在新建的大型建筑场地上，施工控制网一般布置成三角网或多边形网，对于扩建工程或改建工程，当建立三角网或多边形网有困难时，可采用导线网作为施工控制网。作为测量放样及工程检查验收基准的施工控制网，施测的精度要求是比较高的，为了保证布网精度，在施工控制网布设时应注意以下几点基本要求：

（1）施工控制网是在施工期间为测设工程建筑物服务的，其布设应根据设计总图和施工总图，结合场区的条件统一考虑。

（2）布设施工控制网时，既要考虑建筑工地的整体要求（绝对精度），又要考虑建筑物的局部要求（相对精度）。当建筑区面积不大或具有局部精度要求的建筑物较集中时，可考虑采用全面提高整个施工控制网精度的方案。这时控制网的精度，通常以要求最高的建筑物的局部精度来设计，当建筑区面积较大，或具有局部精度建筑物主要轴线精度（绝对精度）的首级网，用满足局部精度（相对精度）要求的二级网（独立网，局部精度高于首级网）来加密。

（3）设计总图上建筑物的位置，往往用施工坐标系（或称建筑坐标系）表示，或以某一主要建筑物的轴线为施工坐标系的坐标轴，施工控制网的坐标系应与设计总图的坐标系一致。当施工坐标系与其他坐标系发生关系时，应给出坐标换算关系式。

（4）控制点位置要通视良好，尽量做到全部能通视，使用方便，且在现场稳定又不易破坏的位置，尽量避免施工干扰和便于长期保存。

一、平面控制网测量

施工平面控制网既可以单独建立，也可用原有地面测图控制网替代。但由于测图网的密度和精度有时不能满足施工测量要求，需要增补控制点，并重新对网进行高精度测量，再以平面控制网数据测设出主轴线。

根据需要和条件，可以采用 GPS、全站仪、经纬仪等多种设备按三角网、导线网等形式实施平面控制测量。

利用 GPS 精密定位技术和全站仪观测技术能达到省时、省力、提高工作效率的目的，且成果的可靠性有保障。利用 GPS 建立施工控制网，一般采用 GPS 相对定位原理，根据工程的具体条件和特点，布设满足该工程施工测量要求的控制网。控制点的布设应根据工程的总体布局设计，控制网的网形应能保证控制网有足够的几何强度和观测数据有足够的可靠度。控制网的观测应采用静态观测模式，并根据精度要求确定相应的观测时间（具体要求可参照有关规范）。控制网的数据处理应采用经鉴定过的商品化专用软件进行，并根据实际情况进行电离层改正、尺度比改正和投影面改正等。对于一般工程，控制网最弱点的点位中误差应不超过 ±10 mm，对于大型工程和设备安装，控制网最弱点的点位中误差应不超过 ±5 mm。全站仪是目前施工测量普遍采用的一种新型测量仪器，其集成化的设计，为施工测量提供了极大的方便。利用全站仪建立施工控制网可采用测角、测边或边角同测模式。对于一般工程，应充分利用全站仪方便测边的优势，尽量采用测边网的形式，这时应注意控制网应有足够的图形强度和多余观测。对于测量精度要求高的工程，应尽量采用边角同测的形式，以保证控制网的精度和可靠性。控制点的布设应根据工程的布局和工程的地质条件设计，并保证点位的稳定和良好的通视效果。控制网的观测应选择有利的观测时间，在距离测量时应同步测量相应的气象元素，并对测量结果进行气象改正。控制网的观测结果应按照有关规范进行必要的检核和改正，并利用鉴定过的商品化软件进行数据处理。控制网的点位精度可参照有关规范和工程施工要求确定。

高层建筑必须建立施工控制网。一般建立施工方格控制网较为实用，使用方便，精度可以保证，自检也方便。建立施工方格控制网，必须从整个施工过程考虑，打桩、挖土、浇筑基础垫层和建筑物施工过程中的定轴线均能应用所建立的施工控制网。由于打桩、挖土对施工控制网影响较大，除经常复测校核外，最好随着施工的进行，将控制网延伸到施工影响区之外。目前在高层建筑施工中，采用升梁提模和钢结构吊装双梁平台整体同步提升等施工工艺，必须将控制轴线及时投影到建筑面层上，然后根据控制轴线作柱列线等细部放样，以备绑扎钢筋、立模板和浇筑混凝土之用。

为了将高层建筑物的设计放样到实地上去，一般要建立局部的直角坐标系统。为了简化设计点位的坐标计算和在现场便于建筑物放样，该局部系统坐标轴的方向应严格平行于建筑物的主轴线或街道的中心线。施工方格网布设应与总平面图相配合，以便在施工过程中能够保存最多数量的控制点标志。

建立高层建筑平面施工控制网的具体做法是：

（1）建立局部直角坐标系统。

为了将高层建筑物的设计放样到实地上去，一般要建立局部的直角坐标系统。为了简化设计点位的坐标计算和在现场便于建筑物放样，该局部系统坐标轴的方向应严格平行于建筑物的主轴线或街道的中心线。

施工方格网布设应与总平面图相配合，以便在施工过程中能够保存最多数量的控制点标志。

(2)用极坐标法和直角坐标法的放样。

在工业企业建筑场地上,一般地面较为平坦,适宜于用简单的测量工具进行平面位置的放样。在平面位置的放样方法中,通常用的是极坐标法和直角坐标法。

用极坐标法放样时,要相对于起始方向先测设已知的角度,再由控制点测设规定的距离。当用直角坐标法放样时,则先要在地面上设两条互相垂直的轴线,作为放样控制点。此时,沿着 Z 轴测设纵坐标,再由纵坐标的端点对 Z 轴作垂线,在垂线上测设横坐标。为了进行校核,可以按上述顺序从另一轴线上作第二次放样。为了使放样工作精确和迅速,在整个建筑场地应布设方格网作为放样工作的控制,这样,建筑物的各点就可根据最近的方格网顶点来放样。

(3)施工方格控制网点的精测和检核测量。

建立施工方格控制网点,一般要经过初定、精测和检测三步。

①初定。即把施工方格网点的设计坐标放到地面上。此阶段可以利用打入的 5 cm × 5 cm × 30 cm 小木桩作埋设标志用。

②精测。方格网控制点初定并将标桩埋设好后,将设计的坐标值必须精密测定到标板上。为了减少计算工作量,一般可以采用现场改正。

③检测。精测时点位在现场虽作了改正,但为了检查是否有错误以及计算方格控制网的测量精度,必须进行检测,测角用 T_2 型经纬仪测两个测回,距离往返观测,最后根据所测得的数据进行平差计算坐标值和测量精度。

二、高程控制网测量

施工放样的任务,除通过建筑物的定位放线确定建筑物的平面位置、控制建筑物的平面形状和尺寸大小外,还要通过高程的测设来控制建筑物各个部件的标高。

为了保证整个建筑场地各部分高程的统一和精度要求,以及高程测设的便利,在开工之前需要建立施工高程控制网。

观测仪器可以选择水准仪,按水准仪测量法实施,也可以利用全站仪用三角高程实施。

水准测量在整个测量工作中所占工作量很大,同时也是测量工作的重要部分。正确而周密地加以组织和较合理地布置高程控制水准点,能在很大程度上使立面布置、管道敷设和建筑物施工得以顺利进行,建筑工地上的高程控制必须以精确的起算数据来保证施工的要求。高层建筑工地上的高程控制点,要联测到国家水准标志上或城市水准点上。高层建筑物的外部水准点标高系统与城市水准点的标高系统必须统一,因为要由城市向建筑工地敷设许多管道和电缆等。利用水准点标高计算误差公式求得的标高误差为

$$m^2 = n^2 L_i + \sigma^2 L_i \tag{2-1}$$

式中 n——每千米平均偶然误差,在三等水准测量中相当于 ±4 mm;

σ——平均系统误差,相当于 ±0.8 mm;

L——千米数,假设为 2 km。

将上述值代入式(2-1)则得

$$m = \sqrt{(\pm 4)^2 \times 2 + (\pm 0.8)^2 \times 2} = 5.8(\text{mm})$$

第三节　建(构)筑物主要轴线的定位及标定

一、建筑物轴线的定位及标定的基本要求

(1)根据总平面图或布置平面图所标示的方位、朝向定出基点,用经纬仪测量定位,用钢尺丈量平面及开间尺寸。

测量由主轴线交点处开始,测量(丈量)各轴线,最后将经纬仪移到对角点进行校核闭合无误,总体尺寸及开间尺寸复核准确,方可把轴线延伸到建筑物外的轴线桩、龙门桩及邻近建(构)筑物上。

(2)分画轴线开间尺寸,应用总长度尺寸进行复准,尽量减小分画尺寸积累误差。

(3)延伸轴线标志的轴线桩、龙门桩应设在距离开挖基坑上坡边 1～1.5 m 以外,轴线标志应标画出各纵轴线代号。

(4)延伸轴线标志标画的轴线桩、龙门桩及建(构)筑物应牢固、稳定、可靠和便于监控。

二、建筑物的定位放线依据

(1)原有建(构)筑物。根据原有建(构)筑物定位,常用的方法有三种:延长线法、平行线法、直角坐标法。

(2)规划红线。

(3)道路中心线。

(4)测量控制点。

三、建(构)筑物主要轴线的定位及标定

(一)桩位放样

在软土地基区的高层建筑常用桩基,一般都打入钢管桩或钢筋混凝土方桩。由于高层建筑的上部荷重主要由钢管桩或钢筋混凝土方桩承受,所以对桩位要求较高,按规定钢管桩及钢筋混凝土桩的定位偏差不得超过 $D/2$(D 为圆桩直径或方桩边长),为此在定桩位时必须按照建筑施工控制网,实地定出控制轴线,再按设计的桩位图中所示尺寸逐一加以定出桩位,定出的桩位之间的尺寸必须再进行一次校核,以防定错。

(二)建筑物基坑与基础的测定

高层建筑由于采用箱形基础和桩基础较多,所以其基坑较深,在开挖时,应当根据规范和设计所规定的精度(高程和平面)完成土方工程。基坑下轮廓线的定线和土方工程的定线可以沿着建筑物的设计轴线,也可以沿着基坑的轮廓线进行定点,最好是根据施工控制网来定线。根据设计图纸进行放样,常用的方法有投影法、主轴线法和极坐标法。

1. 投影法

根据建筑物的对应控制点,投影建筑物的轮廓线。

2. 主轴线法

建筑方格网一般都确定一条或两条主轴线。主轴线的形式有“L”字形、“T”字形或“十”字形等布置形式。这些主轴线是作为建筑物施工的主要控制依据。因此,当建筑物放样时,按照建筑物柱列线或轮廓线与主轴线的关系,在建筑场地上定出主轴线后,根据主轴线逐一定出建筑物的轮廓线。

3. 极坐标法

由于建筑物的造型格式从单一的方形向“S”形、扇面形、圆筒形、多面体形等复杂的几何图形发展,这样对建筑物的放样定位造成了一定的复杂性,极坐标法是比较灵活的放样定位方法。具体做法是,首先将设计要素如轮廓坐标、曲线半径、圆心坐标等与施工控制网点建立关系,计算其方向角及边长,在工作控制点上按其计算所得的方向角和边长,逐一测定点位。将所有建筑物的轮廓点位定出后,再检查是否满足设计要求。总之,根据施工场地的具体条件和建筑物几何图形的繁简情况,测量人员可选择最合适的工作方法进行放样定位。

(三)建筑物基础上的平面与高程控制

建筑物基础上的平面控制由外部控制点(或施工控制点)向基础表面引测。如果采用流水作业法施工,当第一层的柱子立好后,马上开始砌墙时,标桩与基础之间的通视很快就会阻断。由于高层建筑的基础尺寸较大,因而就不得不在高层建筑基础表面上作出许多要求精确测定的轴线。

第四节　高层建筑中的竖向测量

高层建筑物施工测量中的主要问题是控制垂直度,就是将建筑物的基础轴线准确地向高层引测,并保证各层相应轴线位于同一竖直面内,控制竖向偏差,使轴线向上投测的偏差值不超限。

轴线向上投测时,要求竖向误差在本层内不超过 5 mm,全楼累计误差值不应超过 $2H/10\,000$(H 为建筑物总高度),且不应大于:30 m $< H \leqslant$ 60 m 时,10 mm;60 m $< H \leqslant$ 90 m 时,15 mm;$H >$ 90 m 时,20 mm。

高层建筑物轴线的竖向投测,主要有外控法和内控法两种,下面分别介绍这两种方法。

一、外控法

外控法是在建筑物外部,利用经纬仪,根据建筑物轴线控制桩来进行轴线的竖向投测,亦称作经纬仪引桩投测法。具体操作方法如下。

(一)在建筑物底部投测中心轴线位置

高层建筑的基础工程完工后,将经纬仪安置在轴线控制桩 A_1、A_1'、B_1 和 B_1'上,把建筑物主轴线精确地投测到建筑物的底部,并设立标志,如图 2-1 中的 a_1、a_1'、b_1 和 b_1',以供下一步施工与向上投测之用。

(二)向上投测中心线

随着建筑物不断升高,要逐层将轴线向上传递,如图 2-1 所示,将经纬仪安置在中心

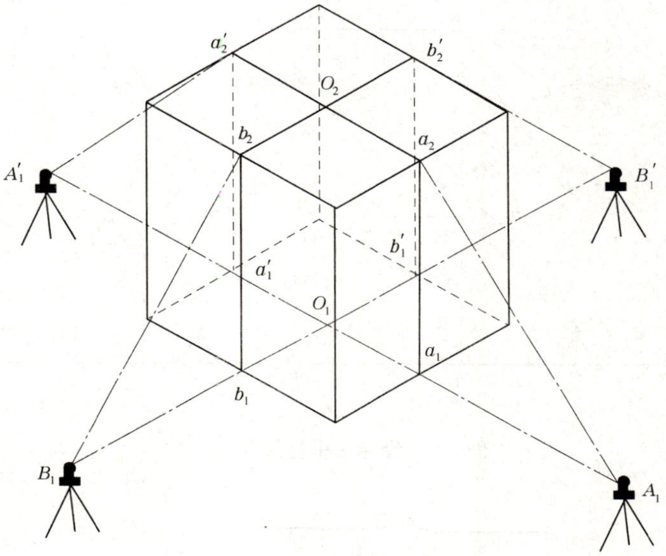

图 2-1　经纬仪投测中心轴线

轴线控制桩 A_1、A_1'、B_1 和 B_1'上，严格整平仪器，用望远镜瞄准建筑物底部已标出的轴线 a_1、a_1'、b_1 和 b_1'点，用盘左和盘右分别向上投测到每层楼板上，并取其中点作为该层中心轴线的投影点，如图 2-1 中的 a_2、a_2'、b_2 和 b_2'。

(三)增设轴线引桩

当楼房逐渐增高，而轴线控制桩距建筑物又较近时，望远镜的仰角较大，操作不便，投测精度也会降低。为此，要将原中心轴线控制桩引测到更远的安全地方，或者附近大楼的屋面。

具体做法是：

将经纬仪安置在已经投测上去的较高层(如第 10 层)楼面轴线 $a_{10}a_{10}'$上，如图 2-2 所示，瞄准地面上原有的轴线控制桩 A_1 和 A_1'点，用盘左、盘右分中投点法，将轴线延长到远处 A_2 和 A_2'点，并用标志固定其位置，A_2、A_2'即为新投测的 A_1A_1'轴控制桩。

更高各层的中心轴线，可将经纬仪安置在新的引桩上，按上述方法继续进行投测。

二、内控法

内控法是在建筑物内 ±0 平面设置轴线控制点，并预埋标志，以后在各层楼板相应位置上预留 200 mm×200 mm 的传递孔，在轴线控制点上直接采用吊线坠法或激光铅垂仪法，通过预留孔将其点位垂直投测到任一楼层，如图 2-3 和图 2-4 所示。

(一)内控法轴线控制点的设置

在基础施工完毕后，在 ±0 首层平面上适当位置设置与轴线平行的辅助轴线。辅助轴线以距轴线 500～800 mm 为宜，并在辅助轴线交点或端点处埋设标志，如图 2-3 所示。

(二)吊线坠法

吊线坠法是利用钢丝悬挂重锤球的方法进行轴线竖向投测，这种方法一般用于高度

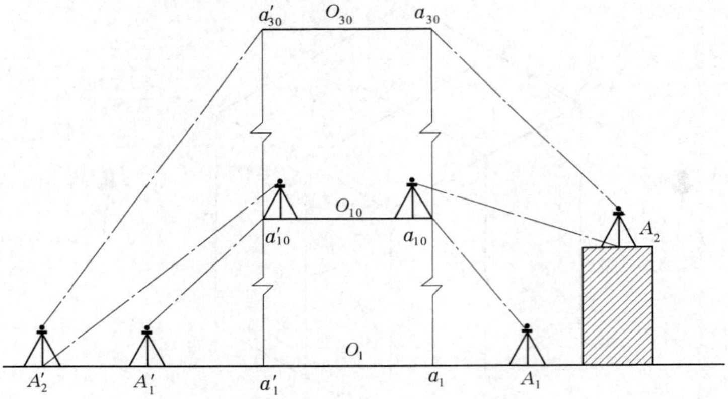

图 2-2　经纬仪引桩投测

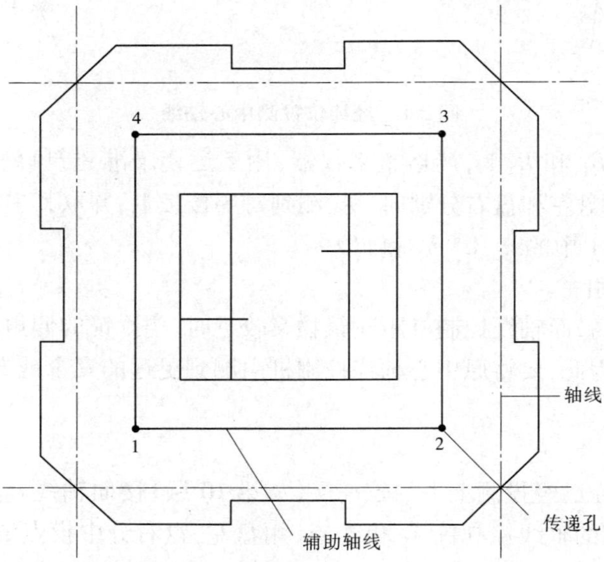

图 2-3　内控法轴线控制点的设置

在 50 ~ 100 m 的高层建筑施工中，锤球的质量为 10 ~ 20 kg，钢丝的直径为 0.5 ~ 0.8 mm。投测方法如下：

如图 2-4 所示，在预留孔（预留孔洞，或利用通风道、垃圾道以及电梯升降道等）安置十字架，挂上锤球，对准首层预埋标志。当锤球线静止时，固定十字架，并在预留孔四周作出标记，作为以后恢复轴线及放样的依据。此时，十字架中心即为轴线控制点在该楼面上的投测点。

用吊线坠法实测时，要采取一些必要措施，如用铅直的塑料管套着坠线或将锤球沉浸于油中，以减少摆动。

（三）激光铅垂仪法

激光铅垂仪是一种铅垂定位专用仪器，适用于高层建筑的铅垂定位测量。该仪器可以从两个方向(向上或向下)发射铅垂激光束,用它作为铅垂基准线,精度比较高,仪器操作也比较简单。

激光铅垂仪主要由氦氖激光管、精密竖轴、发射望远镜、水准器、基座、激光电源及接收屏等部分组成。

图 2-5 为激光铅垂仪进行轴线投测的示意图,其投测方法如下:

(1)在首层轴线控制点上安置激光铅垂仪,利用激光器底端(全反射棱镜端)所发射的激光束进行对中,通过调节基座整平螺旋,使管水准器气泡严格居中。

(2)在上层施工楼面预留孔处放置接收靶。

(3)接通激光电源,起辉激光器发射铅直激光束,通过发射望远镜调焦,使激光束会聚成红色耀目光斑,投射到接收靶上。

(4)移动接收靶,使靶心与红色光斑重合,固定接收靶,并在预留孔四周作出标记,此时,靶心位置即为轴线控制点在该楼面上的投测点。

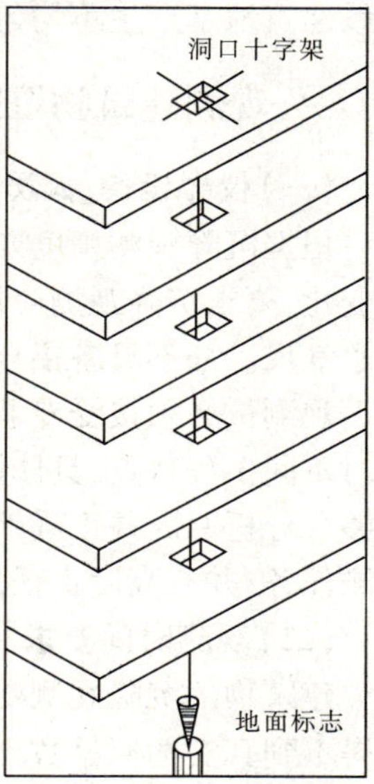

图 2-4 吊线坠法投测轴线

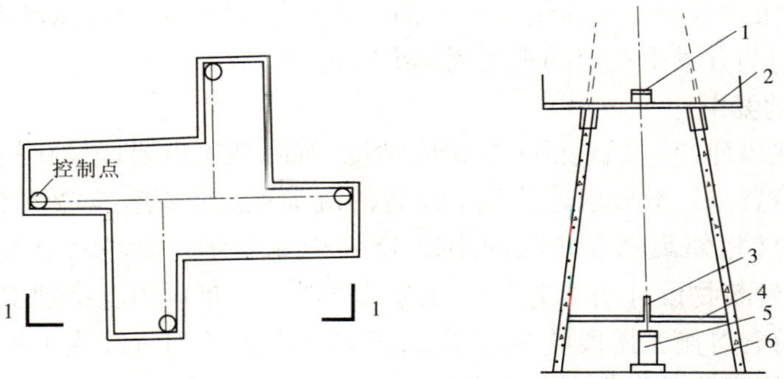

(a)控制点设置　　(b)垂向预留孔设置

1—中心靶;2—滑模平台;3—通光管;4—防护棚;5—激光铅垂仪;6—操作间

图 2-5 激光铅垂仪进行轴线投测的示意图

第五节 高层建筑施工中的沉降观测

随着我国建筑企业的发展,承建高层、超高层建筑的能力和技术水平已接近或达到世界一流。长期施工实践表明,要保证高层和超高层建筑达到一流产品,不仅要注重施工过程中的各个节点和隐蔽工程,还必须加强施工中的沉降观测。通过加强过程监控,指导合理的施工工序,并及时反馈信息为勘察设计施工部门提供详尽的一手资料,避免建筑物因沉降而导致主体结构产生裂缝,造成巨大的经济损失。

高层建筑发生沉降的原因是非常复杂的,由基础沉降计算公式可知,高层建筑地基沉降量与地基土的压缩模量、地基压缩层厚度以及附加应力有关。当它们相差悬殊时,就会导致建筑地基产生不均匀沉降。

一、观测建筑物沉降的基本要求

(一)仪器设备、人员素质要求

根据沉降观测精度要求高的特点,为能精确反映建筑物在不断加荷过程中沉降的实际变化,要求沉降观测应用精密水准的水准尺,最好使用受环境温差变化小的高精度铝合金水准尺。如不具备铝合金水准尺,可使用一般塔尺,尽量使用第一段标尺。

观测员必须接受专业学习及技能培训,熟练掌握仪器的操作规程,熟悉测量理论,能针对不同工程特点、具体情况采用不同的观测方法及观测程序,对实施过程中出现的问题能够会分析原因并正确地运用误差理论进行平差计算,做到按时、快速、精确地完成每次观测任务,并有高度责任感。

(二)观测时间要求

建筑物的沉降观测受时间严格限制,尤其是首次观测必须按时进行,否则整个沉降观测得不到真实的原始数据,也就失去了观测意义。其他各阶段的复测,根据工程进展情况必须定时进行,不得漏测或补测。只有这样,才能掌握准确的沉降情况或规律。相邻的两次时间间隔称为一个观测周期,一般高层建筑物的沉降观测按一定的时间段为一观测周期(如次/30 d)或按建筑物的加荷情况每升高一层(或数层)为一观测周期,无论采取何种方式都必须按施测方案中规定的观测周期准时进行。

(三)观测点的要求

为了能够反映出建(构)筑物的准确沉降情况,沉降观测点要埋设在最能反映沉降特征且便于观测的位置。一般要求建筑物上设置的沉降观测点纵横向要对称,按照国家标准设置相邻观测点(相邻观测点之间间距以 15 ~ 30 m 为宜)均匀地分布在建筑物的周围。通常情况下,建筑物设计图纸上有专门的沉降观测点布置图。特别要注意埋设的沉降观测点不仅要符合各施工阶段的观测要求,还要考虑到装饰阶段施工不被破坏或掩盖住观测点,不能连续观测而失去观测意义。

(四)沉降观测要自始至终遵循“五定”原则

“五定”,即通常所说的沉降观测依据的基准点、工作基点和被观测物上的沉降观测点,点位要稳定;所用仪器、设备要稳定;观测人员要稳定;观测时的环境条件基本一致;观测路线、镜位、程序和方法要固定。

在客观上尽量减少观测误差的不定性,使所测的结果具有统一的趋向性,保证各次复测结果与首次观测的结果可比性更一致,使所观测的沉降量更真实。

(五)施测要求

仪器、设备的操作方法与观测程序要熟悉、正确。在首次观测前要对所用仪器的各项指标进行检测校正,必要时经计量单位予以鉴定。连续使用 3 ~ 6 个月重新对所用仪器、设备进行检校。在观测过程中,操作人员要相互配合,工作协调一致,认真仔细,做到每个数据有校核。

(六)观测数据要求

沉降观测数据要及时整理和计算,原始数据要真实可靠,记录计算要符合施工测量规范的要求,按照依据正确、严谨有序、有效的原则进行成果整理计算。

二、具体施测程序及步骤

(一)建立水准控制网

根据工程特点布局、现场的环境条件制订测量施测方案,由建设单位提供水准控导线点,并根据工程的测量施测方案和布网原则要求建立水准控制网。一般布置 3 个以上水准点,水准点的间距不大于 100 m。在施工现场内任何地方架设仪器至少后视到两个水准点,并且施工现场内各水准点都能构成闭合检校。各水准点要设在建筑物开挖、地面沉降和震动区范围之外,水准点的埋深要符合要求(大于 1.5 m)。水准控制网与基准点联测,平差计算出各水准点的观测路线,依据沉降观测点的埋设要求或图纸设计的沉降观测点布点图确定位置。在控制点与沉降观测点之间建立固定的观测路线,各次观测均沿统一路线进行。

(二)建立固定的观测路线

由场区水准控制网,依据沉降观测点的埋设要求或图纸设计的沉降观测点布点图,确定沉降观测点的位置。在控制点与沉降观测点之间建立固定的观测路线,并在架设仪器站点与转点处做好标记桩,保证各次观测均沿统一路线。

(三)沉降观测

根据编制的工程施测方案及确定的观测周期,首次观测应在观测点安稳固定后及时进行。一般高层建筑物有一层或数层地下结构的,首次观测应从基础开始,在基础的纵横轴线上按照沉降观测点进行首次观测。首次观测的沉降观测点高程值是以后各次观测用以比较的基础,其精度要求非常高,为此要求每个观测点首次高程应在同期观测两次后确定。随着结构每升高一层,检测人员依次检测观察点的沉降变化,并及时记录在案,直至竣工。

(四)观测记录整理

将各次观测记录整理检查无误后,进行平差计算,求出各次每个观测点的高程值,从而确定出沉降量。原始数据要真实可靠,记录计算要符合施工测量规范要求,依据正确、严谨有序、步步校核,结果有效的原则进行成果整理及计算。

(五)统计表汇总

根据各观测周期平差计算的沉降量,列统计表进行汇总,绘制各观测点的下沉曲线。建立下沉曲线坐标系,横坐标为时间坐标,纵坐标上半部为荷载值、下半部为各沉降量。将统计中各观测点对应的观测周期所测得的沉降量绘于坐标系中,得到对应于荷载值的沉降曲线。根据沉降量统计表和沉降曲线图,预测建筑物的沉降趋势,将建筑物的沉降信息反馈到有关的勘察设计部门。这对于在软地基施工的高层和超高层施工尤其重要。利用沉降曲线还可计算出因地基不均匀沉降引起的建筑物倾斜度,并为同一地区承建相似结构形式的建筑物的施工单位编制施工方案提供参考,同样也为勘察设计单位提供宝贵的施工现场建筑物沉降第一手资料。

(六)观测中的注意事项

(1)严格按测量规范的要求施测。

(2)前后视观测最好用同一水平尺。

(3)各次观测必须按照固定的观测路线进行。

(4)观测时要避免阳光直射,且各观测环境基本一致。

(5)成像清晰、稳定时再读数。

(6)随时观测,随时检核计算,观测时要一气呵成。

(7)在雨季前后要联测,检查水准点的标高是否有变动。

(8)将各次所观测沉降情况及时反馈到有关部门,当建筑物每天(24 h)连续沉降量超过 1 mm 时应停止施工,会同有关部门采取应急措施。

第六节　高层建筑施工测量方案实例

一、工程概况

(一)建筑设计概况

某高层建筑,占地面积 7 853 m^2。A 幢地下 2 层、地上 18 层,共 20 层,地面高度 53.2 m;B 幢地下 1 层、地上 18 层,地面高度 53.2 m。总建筑面积 45 048.4 m^2,为框支结构。A 幢地貌较低,处于原河床内,地貌标高约 185.5 m;B 幢和办公楼地貌条件较为平坦,处于多年的回填土上,防洪堤处于原河床西岸,设计改道处于东岸,全长 81.6 m。

(二)结构设计概况

该工程基础为钢筋混凝土人工挖孔桩柱基础,主体 A、B 幢为钢筋剪力墙和短肢剪力墙结构,办公楼采用钢筋混凝土框架结构;防洪堤工程处于某大桥下游河段,东岸防洪堤边线起点坐标 X = 49 286.569,Y = 58 333.202,终点坐标 X = 49 368.089,Y = 58 336.190,一共七段,总长 81.6 m。

二、施工测量基本要求

根据业主提供的《测量技术报告》、《工程测量规范》(GB 50026—2007)、《钢筋混凝土施工及验收规范》(GB 50204—2002)、《控制测量学》、《高层建筑施工手册》以及设计图纸制订本工程施工测量技术方案。

(一)建筑工程施工测量基本要求

本工程地理位置优越,建筑规模大,占地面积较大,工程施工进度和质量要求高。该工程采用整体控制分级布网的原则布设场区施工控制网、建筑物控制网作为建筑定位放线的施工控制,以下根据规范规定建筑允许偏差(建筑限差)作为起算数据推算施工控制网的精度指标。

1. 建筑物定位限差与场区施工平面控制网精度

建筑物定位限差与场区施工平面控制网精度要求根据规范规定,场区施工平面控制网的等级和精度根据场区面积大小及工程重要性等因素并结合工程测量经验来确定,结合《高层建筑混凝土结构技术规程》(JGJ 3—2010)相应规定,本工程建筑定位允许偏差以取 2 cm 为宜,建筑物定位点位中误差为 10 mm,根据工程测量误差理论与误差分配要求可以推算出本工程场区控制网的精度为：测角中误差≤2″、长相对中误差≤1/30 000、控制点点位中误差≤10 mm。

2. 结构构件施工允许偏差与建筑物控制网精度

本工程主要结构形式为现浇钢筋混凝土框支剪力墙结构，混凝土结构施工中柱、剪力墙、定位要求最高，其相对建筑轴线的允许偏差为 ±5 mm，结合本工程实际情况以建筑物主要轴线作为起算数据推算建筑物控制网的精度为：控制线中误差≤1.8 mm、测距相对中误差≤$1.8\sqrt{5}/(8\ 000\times5)=1/9\ 938$（取用 1/10 000）、测角中误差≤$1.8\sqrt{5}/(8\ 000\times5)\times206\ 265''=20.8''$（取用 20″）。

高层建筑施工规程规定建筑物平面控制网主要轴线间距为 30～50 m，并组成封闭图形，其测距精度不低于 1/10 000，测角闭合精度不低于 20″，证明本工程的建筑物控制网精度是符合本工程实际和规范规定且科学合理的。

3. 标高测设与高程控制网精度

高层建筑设计与施工规程规定层高允许偏差 ±5 mm，全高允许偏差 ±30 mm，以此作为起算数据推算高程测量允许偏差，即层高允许偏差 ±3 mm，全高允许偏差 ±20 mm，场区高程控制网精度取用三等水准测量精度。

4. 竖向投测与轴线竖向投测精度要求

本工程建筑高度 52.5 m，层间竖向允许偏差≤5 mm，全高允许偏差≤H/1 000，以此作为起算数据推算本工程轴线竖向投测精度为层间竖向测量允许偏差≤3 mm，全高允许偏差≤H/1 000 且≤20 mm。

（二）施工测量放线程序

测量放线方案制订→测量仪器准备→校核定位桩及水准点→建立现场控制网→建筑物定位放线→建筑物基础放线→楼层标高控制→建筑物垂直度控制→沉降观测→测量资料归档。

（三）施工测量仪器与工具

施工测量仪器与工具见表 2-1。

表 2-1 施工测量仪器与工具

序号	仪器名称	型号	精度指标	数量	用途	备注
1	水准仪	DS_3	±3 mm	2	标高测量	良好
2	经纬仪	DJ_2	水平 2″垂直 4″	1	测量放线	良好
3	全站仪	SET211	误差 ± 2″	1	控制测量	良好
4	铅直仪		55 mm/100 m	1	轴线竖传递	良好
5	放线钢尺	50 m/5 m		2/4	放线	良好
6	吊线锤	1 kg		4	放线	良好
7	尺垫			2	水准测量	
8	铁锤、油漆、排笔、钢钉、墨斗等配合工具	根据需要配备			放线	良好
9	计算器			5	测量计算	良好

三、工程控制网及高程控制网设计与测量放线

(一)控制点和水准点的复核

本工程施工测量以甲方红线作为起算数据,在场区控制网布设前必须严格细致科学地进行校核(最弱边边长相对中误差不小 1/30 000,测角中误差≤5″、控制点点位中误差≤10 mm、水准测量往返测闭合差限值为 $\pm 4\sqrt{N}$ (N 为水准测量测站数))。高程以业主提供的水准点高程为基准。

(二)控制点向场地内引测——支导线

甲方提供的控制点均在施工现场外,因此必须建立场内施工控制网,根据施工现场平面布置图、建筑施工图、施工测量要求,设计施工现场控制网;根据场地方正规则的地形条件,在保证场地内工程控制点通视的条件下在场地内选点,选点时尽量设在离基坑较远、土壁稳定的位置,控制点之间距离尽量均衡,并且考虑到后续工作的方便,在现场内布设 A 幢 1—1、1—A 、1—27、1—J,B 幢 2—1、2—29、2—A、2—G,C 幢 3—1、3—A 共 8 轴支导线点构成该工程的场内支导线。

(三)建筑方格网

本工程建筑方格网采用基线法布设,建筑基线布置于场地中央并与建筑主要轴线平行,建筑基线上的控制点不少于 3 个,采用工程放样方法根据业主提供的已知控制点初步放样出主轴线 1—1、1—J、1—A,初步测设的主轴线点的点位中误差不应大于 2 cm。初步放样出主轴点后将主轴点与已知控制点联测,联测可以采用导线测量、三角测量等方法精确测量出主轴线点的坐标,并进行角度观测,测量主轴线的直线度,同时采用全站仪精确测量主轴线距离。根据规范规定主轴线测量精度为:主轴线点点位中误差≤10 mm、测角中误差≤2.5″、主轴线直线度限差≤180° ±5″(中误差≤180° ±2.5″)、测距相对中误差≤1/30 000。

短轴线测设,在主轴线上采用全站仪精确测出轴线交点,并将轴线全长误差分配到各短轴线间距上,避免误差累积。定出轴线交点后在轴线交点上设置经纬仪,根据主轴线方向定出短轴线方向,精确测量短轴线距离定出短轴线端点。短轴线测设精度要求:短轴线点点位中误差≤10 mm、线与短轴线交角限差≤90° ±5″(中误差≤90° ±2.5″)、测距相对中误差≤1/20 000。

测量完成后编制施工场区控制网(方格网)成果图及轴线点坐标作为建筑物控制网布设的首级控制。

(四)建筑物控制网布设

根据已建立的施工场区控制网(方格网)和建筑定位坐标、现场地形条件、通视条件,灵活采用极坐标、距离交会、方向交会等方法测设控制线点,布设建筑物方格网或建筑十字轴线。轴线点放样方法如下:

极坐标放点:必须具备两个已知控制点,计算待放点与两个已知控制点的夹角与距离,采用经纬仪在已知点上设站测设方向,钢尺在方向线上量距来测设点位。极坐标放点过程中必须准确计算出夹角距离,仪器必须对中调平,测量距离必须在方向线上测量。放出点位后必须检查,检查无误后进行下一步工作。

距离交会放点：必须具备两个已知控制点，计算待放点与两个已知控制点的距离，采用钢尺量距作圆弧得到交点来放点。距离交会放点不宜用于距离较大的点位。

方向交会：必须具备两个已知控制点，计算待放点与两个已知点的角度，利用经纬仪在已知点上设站测设方向，两方向线的交点即为待放点。方向交会可以不使用钢尺量距，因此可以用于不便量距的点位放样。

本工程基础定位放线采用极坐标测设方法进行施工。根据平面图纸和规划测设办给出的定位坐标点、定位绝对坐标值计算出每个基础桩心的平面绝对坐标值。基础桩心测放以建立轴网交点为仪器架设测站点，以计算的坐标值来测放桩心，将桩心标注在木桩上。桩心测放后，用钢尺复查桩心距离是否与图纸尺寸相符合，桩中心误差控制在 15 mm 以内。检查无误后做井圈，井圈标高根据基础平面图来确定。井圈做完后，将轴网引测到井圈平面再次复查桩心的准确程度，检查无误后报监理、甲方验收，再进行下一工序施工。

楼层平面轴网控制，采用坐标平移法进行测放，轴网的控制误差在 3 mm。

（五）建筑物控制线竖向投测

地下室施工建筑控制线根据基坑上控制线桩投测到施工层，地下室施工完成后 ±0.000上埋设建筑方格网控制点，在以上各层楼板施工时在相应的位置预留测量洞（200 mm × 200 mm），塔楼控制线通过预留洞用 2.5 kg 吊锤投测到施工楼层，并复核轴线距离和角度，计算边长相对中误差（≤1/10 000）和角度闭合差（≤5″）。每隔 2 层设一检查层，利用激光铅垂仪将轴线从底层投测到检查层，复核距离角度，计算边长相对中误差（≤1/10 000）和角度闭合差（≤5″），复核小于限差后进行下一步测量放线工作。

采用激光铅垂仪轴线竖向投测过程中，在底层主轴线控制点处设置激光铅垂仪，必须仔细对中，严格调平。接收靶放在激光束对应位置，然后接通电源，使激光器起辉，在接收靶上映出红色光点，通过调整望远镜焦距，使光点直径达到最小，并落到接收靶上的十字丝交点上，旋转仪器 360°观察光点是否偏移，如有偏移必须重新调整仪器使光点落到十字丝交点上，在旋转仪器后光点不偏移则可将其作为楼层定位放线的依据。

（六）结构构件放线

在施工层面投测控制线后，可以根据控制线进行放线工作，放出柱、剪力墙等竖向结构的水平尺寸线。在结构构件尺寸线放样过程中，必须严格、细致、细心地进行。放出尺寸线后必须放出检查线（检查线采用将尺寸线平移 300 mm 设置），并将尺寸线、检查线交点处均刷出红三角。放线过程中各建筑轴线必须直接从控制线分别测设，并且必须将误差分配消化，避免误差累积，即测设轴线均从控制线量出轴线距离设置轴线。在模板支设过程中，必须将控制线传递到楼板模板底模上，并放出轴线检查线，以便检查模板工程。模板支设完成后将下层控制线传递到模板上，放出轴线检查线，进一步检查模板工程（梁、柱、板、剪力墙等的尺寸、位置）。

（七）建筑标高测设

根据业主提供的已知高程点（I2 －633 控制点高程），采用水准测量在场地内布设水准环线（水准环线中水准点同场地内支导线点布置图）；采用四等水准测量，测出各水准点的高程，作为建筑标高测量的已知高程。

高程的竖向传递采用水准仪结合钢尺传递，将钢尺从建筑控制轴线预留洞悬垂到下一层，钢尺下部挂铅锤（因层高不大，一般采用2.5 kg铅锤），保证钢尺尺身竖直。在下一层设置水准仪，后视标高标志，读出钢尺上读数A；在本层设置水准仪，并在钢尺上读$A+C$（C为层高）读数，旋转仪器在本层建立标高标志，即可将下层建筑标高传递到各施工楼层，并做好标高标志，标明建筑标高。

标高测设采用S3型水准仪（每千米往返测高差偶然中误差不超过±3 mm，可以保证标高测量精度）。土方开挖前，应测出桩基顶标高和原有垫层标高，绘制现场地形图。土方开挖过程中，必须严格注意开挖深度，保证挖到要求的标高。开挖前在场地内布设标高桩，开挖过程中测量人员必须全程监督，在接近要求开挖标高时，在基槽内测设标高木桩，作为人工平整基底标高控制。在基底平整完成后再检查此标高木桩，确认无误后作为垫层混凝土施工的标高控制。

在模板施工前必须在柱、剪力墙等结构的主筋上测设标高线，并在塔吊等固定物上做好标高检查线，此标高线作为模板支设、模板检查等标高控制线和检查线。在混凝土施工前，必须经过标高测量，在柱、剪力墙等结构主筋上测设标高线（结构主筋应固定良好），作为施工时的标高控制线和检查线。

在标高测设过程中，必须注意以下问题：

（1）每次测量后必须由检查组人员进行检查，确保建筑标高无误。

（2）采用水准仪标高测设，在建筑塔尺下部铅笔画线，根据画线涂红三角，画线时必须保证铅笔尖紧靠塔尺端部边缘画线，严禁铅笔平行塔尺端部边缘画线，避免出现操作错误。

（3）标高测设尽量在早晨进行，并且水准仪前后视距尽量相等。

四、施工期间变形观测

根据本工程的实际情况，按设计院要求沿建筑物周围布设观测点，房角、纵横墙连接处、沉降缝两旁均应设置观测点。观测点应牢固稳定，确保点位安全，能够长期保存，并且能在观测点上垂直立尺和具有良好的通视条件。本工程观测点采用在结构施工时预埋钢筋设置（具体沉降点布置必须经设计院同意），并做好保护标识。

沉降观测必须严格按照规定的工作程序进行：采用固定的观测人员、固定的水准仪和水准尺，使用固定的水准点和固定的观测线路，按照规定的日期、方法、时间精心观测。结构施工到±0.000后开始首次观测，首次观测采用精密水准仪进行首次高程测定，裙楼结构每施工一层观测一次，标准层结构每施工两层观测一次。主体施工完成后每隔三个月观测一次。每隔三个月对水准网采用二级水准测量检核一次。观测应在成像清晰、稳定时进行，仪器前后视距应尽量相等。

根据沉降观测记录，计算观测点的沉降值，绘制荷载—时间—沉降曲线作为工程交工资料。

五、各种测量标桩形式与埋设

（一）控制网控制点

本工程控制网采用导线测量布设工程控制网，并采用一网多用的原则，将工程控制网作为建筑方格网的起始控制，并作为变形观测的基准网，因此采用较高的要求埋设控制点，并做好明显标识，做好控制点的保护工作。

（二）观测点

变形观测点在结构施工时埋入结构内部，顶端外露 50 mm。

（三）轴线点

建筑轴线点采用直径 50 mm 以上的木桩，顶面刨平刻十字标示，打入土内并用混凝土保护。

六、施工测量组织机构

（略）

第三章 高层建筑深基坑工程施工

第一节 地下水控制

一、地下水的基本特性

与深基坑工程有关的地下水一般分为上层滞水、潜水和承压水三类。

上层滞水，分布于上部松散地层的包气带中，含水层多为微透水层至弱透水层。无统一水面，水位随季节变化，不同场地、不同季节的地下水位各不相同，涌水量很小，且随季节和含水层性质的变化而有较大的变化。水质易污染；补给区与分布区一致，接受当地大气降水或地表水的补给，以蒸发的形式排泄。雨季获得补充，积存一定水量，旱季水量逐渐消耗甚至干涸。上层滞水是深基坑降水的第一个含水层，由于其埋藏浅、水量小，只要采取合适的降水措施后，治水效果较好，对深基坑施工影响不大。

潜水，分布在松散地层，基岩裂隙破碎带及岩溶等地区，含水层可为弱透水层、强透水层。一般无压，局部为低压水；具有统一自由面，水位受气象因素影响变化明显，同一场地的水位在一定区域内基本相同或变化具有规律性；水量变化较大，由含水的岩性、厚度和渗透性等决定。地下水补给一般以降雨为主，同时接受上部含水层的渗入和场地外同层地下水的径流补给；当与地表水有联系时，可接受地表水的补给。潜水对深基坑施工具有一定的影响，需要采取有效降水措施。

承压水，分布于松散地层，基岩构造盆地、岩溶地区，充满两个隔水层之间的含水层中。地下水具有承压性，一般不受当地气候因素影响，水质不易污染，地下水的补给及水压大小和与其具有水力联系的河流、湖泊等水位高低有关。该承压水对基坑底板和基坑施工的危害较大，一般由于其埋深大、水头高、水量大等，给深基坑的治水工作带来一定的困难。

二、动水压力和流砂

（一）流砂的形成

用明排水法降水开挖土方，当开挖到地下水位以下时，有时坑底下的土会成流动状态，随地下水一起涌进坑内，这种现象称为流砂。发生流砂时，土完全丧失承载力，砂土边挖边冒，难以开挖到设计深度。流砂严重时会引起基坑倒塌，附近建筑物会因地基被流空而下沉、倾斜，甚至倒塌。因此，施工中要十分重视流砂现象。

流砂是水在土中渗流而产生的，如图3-1所示。由于高水位（图3-1（a）中左端，其水头为h_1）与低水位（图3-1（a）右端，水头为h_2）之间存在压力差，水经过长度为l、断面面积为F的土体由左端向右端渗流。

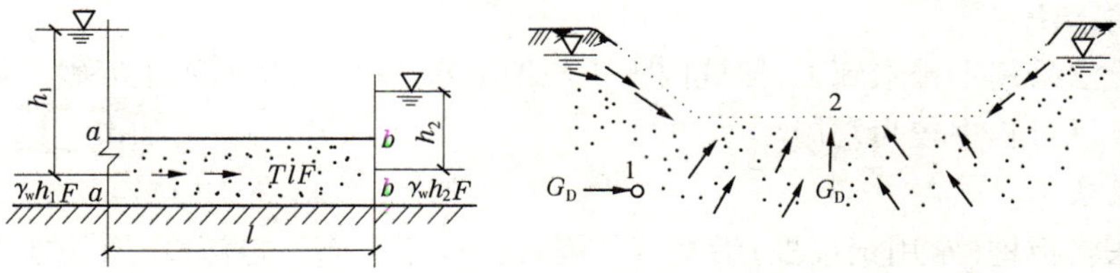

(a)水在土中渗流时的力学现象　　(b)动水压力对地基土的影响

1、2—土粒

图 3-1　动水压力原理图

水在土中渗流时，作用在土体上的力有：

$\gamma_w h_1 F$——作用于土体左端 a—a 截面处的总水压力，其方向与水流方向一致（γ_w 为水的重度）；

$\gamma_w h_2 F$——作用于土体右端 b—b 截面处的总水压力，其方向与水流方向相反；

TlF——水渗流时受到土颗粒的阻力（T 为单位土体阻力）。

由静力平衡条件（设向右的力为正）得：

$$\gamma_w h_1 F - \gamma_w h_2 F + TlF = 0$$

化简得：

$$T = -\frac{h_1 - h_2}{l}\gamma_w \quad \text{（负号表示方向向左）} \tag{3-1}$$

$\frac{h_1 - h_2}{l}$为水头差与渗透路程长度之比，称为水力坡度，以 I 表示，则式(3-1)可写成：

$$T = -I\gamma_w \tag{3-2}$$

设水在土中渗流时对单位土体的压力为 G_D，由作用力与反作用力相等、方向相反的定律可得下式：

$$G_D = -T = I\gamma_w \tag{3-3}$$

G_D 又称为动水压力，其单位为 kN/m^3 或 N/cm^3。由上列各式可知，动水压力 G_D 的大小与水力坡度 I 成正比（即水位差 $h_1 - h_2$ 愈大，则 G_D 愈大），与水的渗透路程成反比（即 l 愈长，G_D 愈小）。动水压力的作用方向与水流方向相同。当水流在水位差作用下对土颗粒产生向上的压力时，动水压力不但使土颗粒受到水的浮力，而且使土颗粒受到向上的压力。当动水压力等于或大于土的浸水重度时，即

$$G_D \geq \gamma'_w \tag{3-4}$$

则土颗粒失去自重，处于悬浮状态，土的抗剪强度等于零，土颗粒能随渗流的水一起流动，就会产生流砂现象。

实践经验表明，流砂现象经常发生在细砂、粉砂及亚砂土中。可能发生流砂的土质基坑，当其挖深超过地下水位线 0.5 m 左右时，就会发生流砂现象。

（二）流砂的防治

细颗粒（粒径为 0.005～0.05 mm）、颗粒均匀、松散（土的天然孔隙比大于75%）、饱和的非黏性土容易发生流砂现象，但是否出现流砂现象的重要条件是动水压力的大小和方向，因此在基坑施工中要设法减小动水压力和使动水压力向下，具体措施如下。

1. 水下挖土法

水下挖土法采用不排水施工，使坑内水压与地下水压平衡，从而防止流砂产生。此法在沉井挖土下沉过程中较为常用。

2. 打板桩法

打板桩法将板桩(常用钢板桩)沿基坑外围打入坑底下面一定深度，增加地下水从坑外流入坑内的渗流长度，从而减小动水压力，防止流砂产生。

3. 抢挖法

抢挖法组织分段抢挖，使挖土速度超过冒砂速度，挖到设计标高后立即铺竹筏、芦席，并抛大石块以平衡动水压力，压住流砂。此法用以解决局部或轻微的流砂现象较为有效。

4. 井点降低地下水位法

人工降低地下水位一般采用井点降水方法，使地下水的渗流方向向下，水不致渗入坑内，动水压力的方向朝下，因而可以有效地防治流砂现象。此法实用性较广，也较可靠。

5. 地下连续墙法

地下连续墙法是在基坑周围先灌筑一道混凝土或钢筋混凝土的连续墙，以支承土壁，截水并防止流砂产生。

6. 冻结法

在含有大量地下水的土层或沼泽地区施工时，采用冻结土的方法防止流砂产生。

对于易发生流砂现象的地区的基础工程，应尽可能用桩基础或沉井施工，以节约防治流砂所增加的费用。

三、降低地下水位的方法

在挖方前，应做好地面排水和降低地下水位工作。当地下水位较高，开挖的基坑或沟槽低于地下水位时，土的含水层被切断，地下水会不断地渗入基坑。雨季施工时，地面水也会流入基坑。为了保证施工的正常进行，防止边坡塌方、流砂及管涌现象的发生和地基承载力下降，在基坑开挖前和开挖时，必须做好排水降水工作。基坑排水方法可分为明排水法和井点降低地下水位法。

(一)明排水法

明排水法(也称明沟排水法或集水井降水法)采用截、疏、抽的方法来进行排水，即在开挖基坑时，沿坑底周围或中央开挖排水沟，再在沟底设集水井，使基坑内的水经排水沟流入集水井内，然后用水泵抽出坑外，如图 3-2 所示，一层一层地加深排水沟和集水井，逐步达到设计要求的基坑断面和坑底标高。

为了防止基底土的颗粒随水流失而使土结构受到破坏，集水井应设置于基础范围之外、地下水走向的上游。根据地下水量，基坑平面形状及水泵的抽水能力，每隔 20 ~ 40 m 设置一个集水井。集水井的直径或宽度一般为 0.6 ~ 0.8 m，其深度随着挖土的加深而加深，并保持低于挖土面 0.8 ~ 1.0 m。井壁可用竹木等简易加固。当基坑挖至设计标高后，井底应低于坑底 1 ~ 2 m，并铺设 0.3 m 碎石滤水层，以免由于抽水时间较长而将泥沙抽出，并防止井底的土被搅动。

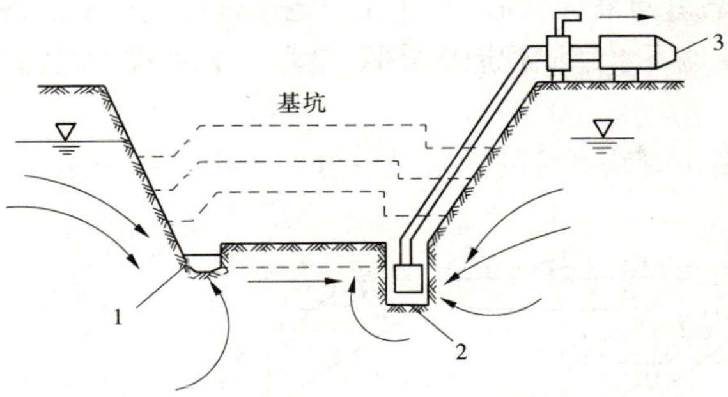

1—排水沟;2—集水井;3—水泵

图 3-2 明排水法

(二)井点降低地下水位法

井点降低地下水位法就是在基坑开挖前,预先在基坑四周埋设一定数量的滤水管(井),利用抽水设备从中抽水,使地下水位降落在坑底以下,直至施工结束。这样,可使所挖的土始终保持干燥状态,改善施工条件,同时使动力水压力方向向下,从根本上防止流砂发生,并且降低地下水位后,土中有效应力增加,土体固结,提高了土的强度。采用人工降低地下水位,可适当改陡边坡以减少挖土数量,但在降水过程中,基坑附近的地基土会有一定的沉降,施工时应加以注意。

井点降低地下水位法有轻型井点降低地下水位法、喷射井点降低地下水位法、电渗井点降低地下水位法、管井井点降低地下水位法及深井井点降低地下水位法等。各种方法视土层渗透系数、降低水位深度、工程特点、设备条件及经济比较等具体条件参照表 3-1 选用。其中以轻型井点采用较广,下面作重点介绍。

表 3-1 各种井点的适用范围

井点类型	土层渗透系数(m/d)	降低水位深度(m)	适用土质
一级轻型井点	0.1 ~ 50	3 ~ 6	粉质黏土、砂质粉土、粉砂、含薄层粉砂的粉质黏土
二级轻型井点	0.1 ~ 50	6 ~ 12	粉质黏土、砂质粉土、粉砂、含薄层粉砂的粉质黏土
喷射井点	0.1 ~ 5	8 ~ 20	粉质黏土、砂质粉土、粉砂、含薄层粉砂的粉质黏土
电渗井点	<0.1	根据选用的井点确定	黏土、粉质黏土
管井井点	20 ~ 200	3 ~ 5	粉质黏土、粉砂、含薄层粉砂的黏质粉土、各类砂土、砾砂
深井井点	10 ~ 250	>15	粉质黏土、粉砂、含薄层粉砂的黏质粉土、各类砂土、砾砂

1. 轻型井点降低地下水位法

轻型井点降低地下水位法是沿基坑周围以一定的间距埋入井点管(下端为滤管),在地面上用集水总管将各井点管连接起来，并在一定位置设置抽水设备，利用真空泵和离心泵的真空吸力作用，使地下水经滤管进入井管，然后经总管排出，从而降低地下水位。

1）轻型井点设备

（1）轻型井点设备由管路系统的抽水设备组成，如图 3-3 所示。

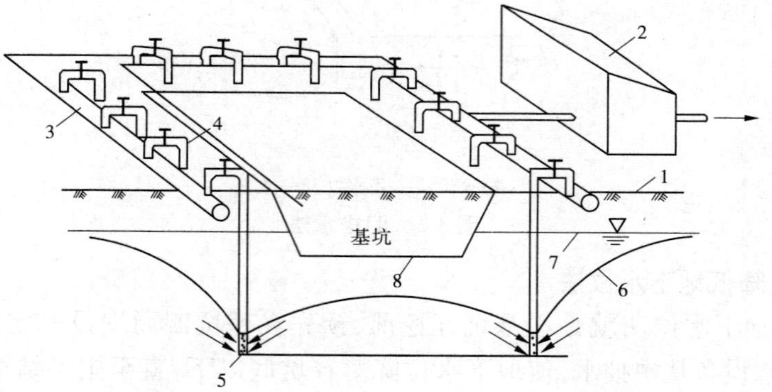

1—地面；2—水泵；3—总管；4—井点管；5—滤管；
6—降落后的地下水位；7—原地下水位；8—基坑底面

图 3-3　轻型井点法降低地下水位全貌

（2）管路系统由滤管、井点管、变联管及总管等组成。

①滤管（见图 3-4）是长 1.0～1.2 m、外径为38～50 mm 的无缝钢管，管壁上钻有直径为 12～19 mm 的星棋状排列的滤孔，滤孔面积为滤管表面的20%～25%。滤管外面包括两层孔径不同的滤网，内层为细滤网，采用 30～40 眼/cm^2 的铜丝布或尼龙丝布；外层为粗滤网，采用 5～10 眼/cm^2 的塑料纱布。为使水流畅通，管壁与滤网之间用塑料管或铁丝绕成螺旋形隔开，滤管外面再绕一层粗铁丝保护，滤管下端为一铸铁头。

②井点管用直径 38～55 mm、长 5～7 m 的无缝钢管或焊接钢管制成。

③集水总管为直径 100～127 mm 的无缝钢管，每节长 4 m，各节间用橡皮套管联结，并用钢箍拉紧，防止漏水。总管上装有与井点管联结的短接头，间距为 0.8 m、1.2 m 或 1.6 m。

（3）抽水设备由真空泵、离心泵和水气分离器（又称为集水箱）等组成，其工作原理如图 3-5 所示。抽水时，先开动真空泵 19，将水气分离器 10 内部抽成一定程度的真空。在真空吸力作用下，地下水经滤管 1、井点管 2 吸上，经弯管 3 和阀门 4 进入集水总管

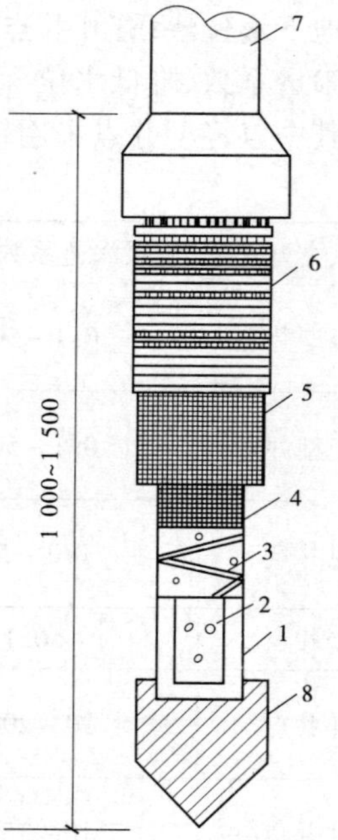

1—钢管；2—滤孔；3—缠绕的塑料管；
4—细滤网；5—粗滤网；6—粗铁丝保网；
7—井点管；8—铸铁头

图 3-4　滤管构造

5，再经过滤箱8（防止水流中的细砂进入离心泵引起磨损）进入水气分离器10。当水气分离器10内的水多起来时，浮筒11上升，此时即可开动离心泵24，将在水气分离器10内的水和空气向两个方向排出，水经离心泵24排出，空气集中在上部由真空泵19排出。为防止水进入真空泵19（因为真空泵为干式），水气分离器10顶装有阀门12。副水气分离器16也是为了避免将空气中的水分吸入真空泵。为了对真空泵进行冷却，特设一个冷却循环水泵23。

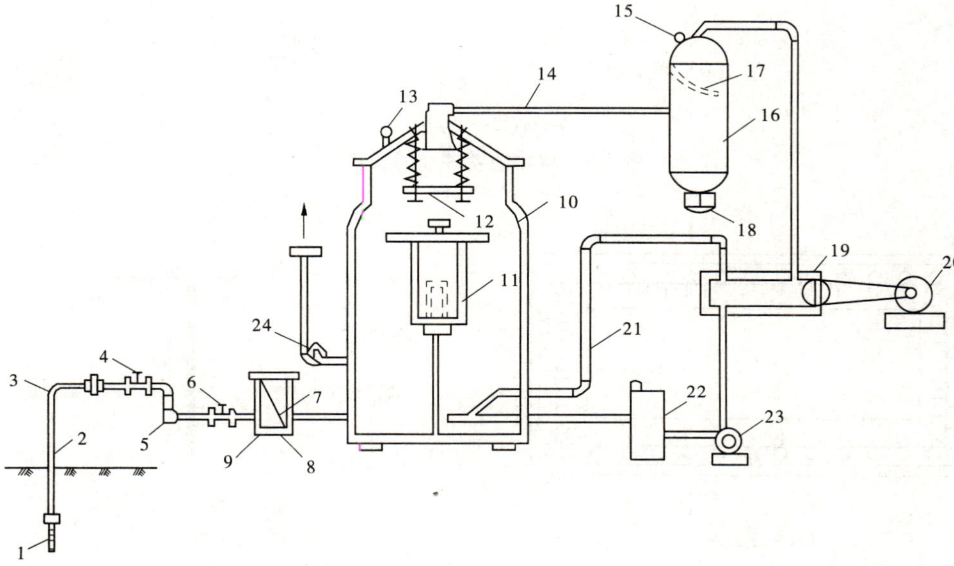

1—滤管；2—井点管；3—弯管；4，12—阀门；5—集水总管；6—闸门；7—滤网；
8—过滤箱；9—淘沙孔；10—水气分离器；11—浮筒；13，15—真空计；14—进水管；
16—副水气分离器；17—挡水板；18—放水口；19—真空泵；20—电动机；
21—冷却水管；22—冷却水箱；23—冷却循环水泵；24—离心泵

图3-5　轻型井点设备工作原理

一套抽水设备的负荷长度（即集水总管长度）与其型号、性能和地质情况有关。当采用 W_5 型泵时，总管长度不大于100 m；当采用 W_6 型泵时，总管长度不大于120 m。

2）轻型井点布置

轻型井点布置应根据基坑大小与深度、土质、地下水位高低与流向、降水深度要求等确定。

（1）平面布置。当基坑或沟槽宽度 B 小于6 m、水位降低值不大于5 m时，可用单排线状井点，应布置在地下水流的上游一侧，两端延伸长度以不小于槽宽为宜，如图3-6所示。如宽度大于6 m或土质不良，则用双排线状井点。面积较大的基坑宜用环状井点，如图3-7所示。有时也可布置为U形，以利挖土机械和运输车辆出入基坑。井点管距离基坑壁一般为1.0～1.5 m，以防止局部发生漏气。井点管间距一般为0.8 m、1.2 m、1.6 m，由计算或经验确定。井点管在总管四角部分应适当加密。

（2）高程布置。井点降水深度，考虑抽水设备的水头损失以后，一般不超过6 m。井点管埋设深度 H 按下式计算：

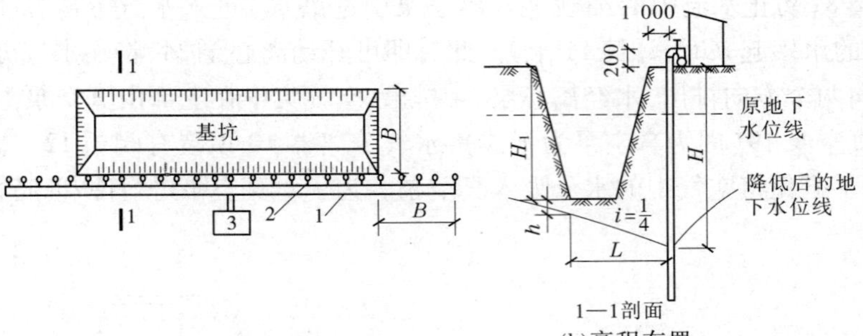

(a)平面布置 (b)高程布置

1—总管;2—井点管

图 3-6 单排线状井点的布置

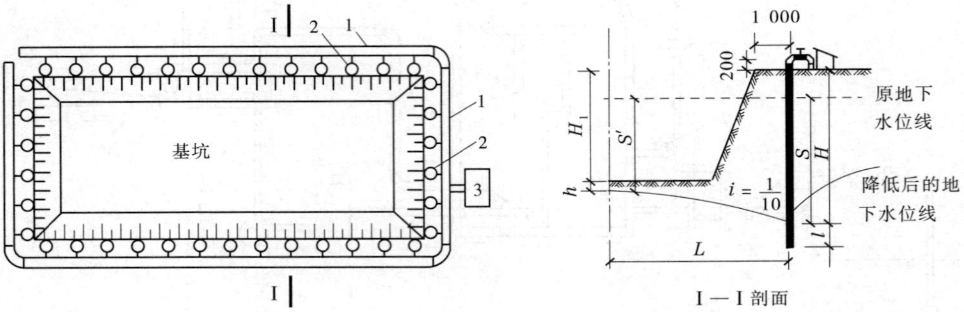

(a)平面布置 (b)高程布置

1—总管;2—井点管;3—抽水设备;l—滤管长度

图 3-7 环形井点布置简图

$$H \geqslant H_1 + h + iL \tag{3-5}$$

式中 H_1——井点管埋设面至基坑底面的距离,m;

h——基坑底面至降低后的地下水位线的最小距离,一般取 0.5 ~ 1.0 m;

i——水力坡度,根据实测:双排井点和环状井点为 1/10,单排井点为 1/4 ~ 1/5;

L——井点管至基坑中心的水平距离,单排井点为井点管至基坑另一边的距离,m。

当一级井点达不到降水深度的要求时,可视土质情况,采用其他方法(如先用明排水法挖去一层土再布置井点系统)或采用二级井点(即先挖去第一级井点所疏干的土,再布置第二级井点)使降水深度增加(见图 3-8)。

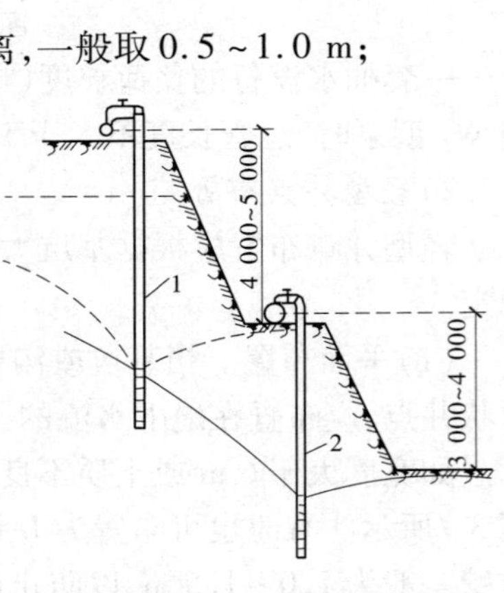

1—第一级井点管;2—第二级井点管

图 3-8 二级轻型井点

3)轻型井点计算

轻型井点的计算包括井点系统涌水量计算、井点管数量与井距确定,以及抽水设备的选用等。

(1)井点系统涌水量计算。井点系统的涌水量是以水井理论进行计算的。根据地下水有无压力,水井分为无压井和承玉井(见图3-9)。水井布置在含水土层中,当地下表面为自由水压时,称为无压井;当含水层处于两不透水层之间,地下水表面具有一定压力时,称为承压井。当水井底部达到不透水层时,称为完整井,否则称为非完整井。水井类型不同,其涌水量的计算公式亦不相同。

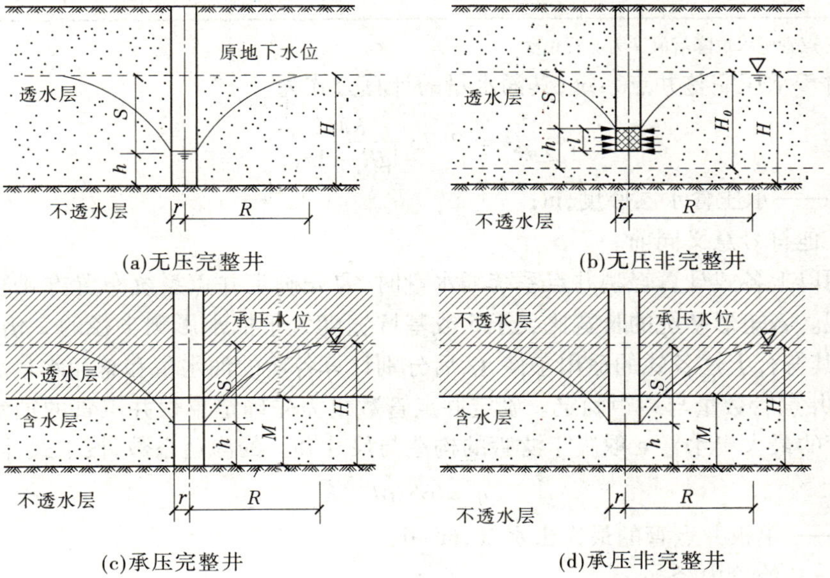

(a)无压完整井　(b)无压非完整井

(c)承压完整井　(d)承压非完整井

h—井内水深;r—水井半径

图3-9　水井的分类

①对于无压完整井环状井点系统,其涌水量的计算公式为

$$Q = 1.366K\frac{(2H - S)S}{\lg R - \lg x_0} \tag{3-6}$$

$$R = 1.95S\sqrt{HK} \tag{3-7}$$

$$x_0 = \sqrt{\frac{F}{\pi}} \tag{3-8}$$

式中　Q——井点系统的涌水量,m^3/d;

K——土的渗透系数,m/d,最好通过现场扬水试验确定;

H——含水层厚度,m;

S——水位降低值,m;

R——抽水影响半径,m;

x_0——环状井点系统的假想半径,m,当矩形基坑的长宽比不大于4时,可按式(3-8)计算;

F——环状井点系统所包围的面积,m^2。

②对于无压非完整井点系统,地下潜水不仅从井的侧面流入,还从井点底部渗入,因此涌水量较完整井大。为了简化计算,仍可采用式(3-6)。但此时式中H应换成有效抽

水影响深度 H_0。H_0 值可按表 3-2 确定，当算得 H_0 大于实际含水层厚度 H 时，仍取 H 值。

表 3-2　有效抽水影响深度 H_0 值

$S'/(S'+l)$	0.2	0.3	0.5	0.8
H_0	$1.3(S'+l)$	$1.5(S'+l)$	$1.7(S'+l)$	$1.85(S'+l)$

注：S' 为井点管中水位降落值，l 为滤管长度。

③对于承压完整井点系统，其涌水量的计算公式为

$$Q = 2.73\frac{KMS}{\lg R - \lg x_0} \tag{3-9}$$

式中　M——承压含水层厚度，m；

其他符号意义同前。

应用以上各式计算轻型井点系统涌水量时，要先确定井点系统布置方式和基坑计算图形面积。若矩形基坑的长宽比大于 5 或基坑宽度大于抽水影响半径的 2 倍，需将基坑分块，使其符合上述各式的适用条件，然后分别计算各块的涌水量和总涌水量。

（2）井点管数量与井距确定。确定井点管数量需先确定单根井点管的抽水能力。单根井点管的最大出水量 q 取决于滤管的构造与尺寸和土的渗透系数，按下式计算：

$$q = 65\pi dl\sqrt[3]{K} \tag{3-10}$$

式中　q——单根井点管的最大出水量，m^3/d；

d——滤管内径，m；

l——滤管长度，m。

井点管的最少数量 n（根）和井点管最大间距 D（m）按下式确定：

$$n = 1.1\frac{Q}{q} \tag{3-11}$$

$$D = \frac{L}{n} \tag{3-12}$$

式中　L——总管长度，m；

其他符号意义同前。

井点管间距经计算确定后，在实际采用时应与总管上接头尺寸相适应，可选用 0.8 m、1.2 m、1.6 m 和 2.0 m 四种间距。考虑井点管堵塞等因素，实际井点管的根数要大于 n'，一般乘以 1.1 的备用系数，即 $n = 1.1n'$。

（3）算例。

某工程基坑宽 10 m、长 19 m、深 4.1 m，挖土边坡 1∶0.5，地下水位 −0.6 m。根据地质勘察资料，该处地面下 0.7 m 为杂填土，此层下面有 6.6 m 的细砂层，土的渗透系数 K=5 m/d，再往下为不透水的黏土层。现采用轻型井点设备进行人工降低地下水位，机械开挖土方，试对该轻型井点系统进行计算。

解：①井点系统布置。

该基坑顶部平面尺寸为 14 m×23 m，布置环状井点，井点管离边坡为 0.8 m。要求降

水深度 $S=4.1-0.6+0.5=4.0(\text{m})$，因此用一级轻型井点系统即可满足要求，总管和井点布置在同一水平面上。由井点系统布置处至下面一层不透水黏土层的深度为 $0.7+6.6=7.3(\text{m})$，设井点管长度为 7.2 m（井管长 6 m，滤管长 1.2 m、直径为 0.05 m），因此滤管底距离不透水黏土层只差 0.1 m，可按无压完整井进行设计和计算。

②基坑总涌水量计算。

含水层厚度：$H=7.3-0.6=6.7(\text{m})$

降水深度：$S=4.1-0.6+0.5=4.0(\text{m})$

基坑假想半径：由于该基坑长宽比不大于5，所以可化简为一个假想半径为 x_0 的圆井进行计算：

$$x_0=\sqrt{\frac{F}{\pi}}=\sqrt{\frac{(14+0.8\times2)\times(23+0.8\times2)}{3.14}}=11(\text{m})$$

抽水影响半径：

$$R=1.95S\sqrt{HK}=1.95\times4.0\times\sqrt{6.7\times5}=45.1(\text{m})$$

基坑总涌水量：

$$Q=1.366K\frac{(2H-S)S}{\lg R-\lg x_0}$$

$$=1.366\times5\times\frac{(2\times6.7-4.0)\times4.0}{\lg45.1-\lg11}=419(\text{m}^3/\text{d})$$

③计算井点管数量和间距。

单井出水量：

$$q=65\pi dl\sqrt[3]{K}$$

$$=65\times3.14\times0.05\times1.2\times\sqrt[3]{5}=20.9(\text{m}^3/\text{d})$$

井点管数量：

$$n=1.1\frac{Q}{q}=1.1\times\frac{419}{20.9}=22(\text{根})$$

在基坑四角处井点管应加密，如考虑每个角加 2 根井管，采用的井点管数量为 $22+8=30$（根）。

总管长度：$L=2\times(24.6+15.6)=80.4(\text{m})$

则井点管间距为 $$D=\frac{L}{n}=\frac{80.4}{30}=2.68(\text{m})$$

取 2.4 m。

井点管布置时，为让开机械挖土开行路线，宜布置成端部开口（即留 3 根井管数量距离），因此实际需要井点管数量为

$$n=\frac{2\times(24.6+15.6)}{2.4}-2\approx32(\text{根})$$

4）轻型井点的安装与使用

轻型井点的安装程序是先排放总管，再埋设井点管，然后用弯联管将井点管接通，最后安装抽水设备。轻型井点安装的关键工作是井点管的埋设。

井点管的埋设利用水冲法进行,可分为冲孔与埋管两个过程,如图 3-10 所示。

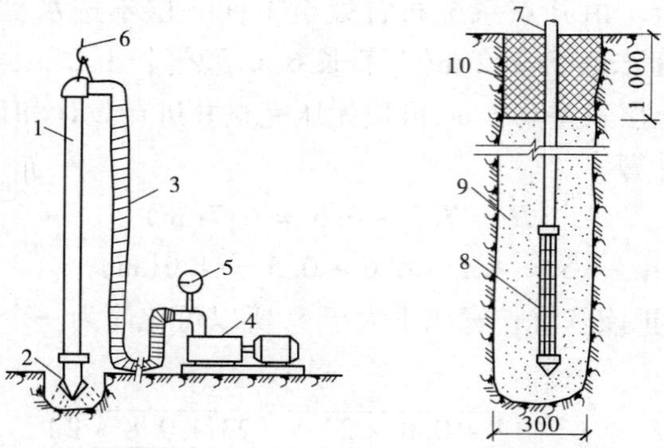

(a)冲孔　　　　(b)埋管

1—冲管;2—冲嘴;3—胶皮管;4—高压水泵;5—压力表;
6—起重机吊钩;7—井点管;8—滤管;9—填砂;10—黏土封口

图 3-10　井点管的埋设

冲孔时,先用起重设备将冲管吊起并插在井点的位置上,然后开动高压水泵,利用高压水由冲孔头部的喷水小孔,以急速的射流冲刷土,同时使冲孔管上、下、左、右转动,将土冲松,冲管则边冲边沉,逐渐在土中形成孔洞。井孔形成后,随即拔出冲孔管,插入井点管并及时在井点管与孔壁之间填灌砂滤层,防止孔壁塌土。

冲孔直径一般为 300 mm,冲孔深度宜比滤管底深 0.5 m 左右,以防冲管拔出时,部分土颗粒沉于底部。砂滤层的填灌质量是保证轻型井点顺利抽水的关键,宜先用干净粗砂,均匀填灌,并填至滤管顶上 1.0 ~ 1.5 m,以保证水流畅通。井内填砂后,在地面以下 0.5 ~ 1.0 m,应用黏土封口,以防漏气。

井点系统全部安装完毕后,应接通总管与抽水设备进行试抽,检查有无漏气、漏水现象。

轻型井点使用时,应该连续抽水,以免引起滤孔堵塞和边坡塌方等事故。抽吸排水要保持均匀,达到细水长流,正常的出水规律是"先大后小,先浊后清"。使用中如发现异常情况,应及时检修完好后再使用。

井点降水时,由于地下水流失造成井点周围的地下水位下降,往往会影响到周围建筑物基础下沉或房屋开裂,要有防治措施。一般采用在井点降水区域和原有建筑之间的土层中设置一道固体抗渗屏幕,以及用回灌井点补充地下水的办法来保持地下水位,从而达到不影响周围建筑物的目的。

2. 喷射井点降低地下水位法

当基坑开挖较深,降水深度要求大于 6 m,采用一般轻型井点不能满足要求,而采用多级轻型井点又不经济时,则宜采用喷射井点降水,其降水深度可达 8 ~ 20 m。

喷射井点设备由喷射井管、高压水泵及进水管路、排水管路等组成(见图 3-11),喷射井管由内管和外管组成,在内管下端装有喷射扬水器与滤管相连,当高压水经内外管之间的环形空间由喷嘴喷出时,地下水即被吸入而压出地面。

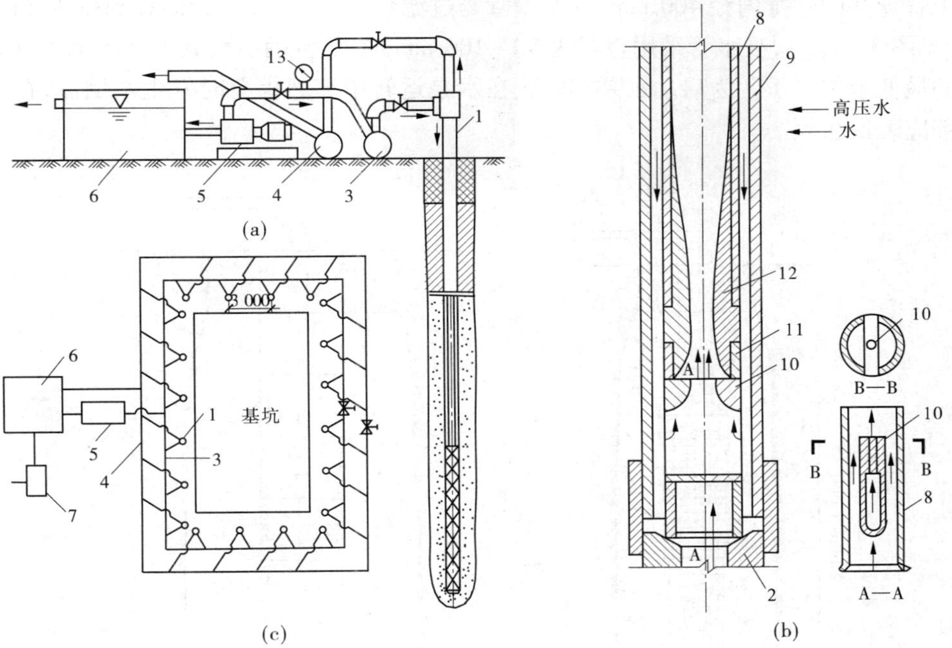

1—喷射井管;2—滤管;3—进水总管;4—排水总管;5—高压水泵;6—集水池;

7—水泵;8—内管;9—外管;10—喷嘴;11—混合室;12—扩散管;13—压力表

图 3-11　喷射井点设备装置

3. 电渗井点降低地下水位法

电渗井点降低地下水位法适用于土壤渗透系数小于 0.1 m/d,用一般井点不可能降低地下水位的含水层中,尤其适用于淤泥排水。

电渗井点排水的原理如图 3-12 所示,以井点管作为负极,以打入的钢筋或钢管作为正极,当通以直流电后,土颗粒即自负极向正极移动,水则自正极向负极被集中排出。土颗粒的移动称电泳现象,水的移动称电渗现象,故称电渗井点。

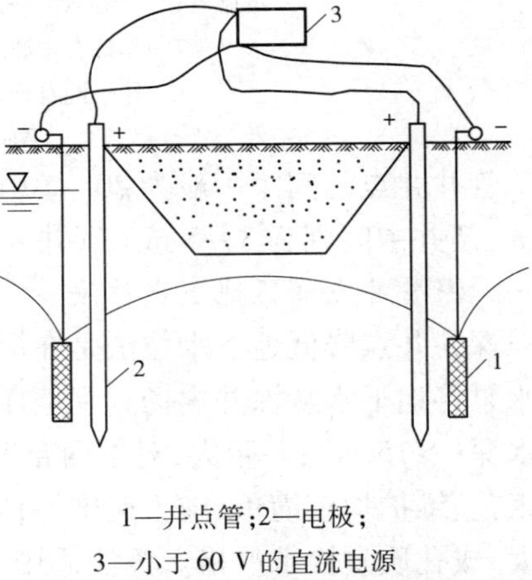

1—井点管;2—电极;

3—小于 60 V 的直流电源

图 3-12　电渗井点排水原理示意图

4. 管井井点降低地下水位法

管井井点降低地下水位法是沿基坑每隔一定距离(20 ~ 50 m)设置一个管井,每个管井单独用一台水泵不断地抽水来降低地下水位。在土的渗透系数大于 20 m/d、地下水量大的土层中,宜采用管井井点。

管井井点由管井、吸水管及水泵等组成,如图 3-13 所示。管井可用钢管和混凝土管。钢管管井的管身采用直径为 150 ~ 250 mm 的钢管,其过滤部分采用钢筋焊接骨架外缠镀锌铁丝并包滤网,长 2 ~ 3 m,见图 3-13(a);

混凝土管管井的管身内径 400 mm，分实壁管与过滤管两部分，过滤管的孔隙率为 20% ~ 25%，见图 3-13(b)，吸水管采用直径为 50 ~ 100 mm 的钢管或胶管，其下端应沉入管井抽吸水的最低水位以下。为启动水泵和防止在水泵运转中突然停泵时发生水倒流，在吸水管底部应装逆止阀。

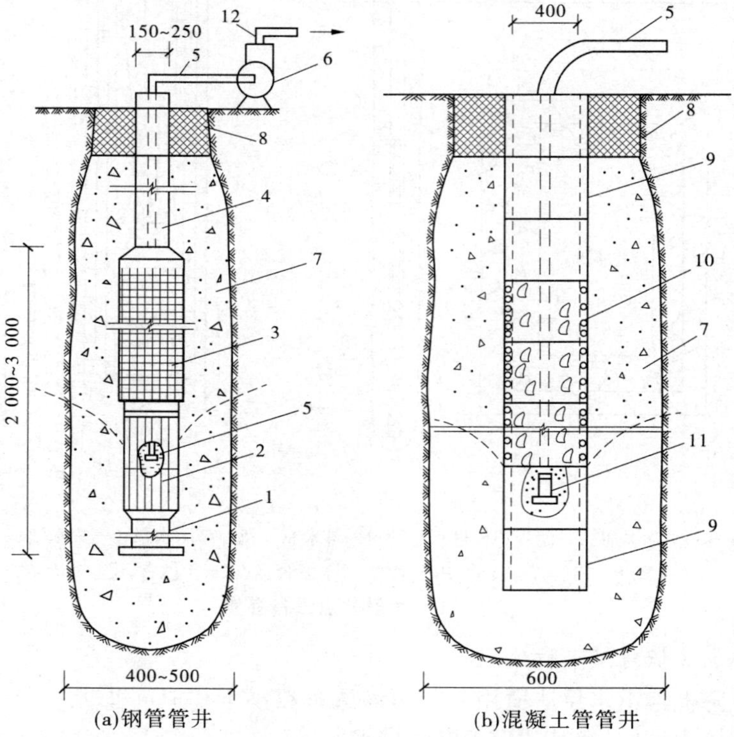

1—沉砂管；2—钢筋焊接骨架；3—滤网；4—管身；5—吸水管；6—离心泵；
7—小砾石过滤层；8—黏土封口；9—混凝土实壁管；
10—混凝土过滤管；11—潜水泵；12—出水管

图 3-13　管井井点构造

管井井点的间距一般为 20 ~ 50 m，管井的深度为 8 ~ 15 m。井内水位降低可达 6 ~ 10 m，两井中间则为 3 ~ 5 m。管井井点计算可参照轻型井点进行。

5. 深井井点降低地下水位法

深井井点降低地下水位法是在深基坑周围埋置深于基底的井管，依靠深井泵和深井潜水泵将地下水从深井内扬升到地面排出，使地下水降至基坑以下。该法具有排水量大，降水深(＞15 m)；井距大，对平面布置的干扰小；不受土层限制；井点制作、降水设备及操作工艺、维护均较简单，施工速度快；井点管可以整根拔出，重复使用等优点。但一次性投资大，成孔质量要求严格。该法适用于渗透系数较大(10 ~ 250 m/d)，土质为砂类土，地下水丰富，降水深，面积大，时间长的情况，降水深可达 50 m 以内。

深井井点系统由深井、井管、水泵和集水井等组成(见图 3-14)。井管由滤水管、吸水管和沉砂管三部分组成。可用钢管、塑料管或混凝土管制成，管径一般为 300 mm，内径宜大于潜水泵外径 50 mm。

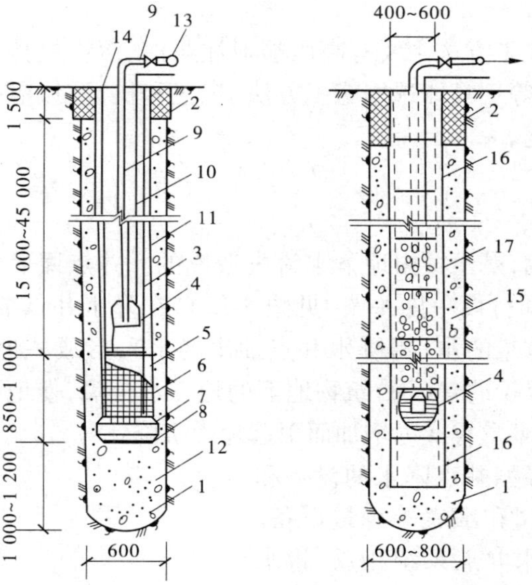

(a)钢管深井井点　　　　(b)无砂混凝土管深井井点

1—井孔;2—井口(黏土封口);3—ϕ 300 ~ 375 mm 井管;4—潜水电泵;5—过滤段(内填碎石);6—滤网;7—导向段;8—开孔底板(下铺滤网);9—ϕ 50 mm 出水管;10—电缆;11—小砾石或中粗砂;12—中粗砂;13—ϕ 50 ~ 75 mm 出水总管;14—20 mm 厚钢板井盖;15—小砾石;16—沉砂管(混凝土实管);17—无砂混凝土过滤管

图 3-14　深井井点构造

水泵常用长轴深井泵或潜水泵,每井 1 台,并带吸水铸铁管或胶管,配上一个控制井内水位的自动开关,在井口安装 75 mm 阀门以便调节流量的大小,阀门用夹板固定。每个基坑井点群应有 2 台备用泵。

集水井用ϕ 325 ~ 500 mm 钢管或混凝土管,并设 3‰的坡度,与附近下水道接通。

四、截水技术和回灌技术

在软弱土层中开挖基坑进行井点降水,部分细微土粒会随水流带出,再加上降水后土体的含水量降低,使土壤产生固结,因而会引起周围地面的沉降。例如,在建筑物密集地区进行降水施工,因长时间降水引起过大的地面沉降,导致邻近建筑物产生下沉或开裂。

为防止或减少井点降水对邻近建筑物的影响,减少地下水流失,一般在降水区和原有建筑物之间的土层设置一道抗渗屏幕,通常采用的是抗渗挡墙截水技术和补充地下水的回灌技术。

(一)截水技术

截水技术是利用截水帷幕切断基坑外的地下水流入基坑内部。截水帷幕的类型有水泥土搅拌桩挡墙、高压旋喷桩挡墙、地下连续墙挡墙等,它们往往不只是为了挡水,而同时作为基坑的支护结构用来挡土。

当地下含水层渗透性较强、厚度较大时,可采用悬挂式竖向截水与坑内井点降水相结合或采用悬挂式竖向截水与水平封底相结合的方案。水平封底可采用化学注浆法或旋喷注浆法。

目前形成截水帷幕的施工方法主要有高压喷射注浆法、深层搅拌法、压力灌注法、射水成墙法、小孔钻孔灌注法等。具体选用施工方法、工艺和机具时，应根据水文地质条件及施工条件等因素综合确定。

（二）回灌技术

1. *井点回灌技术*

降水对周围环境的影响，是土壤内地下水流失造成的。井点回灌技术即在降水井点和要保护的建（构）筑物之间打设一排井点（见图3-15），在降水井点抽水的同时，通过回灌井点向土层内灌入一定数量的水（即降水井点抽出的水），形成一道隔水帷幕，从而阻止或减少回灌井点外侧被保护的建（构）筑物地下的地下水流失，使地下水位基本保持不变，这样就不会因降水使地基自重应力增加而引起地面沉降。

回灌井点可采用一般轻型井点降水的设备和技术，仅增加回灌水箱、闸阀和水表等少量设备。回灌井点的工作方式与降水井点系统相反，将水灌入井点后，水从井点周围土层渗透，在土层中形成一个和降水井点相反的倒转降落漏斗。回灌井点的设计主要考虑井点的配置以及计算其影响范围。回灌井点的井管滤管部分宜从地下水位以上0.5 m处开始一直到井管底部，其构造与降水井点基本相同。

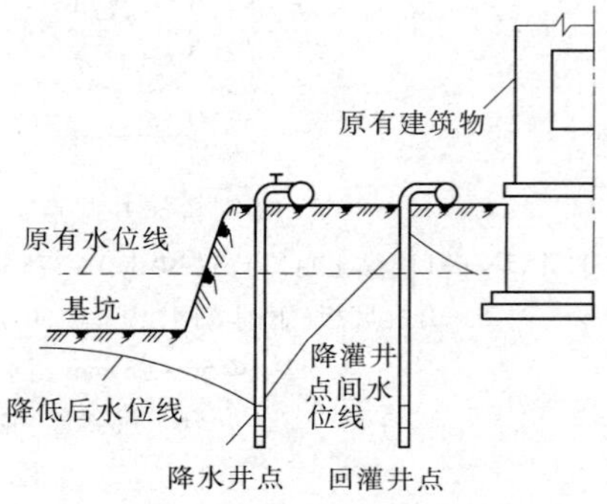

图3-15　回灌井点

采用回灌井点时，为使注水形成一个有效的补给水幕，避免注水直接回到降水井点管，造成两井“相通”，两者间应保持一定距离。回灌井点与降水井点的距离应根据降水、回灌水位曲线和场地条件而定，一般不宜小于6 m。回灌井点的间距应根据降水井点的间距和被保护建（构）筑物的平面位置确定。

回灌井点埋设深度可控制在降水水位线以下1 m，且位于渗透性较好的土层中。回灌井点滤管的长度应大于降水井点滤管的长度。

回灌水量可通过水位观测孔中水位的变化进行控制和调节，通过回灌宜不超过原水位标高。回灌水箱的高度，可根据灌入水量确定。回灌水宜用清水。实际施工时应协调控制降水井点与回灌井点。

许多工程实例证明，用回灌井点回灌水能产生与降水井点相反的地下水降落漏斗，能有效地阻止被保护建（构）筑物下的地下水流失，防止产生有害的地面沉降。回灌水量要适当，过小无效，过大会从边坡或钢板桩缝隙流入基坑。

2. *砂沟、砂井回灌技术*

在降水井点与被保护建（构）筑物之间设置砂井作为回灌井，沿砂井布置一道砂沟，将降水井点抽出的水适时、适量地排入砂沟，再经砂井回灌到地下，实践证明亦能收到良好的效果。回灌砂井的灌砂量应取井孔体积的95%，填料宜采用含泥量不大于3%、不均匀系数为3～5的纯净中粗砂。

另外，可通过减缓降水速度减少对周围建筑物的影响。在砂质粉土中降水影响范围可达 80 m 以上，降水曲线较平缓，为此可将井点管加长，减缓降水速度，防止产生过大的沉降；亦可在井点系统降水过程中，调小离心泵阀，减缓抽水速度；还可在邻近被保护建（构）筑物一侧，将井点管间距加大，需要时甚至暂停抽水。为防止抽水过程中将细微土粒带出，可根据土的粒径选择滤网。另外，确保井点管周围砂滤层的厚度和施工质量，能有效防止降水引起的地面沉降。

第二节　高层建筑深基坑土方开挖

一、土方开挖方案

（一）边坡稳定分析

边坡的滑动一般是指土方边坡在一定的范围内整体沿某一滑动面向下和向外移动而丧失其稳定性。边坡失稳往往是在外界不利因素影响下触发和加剧的。这些外界不利因素往往导致土体剪应力的增加或抗剪强度的降低，使土体中剪应力大于土的抗剪强度而造成滑动失稳。

引起土体剪应力增加的主要因素有：坡顶堆物、行车；基坑边坡太陡；开挖深度过大；雨水或地面水渗入土中，使土的含水量增加而造成土的自重增加；地下水的渗流产生一定的动水压力；土体竖向裂缝中的积水产生侧向静水压力等。

引起土体抗剪强度降低的主要因素有：土质本身较差或因气候影响使土质变软，土体内含水量增加而产生润滑作用，饱和的细砂、粉砂受振动而液化等。

由于影响边坡稳定的因素甚多，在一般情况下，开挖深度较大的基坑应对土方边坡作稳定分析，即在给定的荷载作用下，土体抗剪切破坏应有一个足够的安全系数，而且其变形不应超过某一容许值。

边坡稳定的分析方法很多，如条分法、摩擦圆法等。下面简述条分法的计算方法。

条分法的基本假定是：滑动面近似于圆柱形；当内摩擦角 $\varphi \geqslant 30°$ 时，滑动面通过坡脚；在计算中当作平面问题看待。

计算时，按比例绘出边坡剖面（见图 3-16），任选一圆心 O，以 Oa 为半径作圆弧，ab 为假设滑动面，将滑动面以上土体分成几个等宽（不等宽亦可）土条并编号。设土条自重（包括土条顶面的荷载）W_i，为简化计算，以土条侧面上的法向力 P_i、P_{i+1} 和剪力 X_i、X_{i+1} 的合力相平衡，则作用于滑动面 fe 上的法向反力 N_i 和剪切力 T_i 分别为

$$N_i = W_i \cos\beta_i \tag{3-13}$$

$$T_i = W_i \sin\beta_i \tag{3-14}$$

构成滑阻力的还有黏聚力 c_i，则滑动面 ab 上的总滑动力距为

$$TR = R\sum T_i = R\sum W_i \sin\beta_i \tag{3-15}$$

滑动面 ab 上的总阻力矩为

$$T'R = R\sum (W_i \cos\beta_i \tan\varphi_i + c_i l_i) \tag{3-16}$$

边坡稳定安全系数 K 为

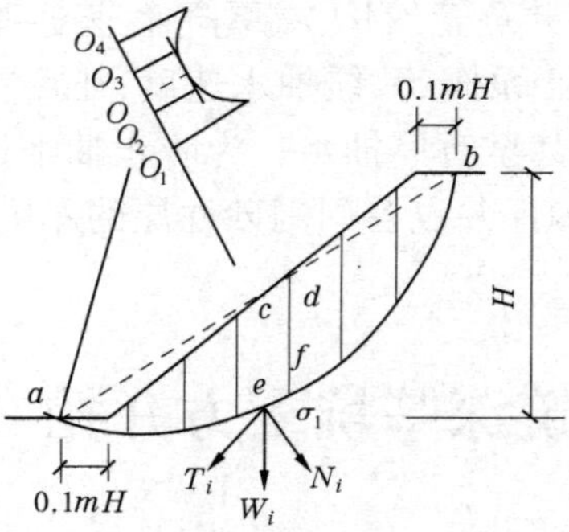

(a)边坡剖面

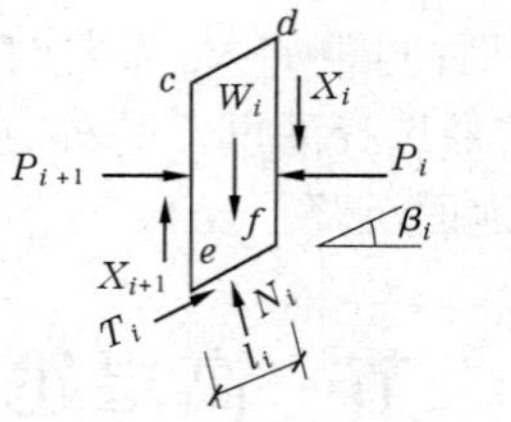

(b)作用于 i 土条上的力

图 3-16　黏性土坡的稳定分析

$$K=\frac{T'R}{TR}=\frac{\sum(W_i\cos\beta_i\tan\varphi_i+c_il_i)}{\sum W_i\sin\beta_i} \tag{3-17}$$

式中　K——边坡稳定安全系数，一般取 1.25～1.43；

l_i——分条的圆弧长度；

φ_i——分条土的内摩擦角；

β_i——分条的坡角；

R——滑动圆弧的半径；

T——滑动面上总滑动力；

T'——滑动面上总阻滑力。

如果有地下水，则需考虑孔隙水压力 u 的影响，则按下式计算边坡稳定安全系数：

$$K=\frac{\sum[(W_i\cos\beta_i-u_il_i)\tan\varphi'_i+c_il_i]}{\sum W_i\sin\beta_i} \tag{3-18}$$

式中　c_i、φ_i'——有效黏聚力和有效内摩擦角；

u_i——分条土的孔隙水压力。

由于滑动圆弧是任意选定的，所以上述计算结果不一定是最危险的，因此还必须对其他滑动圆弧（不同圆心位置和不同半径）进行计算，直至求得最小安全系数。而最小安全系数对应的滑弧即为最危险滑弧。根据经验，最危险滑弧两端距坡顶点和坡脚点各为 $0.1mH$（m 为坡面斜率，H 为坡高）处，且最危险滑弧中心在 $\overline{ab}$ 线的垂直平分线上。这样，只需在此垂直平分线上取若干点作为滑弧圆心，按上述方法分别计算，即可求得最小的安全系数。对于一级基坑（$H>15$ m），$K=1.43$；对于二级基坑（8 m$\leqslant H\leqslant$15 m），$K=1.30$；对于三级基坑（$H<8$ m），$K=1.25$。

（二）深基坑土方开挖

在深基坑土方开挖前，要制订土方工程专项方案并通过专家论证；要对支护结构、地下水位及周围环境进行必要的监测和保护。

深基坑工程的挖土方案，主要有放坡开挖、中心岛式（也称墩式）挖土、中心盆式挖土和逆作法挖土。前者无支护结构，后三种皆有支护结构。

1. 放坡开挖

基坑边坡坡度是以高度(H)与底宽(B)之比表示的,即

$$基坑边坡坡度 = \frac{H}{B} = \frac{1}{B/H} = 1 : m$$

式中 $m = B / H$,称为坡度系数。

土方开挖或填筑的边坡可以做成直线形、折线形及阶梯形(见图 3-17)。边坡的大小与土质、开挖深度、开挖方法、边坡留置时间的长短、边坡附近的震动和有无荷载、排水情况等有关。雨水、地下水或施工用水渗入边坡,往往是造成边坡塌方的主要原因。

临时性挖方边坡坡度应根据工程地质和边坡高度,结合当地同类土体的稳定坡度值确定。临时性挖方的边坡值应符合表 3-3 的规定。

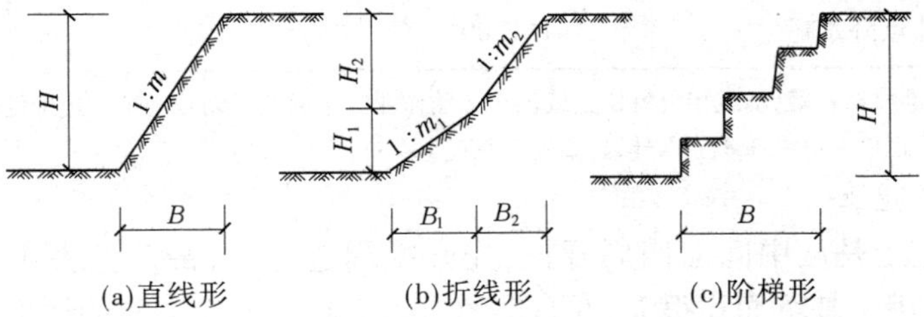

图 3-17 土方边坡

表 3-3 临时性挖方边坡值

土的类别		边坡值(高:宽)
砂土(不包括细砂、粉砂)		1:1.25~1:1.50
一般性黏土	硬	1:0.75~1:1.00
	硬、塑	1:1.00~1:1.25
	软	1:1.50 或更缓
碎石类土	充填坚硬、硬塑黏性土	1:0.50~1:1.00
	充填砂土	1:1.00~1:1.50

注:1. 设计有要求时,应符合设计标准。

2. 如采取降水或其他加固措施,可不受本表限制,但应计算复核。

3. 开挖深度,对软土不应超过 4 m,对硬土不应超过 8 m。

当地质条件良好、土质均匀且地下水位低于基坑(槽)或管底面标高时,挖方边坡可做成直立壁不加支撑,但不宜超过下列规定:密实、中密的砂土和碎石类土(充填物为砂土),不超过 1.0 m;硬塑、可塑的轻亚黏土及亚黏土,不超过 1.25 m;硬塑、可塑的黏土和碎石类土(充填物为黏性土),不超过 1.5 m;坚硬的黏土,不超过 2 m。

挖方深度超过上述规定时,应考虑放坡或做直立壁加支撑。

当地质条件良好、土质均匀且地下水位低于基坑(槽)或管沟底面标高时,挖方深度在 5 m 以内不加支撑边坡的最陡坡度应符合表 3-4 的规定。

放坡开挖施工方便,可采用反铲挖掘机和正铲挖掘机等施工机械进行开挖。挖掘机作业时没有障碍,工效高,可根据设计要求分层开挖或一次挖至坑底;基坑开挖后主体结

构施工作业空间大,施工工期短。

表 3-4　深度在 5 m 内的基坑(槽)、管沟边坡的最陡坡度(不加支撑)

土的类别	边坡坡度(高:宽)		
	坡顶无荷载	坡顶有静载	坡顶有动载
中密的砂土	1:1.00	1:1.25	1:1.50
中密的碎石类土(填充物为砂土)	1:0.75	1:1.00	1:1.25
硬塑的粉土	1:0.67	1:0.75	1:1.00
中密的碎石类土(填充物为黏性土)	1:0.50	1:0.67	1:0.75
硬塑的粉质黏土、黏土	1:0.33	1:0.50	1:0.67
老黄土	1:0.10	1:0.25	1:0.33
软土(经井点降水后)	1:1.00	—	—

注:静载指堆土或堆放材料等,动载指机械挖土或汽车运输作业等。静载或动载距挖方边缘的距离应保证边坡和直立壁的稳定,应距挖方边缘 0.8 m 以外,且高度不超过 1.5 m。

2. 中心岛式挖土

中心岛式挖土是从中间向四周开挖,先开挖周边土方,最后挖去中心土墩土方(见图 3-18)。一般用于基坑面积很大,并且能留有大面积无支撑空间的情形。

中心岛式挖土宜用于大型基坑,支护结构的支撑形式为角撑、环梁式或边桁架式,中间具有较大空间情况下的土方开挖。此时,可以利用中间的土墩作为支点搭设栈桥。挖土机可利用栈桥下到基坑挖土,运土的汽车亦可以利用栈桥进入基坑运土。

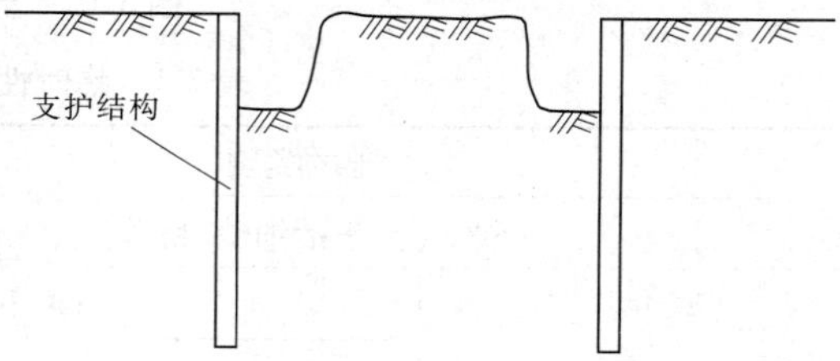

图 3-18　中心岛式基坑土方开挖

优点:这种方法与盆式开挖类似,但施工顺序是先开挖边缘部分的土方,将基坑中央的土方暂时留置,留置的中央土方具有反压作用,可以有效地防止坑底土的隆起,有利于支护结构的稳定。必要时还可以在留土区与挡土墙之间架设支撑。在边缘土方开挖到基底以后,先浇筑该区域的底板,以形成底部支撑,然后开挖中央部分的土方,加快挖土和运土的速度。

缺点:由于首先挖去基坑四周的土,支护结构受荷时间长,在软黏土中时间效应显著,有可能增大支护结构的变形量,对支护结构受力不利。

当基坑较深,地下水位较高,开挖土体大多位于地下水位以下时,应采取合理的人工降水措施,降水时应经常注意观察附近已有建筑物或构筑物、道路、管线,有无下沉和变形。

开挖时应经常对平面控制桩、水准点、基坑平面位置、水平标高边坡等进行检查。

3. 中心盆式挖土

中心盆式挖土是先在基坑中部放坡开挖,形成中心岛盆式工况,成中部部分结构底板或地下结构后,再利用完成的地下结构设置水平支撑或竖向斜抛撑,最后挖去四周盆边土方,完成地下结构施工(见图 3-19)。常用于基坑面积很大且不宜设置整体水平内支撑体系的情形。

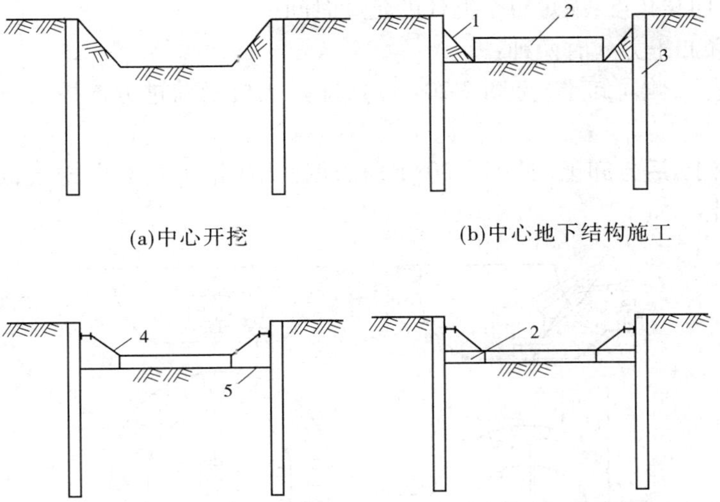

(a)中心开挖　(b)中心地下结构施工

(c)边缘土方开挖与支撑设置　(d)边缘地下结构施工

1—边坡留土;2—基础底板;3—支护墙;4—支撑;5—基坑底

图 3-19　中心盆式基坑土方开挖

在建筑物密集地区,如挖掘机不下坑作业,亦可采用栈桥、抓铲在栈桥上抓土装车,这种挖土方案施工组织工作较为简单,只是挖土效率较低。此时,挖土亦配合支撑的安装或浇筑,逐层进行,但每层土皆先挖除中间部分,后挖除靠近挡墙部分,形成盆式开挖方式。盆式开挖方法支撑用量小、费用低,而且盆式部位土方开挖方便,这在基坑面积很大的情况下尤其显出其优越性,因此在大面积基坑开挖施工中非常适用。若从时空效应分析,盆式开挖方式对支护结构挡墙的受力是有利的,能减小其变形。

4. 逆作法挖土

逆作法是利用主体工程地下结构作为基坑支护结构,并采用地下结构由上而下地设计施工的方法。逆作法可设计为不同的围护结构支撑方式,分为全逆作法、半逆作法、部分逆作法等多种形式。逆作法以结构代替支撑,支撑刚度大,利于控制变形,还避免了资源浪费,经济效益显著,并且可以上下同时施工,增大作业面,缩短工期,是超大面积、超深基坑工程更为安全、可靠、经济、合理的设计施工方法。

二、常用挖土机械

(一)正铲挖土机

正铲挖土机挖掘能力大,生产效率高,一般用于开挖停机面以上一至四类土。正铲挖土机需与汽车配合完成整个挖运任务。在开挖基坑时要通过坡道进入坑中挖土(坡道坡度为1:8左右),并要求停机面干燥,因此挖土前须做好基坑排水工作。

正铲挖土机的挖土特点是前进向上强制切土。

挖土机的生产率主要取决于每斗装土量和每斗作业的循环延续时间。为了提高挖土机生产率,除工作面高度必须满足装满土斗的要求外,还要考虑开挖方式和运土机械配合问题，尽量减少回转角度，缩短每个循环的延续时间。

正铲挖土和卸土方式有两种：

(1)正向挖土，侧向卸土(见图3-20(a))，即挖土机沿前进方向挖土，运输工具停在侧面装土。

(2)正向挖土，后方卸土(见图3-20(b))，即挖土机沿前进方向挖土，运输工具停在挖土机后方装土。

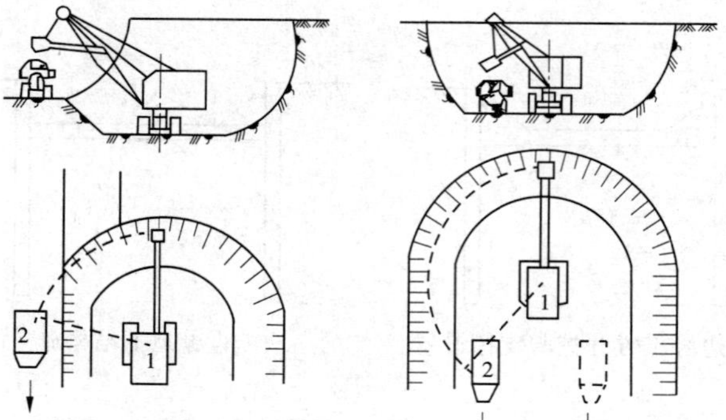

(a)侧向卸土　　(b)后方卸土

1—正铲挖土机；2—自卸汽车

图3-20　正铲挖土机作业方式

(二)反铲挖土机施工

反铲挖土机的挖土特点是后退向下强制切土。其挖掘力比正铲小，能开挖停机面以下的一至三类土，如开挖基坑、基槽、管沟等，亦可用于地下水位较高的土方开挖。反铲挖土机可以与自卸汽车配合，装土运走，也可弃土于坑槽附近。

反铲挖土机的作业方式有沟端开挖和沟侧开挖两种，如图3-21所示。

(1)沟端开挖。就是挖土机停在沟端，向后倒退着挖土，汽车停在两旁装土。此法的优点是挖土方便，开挖的深度可达到最大挖土深度。当基坑宽度超过1.7倍的最大挖土半径时，就要分次开挖或按“之”字形路线开挖。

(2)沟侧开挖。就是挖土机沿沟槽一侧直线移动，边走边挖。此法挖土宽度和深度较小，边坡不易控制。由于机身停在沟边工作，边坡稳定性差，因此在无法采用沟端开挖方式或挖出的土不需运走时采用。

三、土方开挖的注意事项

(1)土方开挖中若发现文物或古墓，应立即妥善保护并及时报请当地有关部门来现场处理，待妥善处理后，方可继续施工。

(2)大型挖土及降低地下水位时，应经常注意观察附近已有建筑或构筑物、道路、管线，有无下沉和变形。若有下沉和变形，应与设计和建设单位研究采取防护措施。

(3)土方开挖前，应检查轴线，控制点有无位移、沉降现象，根据图纸校核基础轴线位置、尺寸及标高等，并应对原有地下管线情况进行调查处理，以防出现安全事故(触电、煤

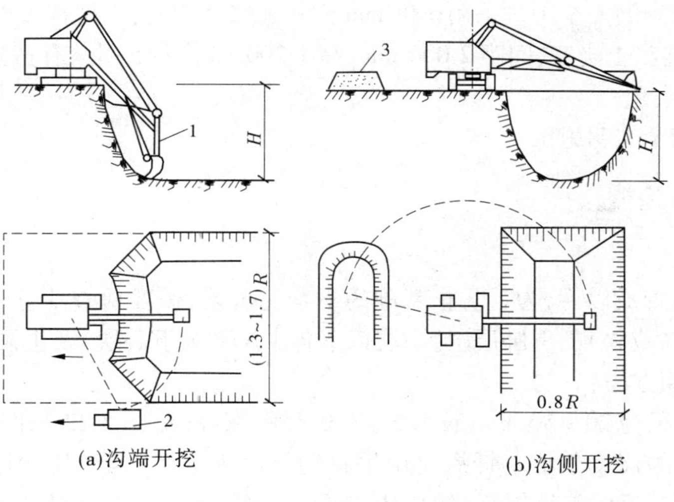

1—反铲挖土机;2—自卸汽车;3—弃土堆;H—挖土深度;R—挖掘机回转半径

图 3-21　反铲挖土机开挖方式

气泄漏)或造成停水、停电等事故。挖掘发现地下管线(管道、电缆、通信)等应及时通知有关部门来处理,若发现测量用的永久性标桩或地质、地震部门设置的观测孔等亦应加以保护。当施工必须毁坏时,亦应事先取得原设置或保管单位的书面同意。

(4)基坑槽、管沟支撑宜选用质地坚实、无枯节、透节、穿心裂折的松木或杉木,不宜使用杂木。

(5)遵循"开槽支撑,先撑后挖,分层开挖,严禁超挖"的原则。支撑应挖一层支撑好一层,并严密顶紧,支撑牢固,严禁一次将土挖好后再支撑。

(6)挡土板或板桩与坑壁间的填土要分层回填夯实,使之严密接触。

(7)防止深基坑挖土后,土体回弹变形过大。

(8)施工中应经常检查支撑和观测邻近建筑物的情况,若发现支撑有松动、变形、位移等情况,应及时加固或更换。加固办法可打紧受力较小部分的木楔或增加立柱及横撑等。当换支撑时,应先加新支撑后拆旧支撑。

(9)支撑的拆除应按回填顺序依次进行。多层支撑应自下而上逐层拆除,拆除一层,经回填夯实后,再拆上层。拆除支撑时,应注意防止附近建筑物或构筑物产生下沉和破坏,必要时采取加固措施。

(10)土方开挖后应连续进行,尽快完成,防止积水。基槽(坑)土方施工中及雨后,应对支护结构、周围环境进行监测,若有异常情况应及时处理,待恢复正常后方可继续施工。

(11)基槽(坑)开挖验槽后,应立即进行垫层和基础施工,防止暴晒和雨水浸刷,破坏基坑的原状结构。如果预计到挖土后不能进行垫层和基础施工,可保留 200 ~ 300 mm 暂不挖,待下道工序开始前挖除。

(12)基槽(坑)边缘堆置土方和材料,或沿挖方边缘移动运输工具和机械,一般距基坑上部边缘不少于 1.2 m,弃土堆置高度不应超过 1.5 m,在垂直的坑壁边,此安全距离还应适当加大。

(13)基坑四周的安全围护采用ϕ48 mm钢管连接做护栏,立杆打入土层中深600 mm以上,基脚用素混凝土浇实,间距2 000 mm、高1 200 mm,上下用涂有黄黑色漆的钢管连接,并用密目网封闭。

(14)做到安全文明施工。

四、钎探与验槽

(一)钎探

在基槽(坑)挖成以后,为了防止基础的不均匀沉陷,需要检查地基下面有无地质资料未曾提供的硬(或软)的下卧层(持力层以下各土层称为下卧层)及土洞、暗墓等异常情况,一般采用钎探方法。

钎探时用直径为20~50 mm、长1.5~3.0 m的钢钎(见图3-22和图3-23)。钢钎周围刻有向上开口的深度刻痕。钎探时用手将钢钎压入土层(当土质稍硬时用锤击入土层),在插入一定深度时旋转钢钎,然后拔出,可从钢钎刻痕内带出的土样检查土的组织和类别,也可按插入土层的难易程度估计土的密实度。钎探的深度及间距见表3-5。

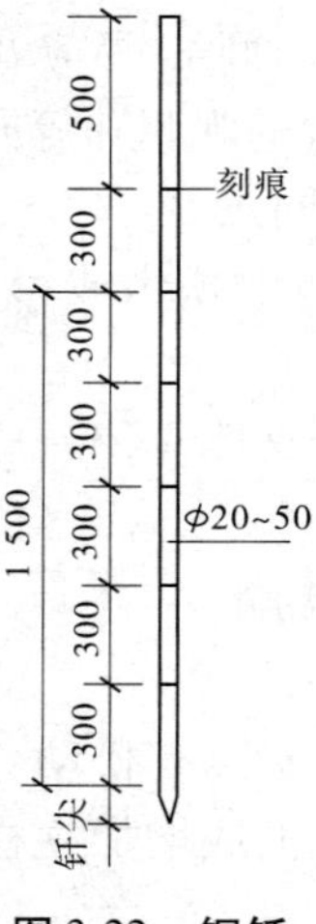

图3-22 钢钎

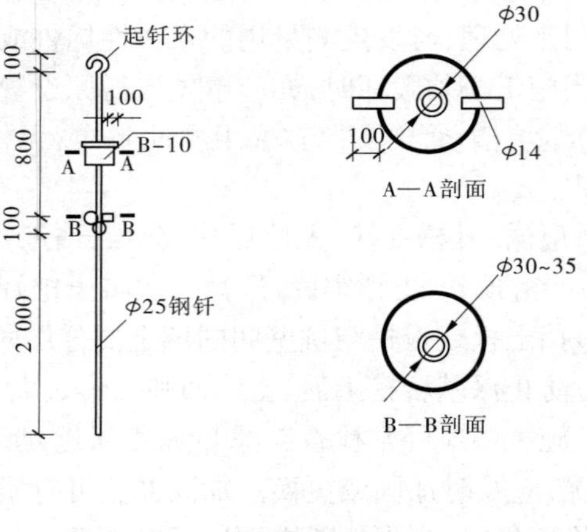

图3-23 落锤探钎

遇到下列情况严禁钎探:当持力层为不厚的黏性土,而下面是含承压水的砂层时(如果刺透黏性土层,就会发生涌砂现象而破坏基底);基槽(坑)底下面有电缆或水管时。

(二)验槽

基槽(坑)开挖完毕并清理好后,在垫层施工以前,进行现场检查并验收基槽,通常称为验槽。

1. 验槽程序

(1)在施工单位自检合格的基础上进行。施工单位确认自检合格后提出验收申请。

(2)由总监理工程师或建设单位项目负责人组织建设、监理、勘察、设计及施工单位的项目负责人、技术质量负责人,共同按设计要求和有关规定进行。

2. 验槽的主要内容

不同建筑物对地基的要求不同,基础形式不同,验槽的内容也不同,验槽主要有以下几点：

表 3-5　钎探深度和钎孔布置

槽宽 b(m)	钎孔排列方式	钎探深度(m)	钎探间距(m)
$b<0.8$	中心一排 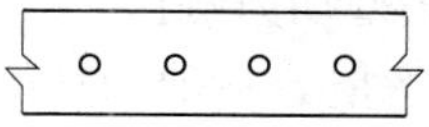	1.2	1.5～2.5，视地质复杂程度而定
$0.8<b<2.0$	两排错开 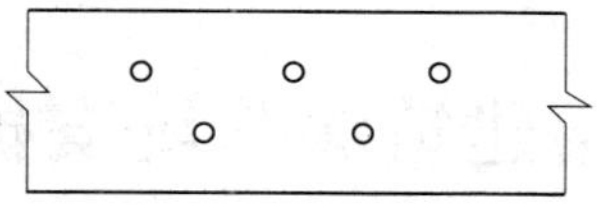	2.1	同上
$b>2.0$	梅花形 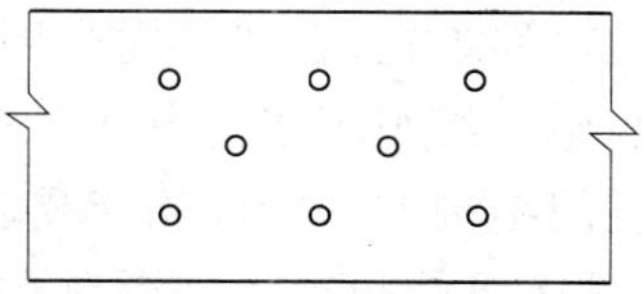	1.5	同上
柱基	梅花形 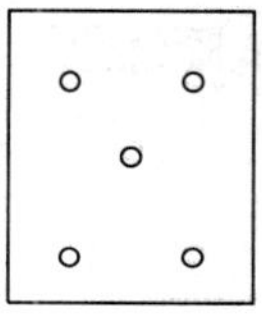	>1.5 并不浅于短边的宽度	同上

(1)根据设计图纸检查基槽的开挖平面位置、尺寸、槽底深度，检查是否与设计图纸相符，开挖深度是否符合设计要求。

(2)仔细观察槽壁、槽底的土质类型、均匀程度和有关异常土质是否存在，核对基坑土质及地下水情况是否与勘察报告相符。

(3)检查基槽之中是否有旧建筑物基础、古井、古墓、洞穴、地下掩埋物及地下人防工程等。

(4)检查基槽边坡外缘与附近建筑物的距离，基坑开挖对建筑物稳定是否有影响。

(5)天然地基验槽应检查核实分析钎探资料，对存在的异常点位进行复合检查。桩基应检测桩的质量是否合格。

3. 验槽方法

地基验槽通常采用观察法。对于基底以下的土层不可见部位，通常采用钎探法。

1)观察法

观察槽壁、槽底的土质情况，验证基槽开挖深度，初步验证基槽底部土质是否与勘察报告相符，观察槽底土质结构是否被人为破坏；验槽时应重点观察柱基、墙角、承重墙下或其他受力较大部位；观察基槽边坡是否稳定。

2)钎探法

钎探法是用锤将钢钎打入坑底以下的土层内一定深度，根据锤击次数和入土难易程度来判断土的软硬情况及有无古井、古墓、洞穴、地下掩埋物等。

3)轻型动力触探

遇到下列情况之一时，应在基底进行轻型动力触探：

(1)持力层明显不均匀;

(2)浅部有软弱下卧层;

(3)有浅埋的坑穴、古墓、古井等,直接观察难以发现;

(4)勘察报告或设计文件规定应进行轻型动力触探。

验槽的重点应选择在桩基础、柱基础、承重墙基础或其他受力较大的部位。验槽后应填写验槽记录或报告。

第三节　高层建筑深基坑支护

基坑开挖是建筑施工中的一项综合性工程难题,它涉及周边环境、土力学、土与支护结构间的共同作用、施工技术、施工方法与施工组织等诸多方面。近年来,随着高层建筑数量的增加,深基坑工程愈加普遍,地下空间结构的综合性功能要求更高,虽然大多基坑支护仅作为临时性结构,但深基坑施工过程中可能引起的坍塌对建筑施工现场及周围建筑物的安全影响巨大,已被列为施工现场重大危险源之一。因此,高层建筑深基坑支护结构的设计和施工问题愈发重要。

一、深基坑支护概述

(一)基坑支护结构的设计原则

根据《建筑基坑支护技术规程》(JGJ 120—2012),基坑支护结构极限状态可分为承载能力极限状态和正常使用极限状态。

承载能力极限状态对应于支护结构达到最大承载能力、土体失稳(如基坑底失稳、管涌等)、过大变形导致支护结构(如内支撑压屈失稳,支护桩墙锚杆抗拔失效等)或基坑周边环境破坏。

正常使用极限状态对应于支护结构的变形已妨碍地下施工或影响周边环境的正常使用,如引起周边相邻的建筑物倾斜、开裂,道路沉降、开裂,周边的地下管线沉降变形开裂等。

按破坏后果的严重程度,基坑侧壁的安全等级可分为三级,如表3-6所示。

表3-6　基坑侧壁安全等级及重要性系数

安全等级	破坏后果	γ_0
一级	支护结构破坏、土体失稳或过大变形对基坑周边环境及地下结构施工影响很严重	1.10
二级	支护结构破坏、土体失稳或过大变形对基坑周边环境及地下结构施工影响一般	1.00
三级	支护结构破坏、土体失稳或过大变形对基坑周边环境及地下结构施工影响不严重	0.90

注:γ_0 为重要性系数,有特殊要求的建筑基坑侧壁安全等级可根据具体情况另行确定。

因此,基坑支护结构工程设计应遵循如下原则:

(1)满足支护结构本身强度、稳定性和变形要求,并确保临时基坑周围环境的安全。

(2)基坑支护结构的设计方案应具有较好的技术经济效益和环境效应。

(3)为基坑支护工程和基础施工提供最大限度的施工方便,并保证施工安全。

(二)支护结构设计的内容

基坑支护结构在设计前应取得建筑场地的地质勘探资料及基坑周边环境勘探资料,才可为支护结构的选型和设计提供第一手资料。支护结构设计包括以下几项内容:

(1)支护体系方案的选型及技术经济分析。基坑支护工程应根据工程和环境条件提出几种可行的支护方案,通过比较,选出技术经济指标最佳的方案。

(2)支护结构的强度、稳定和变形以及基坑内外土体的稳定性判定。基坑支护结构均应进行极限承载力状态的计算,计算内容包括支护结构和构件的受压、受弯、受剪承载力计算和土体稳定性计算。对于重要基坑工程,还应验算支护结构和周围土体的变形。

(3)基坑工程地下水控制设计。包括基坑开挖与地下水变化引起的基坑内外土体的变形验算(如抗渗稳定性设计、坑底突涌稳定性验算等)、止水帷幕设计以及支护墙的抗渗设计、对基础桩邻近建筑物和周边环境的影响评价等。

(4)基坑土方开挖施工方案和监测方案。

(三)基坑支护结构的类型及适用条件

最早的基坑工程施工方法是放坡开挖,简易支护。单纯的放坡开挖造成挖土和回填土方量大,有时为了增加边坡稳定性和减少土方量,常采用简易支护。随着基坑深度的增加,又发展了悬臂式支护、内支撑式支护、组合型支护等。支护材料最早采用木桩,发展至当前常用的钢筋混凝土桩、钢筋混凝土地下连续墙、钢板桩以及水泥挡墙、土钉墙等。

1. 悬臂式支护结构

悬臂式支护结构依靠足够的入土深度和支护墙体的抗弯能力来维护整体稳定和安全,常采用钢筋混凝土排桩墙、木板桩、钢板桩、钢筋混凝土板桩,地下连续墙等形式,如图 3-24 所示。根据结构力学知识可知,悬臂结构上端的水平位移是开挖深度五次方的函数,因此上端位移对开挖深度很敏感,容易产生较大的变形,进而对周围环境产生不利影响。该类支护方式适用于土质较好、开挖深度较浅的基坑工程。

常见的悬臂式支护结构还有水泥搅拌桩重力式支护结构,一般应用于软黏土地区开挖深度在 6 m 左右的基坑工程。水泥土与其包围的天然土形成重力式挡墙支护周围土体,保证基坑边坡稳定。由于水泥土抗拉强度低,且其上端变形也较大,故水泥搅拌桩在进行平面布置时常采用格构式(见图 3-25)以加强其抗侧刚度,其优点是挖土方便、成本低。

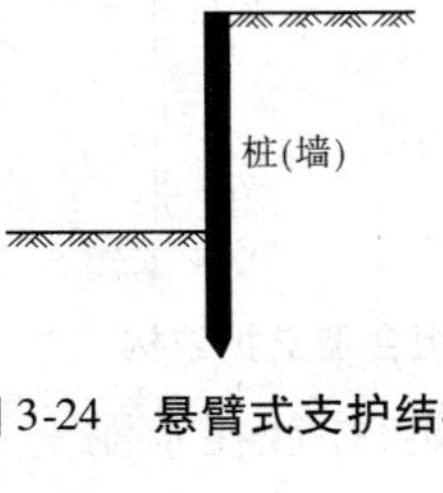

图 3-24　悬臂式支护结构

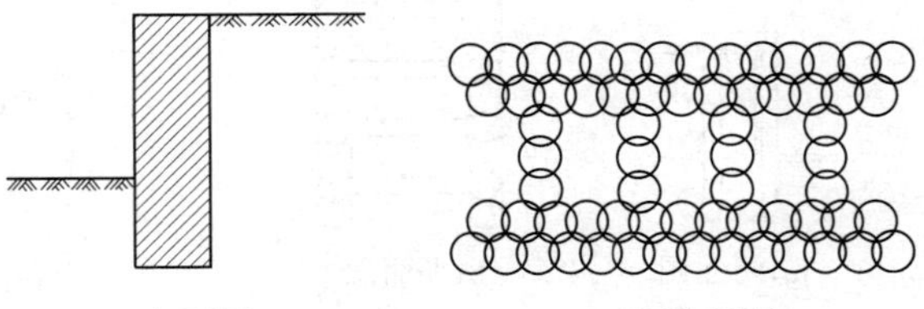

(a)立面图　(b)平面图

图 3-25　格构式水泥土桩墙

2. 内支撑式支护结构

内支撑式支护结构由支护桩(或墙体)和内支撑体系两部分组成(见图 3-26)。支护墙体可采用钢筋混凝土排桩墙、地下连续墙或钢板桩等形式。

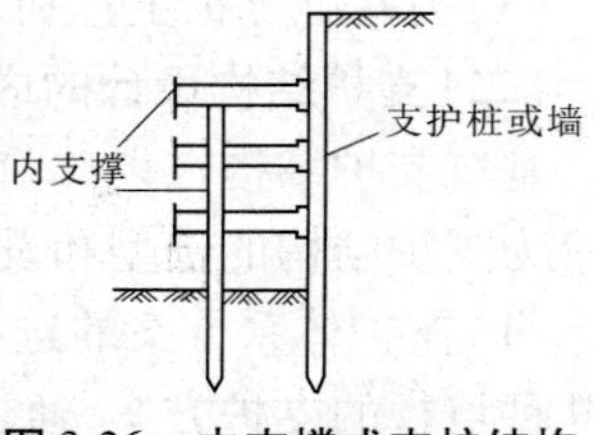

图 3-26　内支撑式支护结构

内支撑体系可采用水平支撑和斜支撑。内支撑可采用钢筋混凝土支撑和钢管支撑两种。其优点是刚度大,变形小,布置灵活。钢管支撑的优点是可重复使用,施工速度快,且可施加预压力。内支撑式支护结构适用广泛,适用于各种基坑和基坑深度;缺点是占用基坑内施工空间,可能造成土方开挖量大。

3. 拉锚式支护结构

拉锚式支护结构有支护墙体和锚固体系两部分,支护墙体同内支撑式支护结构。锚固体系可分为土层锚杆和拉锚式两种。随基坑深度不同,土层锚杆可分为单层锚杆、多层锚杆。

拉锚式需要有足够的场地设置锚桩或其他锚固物。土层锚杆式需要地基土提供较大的锚固力,较适用于砂土地基或黏土地基。由于软黏土地基不能提供较大的锚固力,所以很少使用。

4. 土钉墙支护结构

土钉墙是在土质或破碎软弱岩质路堑边坡中设置钢筋土钉,靠土钉拉力维持边坡稳定的挡土结构。土钉一般是通过钻孔、插筋、注浆来设置的,但也可直接打入较粗的钢筋或型钢形成。土钉支护适用于地下水位以上或采取人工降水措施后的杂填土、普通黏土或弱胶结砂土的基坑支护和边坡加固。目前,我国土钉墙支护结构的深基坑深度已达 18 m。

5. 其他支护结构

其他支护结构形式有双排桩支护结构、连拱组合型支护结构、加筋水泥土挡墙支护结构、逆作拱墙支护结构、冻结法支护结构、沉井支护结构及微型钢管桩等。

双排桩支护结构通常由钢筋混凝土前排桩、后排桩及盖梁或盖板组成,其支护深度较大且变形相对较小,如图 3-27 所示。

图 3-28 所示为钢筋混凝土灌注桩与深层水泥搅拌桩拱组合形成的连拱组合型支护结构。形成的水泥拱可有效利用材料性能,取得较好的经济效益。

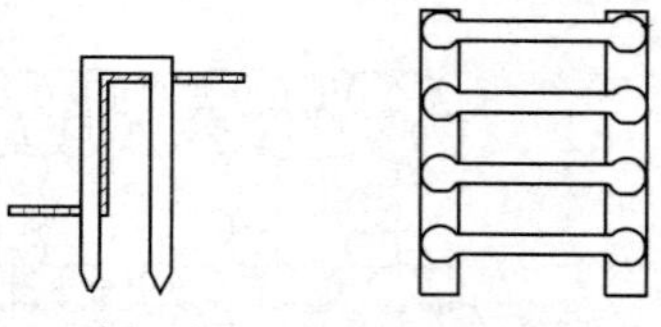
(a)侧面图　(b)平面图

图 3-27　双排桩支护结构

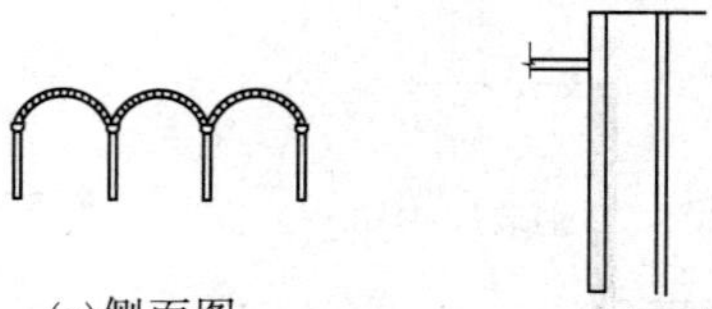
(a)侧面图　(b)平面图

图 3-28　连拱组合型支护结构

为克服水泥抗拉强度低及水泥重力式挡墙支护深度小的不足,往往在水泥土中插入型钢,形成加筋水泥土挡墙支护结构。

冻结法支护结构既适用于松散不稳定的冲积层和裂隙发育的含水岩层,也适用于淤泥、松软泥岩以及饱和含水和水头特别高的地层。对土中含水量非常小或地下水流速相当大的地区不适用。采用冻结法施工时应考虑其冻融过程对周围的影响。

二、排桩支护结构的选型

(一)排桩的类型

排桩包括钢板桩、钢筋混凝土板桩、型钢横挡板、预制桩以及灌注桩、人工挖孔桩等。下面仅介绍常见的几种排桩结构。

1. 钢板桩

根据支护形式的不同,钢板桩可分为内支撑式和锚拉式(见图 3-29)。根据材料的不同,钢板桩可分为槽型钢板桩和热轧锁口钢板桩。

槽型钢板桩是一种简易的钢板桩围护墙,由槽钢正反扣搭接或并排组成。打入地下后顶部接近地面处设一道拉锚或支撑。由于其截面抗弯能力弱,一般用于深度不超过 4 m 的基坑。其优点是材料来源广,施工简便,可以重复使用。

热轧锁口钢板桩的形式有 U 形、L 形、一字形、H 形和组合形。建筑工程中常用前两种,基坑深度较大时才用后两种。

钢板桩的优点是可以重复使用,材料质量可靠,在软土地区打设方便,施工速度快而且简便,有一定的挡水能力,一般费用较低。其缺点是一般的钢板桩刚度不够大,用于较深的基坑时支撑(或拉锚)工作量大,否则变形较大;在透水性较好的土层中不能完全挡水;拔除时易带土,若处理不当会引起土层移动,可能危害周围的环境。

2. 型钢横挡板

型钢横挡板围护墙亦称桩板式支护结构,如图 3-30 所示。这种围护墙由工字钢(或 H 型钢)桩和横挡板(亦称衬板)组成,再加上围檩、支撑等的一种支护体系。施工时先按一定间距打设工字钢或 H 型钢桩,然后在开挖土方时边挖边加设横挡板。施工结束拔出工字钢或 H 型钢桩,并在安全允许条件下尽可能回收横挡板。

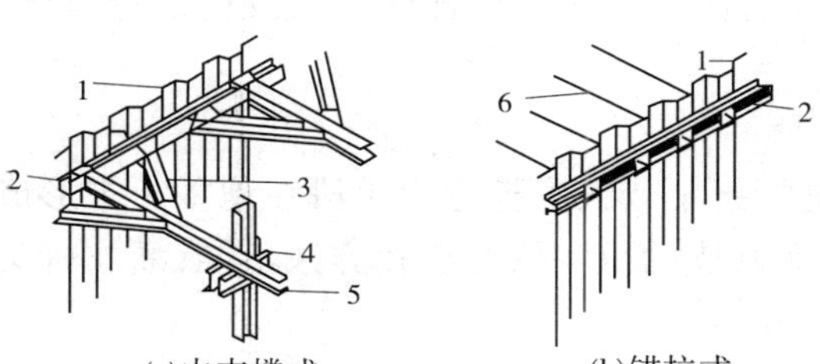

(a)内支撑式　　(b)锚拉式

1—钢板桩;2—围檩;3—角撑;4—立柱与支撑;5—支撑;6—锚拉杆

图 3-29　钢板桩支护结构

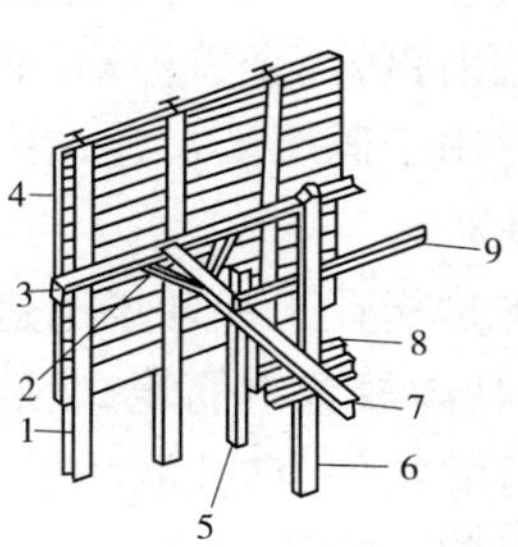

1—工字钢(H型钢);2—八字撑;3—腰梁;4—横挡板;5—垂直联系杆件;6—立柱;7—横撑;8—立柱上的支撑杆;9—水平联系杆

图 3-30　型钢横挡板支护结构

土压力和水压力由横挡板传给工字钢桩,再通过围檩传至支撑或拉锚。型钢横挡板围护墙多用于土质较好、地下水位较低的地区。

3. 预制桩

预制桩有混凝土预制桩和钢桩两大类。

混凝土预制桩能承受较大的荷载、坚固耐久、施工速度快，是广泛应用的桩型之一，但其施工对周围环境影响较大。常用的有钢筋混凝土实心方桩和预应力混凝土空心管桩。

钢桩主要是管桩和 H 型钢桩两种。

1) 混凝土预制桩

常见的混凝土预制桩包括钢筋混凝土实心方桩和管桩（见图 3-31）。

钢筋混凝土实心桩断面一般呈方形。桩身截面一般沿桩长不变。实心方桩截面尺寸一般为(200 mm×200 mm)～(600 mm×600 mm)。限于运输条件，预制桩桩长一般不超过 12 m，否则应分节预制，然后在打桩过程中予以接长，接头不宜超过 3 个，若为抗拔桩，一般不允许出现接头。钢筋混凝土实心方桩的优点是长度和截面可在一定范围内根据现场实际需要选择，由于在地面上预制，制作质量容易保证，承载能力高，耐久性好。

混凝土预制空心管桩一般用离心法生产。桩径有 300 mm、400 mm、500 mm 等，每节长度 8 m、10 m、12 m 不等。混凝土管桩各节段之间的连接可以用角钢焊接或法兰螺栓连接。用离心法成型，混凝土中多余的水分由于离心力被甩出，故混凝土密实、耐久性好。

预制桩常见的沉桩方法有锤击法、静压法、振动法等。

(a) 钢筋混凝土实心方桩　(b) 预应力混凝土空心管桩　(c) 钢管桩

图 3-31　预制桩

2) 钢管桩

钢管桩由钢管、企口榫槽、企口榫销构成，钢管直径的左端管壁上竖向连接企口槽。钢管桩是适用于码头港口建设中的基础。

4. 灌注桩

灌注桩是指在工程现场通过机械钻孔、钢管挤土或人力挖掘等手段在地基土中形成桩孔，并在其内放置钢筋笼，然后灌注混凝土而做成的桩。依照成孔方法不同，灌注桩又可分为沉管灌注桩、钻孔灌注桩和挖孔灌注桩等。

根据目前的施工工艺，钻孔灌注桩为间隔排列，缝隙不小于 100 mm，因此它不具备挡水功能，需另做挡水帷幕。钻孔灌注桩施工无振动、无挤土，刚度大，抗弯能力强，变形较小，适用范围广泛。

挖孔灌注桩围护墙也属桩排式围护墙，多在我国东南沿海地区使用。其成孔是人工挖土，便于检验土层，亦易扩孔。可多桩同时施工，施工速度有保证。大直径挖孔桩用作围护桩可不设或少设支撑。但挖孔桩劳动强度高，施工条件差，若遇流砂等情况，尚有一定危险。

(二)深基坑排桩支护结构的选型

深基坑排桩支护结构可在上述排桩类型中选用一种或同时选用多种,通常包括以下几种类型。

1. 柱列式排桩支护

当边坡土质较好、地下水位较低时，可利用土拱作用,以稀疏的钻孔灌注桩或挖孔桩作为支护结构。

2. 连续排桩支护

在软土中常不能形成土拱，支护桩应连续密排,并在桩间用树根桩或注浆防水，也可以采用钢板桩、钢筋混凝土板桩密排。

3. 组合式排桩支护

(1)在地下水位较高的软土地区,可采用钻孔灌注桩排桩与水泥搅拌桩防渗墙组合形式。

(2)对于开挖深度小于6 m的基坑,在无法采用重力式深层搅拌桩的情况下，可采用600 mm密排钻孔桩，桩后用树根桩防护，也可采用打入预制混凝土板桩或钢板桩,板桩后注浆或加搅拌桩防渗,顶部设圈梁和支撑,以加强支护结构整体刚度。

(3)对于开挖深度为6~10 m的基坑，常采用800~1 000 mm的钻孔桩,后面加深层搅拌桩或注浆防水,并设置2~3道支撑。

(4)对于开挖深度大于10 m的基坑,可采用地下连续墙加支撑的方法,也可采用800~1 000 mm大直径钻孔桩加深层搅拌桩防水,并设置多道支撑。

三、土锚设计与施工

(一)土锚支护概述

锚杆是岩土体加固的杆件体系结构。土锚支护是在边坡、岩土深基坑等地表工程及隧道、采场等地下洞室施工中采用的一种加固支护方式。通过锚杆杆体的纵向拉力作用,克服岩土体抗拉能力远远低于抗压能力的缺点。自1912年德国的谢列兹矿采用锚杆支护井下巷道以来,锚杆支护以其结构简单、施工方便、成本低和对工程适应性强等特点,在土木工程(包括采矿工程)中得到了广泛应用,如我国的三峡工程,其大坝施工中使用了大量锚杆(索)维护开挖的边坡、岩壁。

土层锚杆一般由拉杆、锚头(包括锚具、垫板、台座)、腰梁、自由段保护套管和锚固体等组成,如图3-32所示。

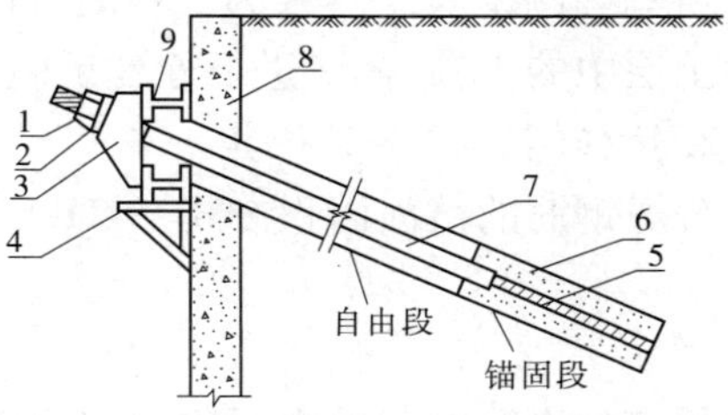

1—锚具；2—垫板；3—台座；4—托架；5—拉杆；6—锚固体；7—自由段保护套管；8—围护挡墙；9—腰梁

图3-32　锚杆构造

土锚支护的作用原理是根据潜在滑裂面,将锚杆分为自由段(非锚固段)l_f和锚固段l_a。自由段处于不稳定的土层中,要使拉杆与土层脱离,一旦土层滑动,它可以自由伸缩,其作用是将锚头所承受的荷载传递到锚固段。锚固段处于稳定的土层中,它通过与土层的紧密接触将锚杆所承受的荷载分布到周围的土层中,锚固段是承载力的主要来源。

根据《建筑基坑支护技术规程》(JGJ 120—2012),锚杆的上、下排垂直间距不宜小于2 m,水平间距不宜小于1.5 m,锚杆锚固体上覆土层厚度不宜小于4 m。锚杆的倾角宜为15°~25°,且不应大于45°。锚杆自由段长度不宜小于5 m,并应超过潜在滑裂面1.5 m。锚杆的锚固段长度不宜小于4 m。

拉杆(拉索)下料长度应为自由段、锚固段及外露长度之和。外露长度需满足锚固及张拉作业的要求。锚杆的锚固体宜采用水泥浆或水泥砂浆,其强度等级不宜低于M100。

(二)锚杆的设计

1. 土锚承载力计算

锚杆承载力计算应符合下式要求:

$$T_d \leqslant N_u \cos\theta \tag{3-19}$$

式中 T_d——锚杆水平拉力设计值;

θ——锚杆与水平面的倾角;

N_u——锚杆轴向受拉承载力设计值。

JGJ 120—2012 规定,对安全等级为一级和缺乏地区经验的二级基坑侧壁,土锚应进行基本试验,N_u 值取基本试验确定的极限承载力 P_{ug} 除以受拉抗力分项系数;基坑侧壁安全等级为二级且有邻近工程经验时,可按式(3-20)计算土锚轴向受拉承载力设计值,并进行锚杆验收试验。

$$N_u = \frac{P_{ug}}{\gamma_s} = \frac{\pi}{\gamma_s}[d\tau_1 l_1 + d\tau_2 l_2 + 2q(d_1^2 - d_2^2)] \tag{3-20}$$

式中 d_1——扩孔锚固体直径,cm;

d——非扩孔锚杆或扩孔锚杆的直孔段锚固体直径,cm;

l_1——直孔部分的锚固段长度,cm;

l_2——土中扩孔部分的锚固段长度,cm;

τ_1,τ_2——土体与锚固体的极限摩阻力标准值,应根据当地经验取值,MPa;

γ_s——锚杆轴向受拉抗力分项系数,取1.3;

q——扩孔部分土层的抗压强度,MPa。

P_{ug}——土层锚杆的极限抗拔力设计值,kN。

当基坑侧壁安全等级为三级时,亦按式(3-20)计算 N_u 值。对于塑性指数大于17的黏性土层中的土锚,尚应进行徐变试验。

2. 拉杆(拉索)截面计算

普通钢筋的截面面积按式(3-21)计算:

$$A_s \geqslant \frac{T_d}{f_y \cos\theta} \tag{3-21}$$

预应力钢筋的截面面积按式(3-22)计算:

$$A_p \geqslant \frac{T_d}{f_{py} \cos\theta} \tag{3-22}$$

式中 A_s、A_p——普通钢筋、预应力钢筋拉杆的截面面积;

f_y、f_{py}——普通钢筋、预应力钢筋拉杆的抗拉强度设计值。

3. 土锚的整体稳定性验算

进行土层锚杆设计时，不仅要研究土层锚杆的承载能力，而且要研究支护结构与所支护土体的稳定性，以保证在使用期间土体不产生滑动失稳。

土层锚杆的稳定性分为整体稳定性和深部破裂面稳定性两种，其破坏形式如图 3-33 所示，需分别予以验算，具体详见例 3-1。

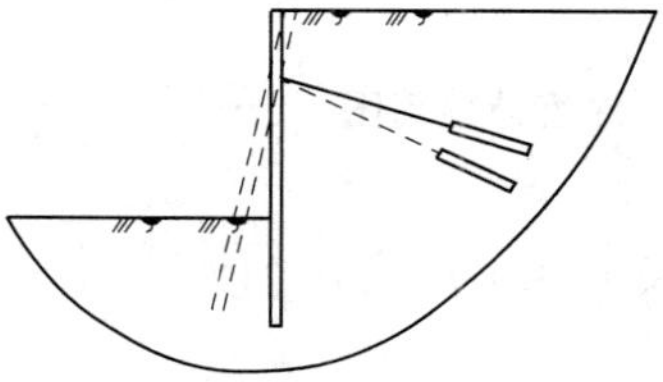

(a)整体失稳

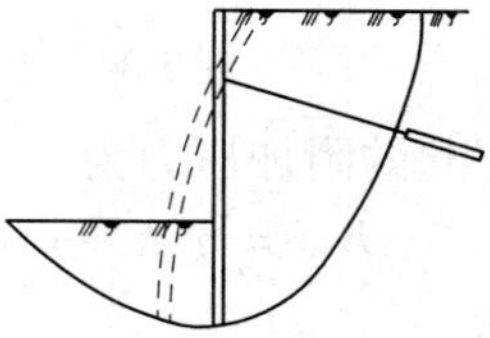

(b)深部破裂面坡坏

图 3-33 土层锚杆的失稳

【例 3-1】 某大厦高 24 层，地下 2 ~3 层，基础挖土深度 13 m，土质为砂土和卵石，桩基采用直径 800 mm 的人工挖孔的灌注桩，桩距 1.5 m。工程施工场地狭窄，两面临街，一面紧靠民房，基础挖土不可能放坡大开挖，需用支护结构挡土，垂直开挖，采用一道土锚杆拉结板桩，试对锚杆结构进行设计。

解：根据地质资料和施工条件，确定如下参数：

土锚杆设置在地面下 4.5 m 处，水平间距 1.5 m，钻孔的孔径为 140 mm，土锚杆的倾角为 13°，地面均布荷载按 10 kN/m² 计算。

(1)计算土压力。

计算主动土压力时，按照土层种类，土的平均重度 $\gamma_a = 19\ \text{kN/m}^3$，计算被动土压力时，根据土层情况，土的平均重度 $\gamma_p = 19.5\ \text{kN/m}^3$。主动土压力处土的内摩擦角 $\varphi_a = 40°$，被动土压力处土的内摩擦角 $\varphi_p = 45°$，土的黏聚力 $c = 0$。为了统一，下文中 E_a 表示基坑支护结构上的主动土压力的反作用力，E_1 表示作用在墙上的主动土压力，E_{ah}、E_{1h} 分别表示 E_a、E_1 的水平分力。

主动土压力系数：

$$K_a = \tan^2(45° - \frac{\varphi_a}{2}) = \tan^2\left(45° - \frac{40°}{2}\right) = 0.217$$

被动土压力系数：

$$K_p = \tan^2\left(45° + \frac{\varphi_p}{2}\right) = \tan^2\left(45° + \frac{45°}{2}\right) = 5.83$$

(2)土锚杆受力计算。

①挡土板桩的入土深度计算(见图 3-34)。

按挡土板桩纵向单位长度计算，则主动土压力为

$$E_{a1} = \frac{1}{2}\gamma_a(h+t)^2K_a = \frac{1}{2} \times 19 \times (13+t)^2 \times 0.217$$

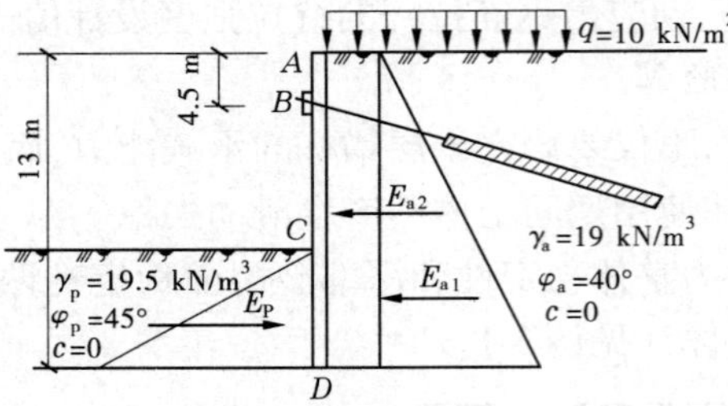

图 3-34　挡土板桩入土深度计算简图

由地面荷载引起的附加压力为

$$E_{a2} = q(h + t)K_a = 10 \times (13 + t) \times 0.217$$

被动土压力为

$$E_p = \frac{1}{2}\gamma_p t^2 K_p = \frac{1}{2} \times 19.5 \times t^2 \times 5.83$$

由 $\sum M_B = 0$ 得：

$$\frac{1}{2} \times 19 \times (13 + t)^2 \times 0.217 \times \left[\frac{2}{3} \times (13 + t) - 4.5\right] + 10 \times (13 + t) \times 0.217 \times \left[\frac{1}{2} \times (13 + t) - 4.5\right] - \frac{1}{2} \times 19.5 \times t^2 \times 5.83 \times \left(\frac{2}{3}t + 13 - 4.5\right) = 0$$

解之，得 $t = 2.26$ m，取板桩入土深度为 2.3 m。

②计算土锚杆的水平拉力。

根据板桩入土深度 $t = 2.3$ m，有

$$E_{a1} = \frac{1}{2}\gamma_a(h + t)^2 K_a = \frac{1}{2} \times 19 \times (13 + 2.3)^2 \times 0.217 = 482.6(\text{kN})$$

$$E_{a2} = q(h + t)K_a = 10 \times (13 + 2.3) \times 0.217 = 33.2(\text{kN})$$

$$E_p = \frac{1}{2}\gamma_p t^2 K_p = \frac{1}{2} \times 19.5 \times 2.3^2 \times 5.83 = 300.7(\text{kN})$$

由 $\sum M_D = 0$ 可求出土锚杆所承受拉力 T 的水平分力 T_d：

$$T_d(13 + 2.3 - 4.5) = E_{a1}\frac{13 + 2.3}{2} + E_{a2}\frac{13 + 2.3}{2} - E_p\frac{2.3}{3}$$

将 E_{a1}、E_{a2}、E_p 的数值代入，则求得：$T_d = 230$ kN。

由于土锚杆的间距为 1.5 m，所以每根锚杆所承受拉力的水平分力为

$$T_{d1.5} = 1.5 \times 230 = 345(\text{kN})$$

(3) 土锚杆抗拔计算。

土层锚杆锚固段所在的砂土层：$\gamma = 19$ kN/m³，$\varphi = 37°$，$K_0 = 1$。

①求土锚杆的非锚固段长度（BF）。

由图 3-35 可知：$BE = (8.5 + 2.3) \times \tan\left(45° - \frac{\varphi}{2}\right) = 10.8\tan 26.5° = 5.38$(m)

图 3-35　锚固段长度计算简图

根据正弦定律：

$$\frac{BE}{\sin\angle BFE}=\frac{BF}{\sin\angle BEF}$$

$$BF=\frac{BE\sin\angle BEF}{\sin\angle BFE}$$

$$\angle BEF=90°-\left(45°-\frac{\varphi}{2}\right)=90°-\left(45°-\frac{37°}{2}\right)=63.5°$$

$$\angle BFE=180°-\alpha-63.5°=180°-13°-63.5°=103.5°$$

则
$$BF=\frac{5.38\sin63.5°}{\sin103.5°}=4.95(\mathrm{m})$$

所以，非锚固段长度为4.95 m。

②求土锚杆的锚固段长度。

土锚杆拉力的水平分力 $T_{d1.5}=345$ kN，而土锚杆的倾角 $\alpha=13°$，则该土锚杆的轴向拉力 $T=345/\cos13°=354.1(\mathrm{kN})$。

由于该土锚杆非高压灌浆，土体与锚固体之间的极限摩阻力可查《建筑地基基础设计规范》(GB 50007—2011)，或按式(3-23)计算土体的抗剪强度：

$$\tau_z=c+K_0\gamma h\tan\varphi \tag{3-23}$$

假定锚固段长度为10 m，图3-36中的 O 点为锚固段的中点，则

$$BO=BF+FO=4.95+5.00=9.95(\mathrm{m})$$

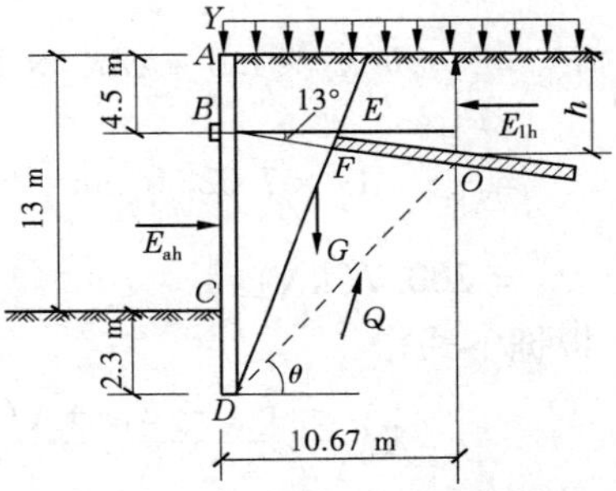

图3-36 深部破裂面稳定性验算

锚固段中点 O 至地面的距离为

$$h=4.5+BO\sin13°=4.5+9.95\sin13°=6.74(\mathrm{m})$$

所以 $\tau_z=c+K_0\gamma h\tan\varphi=0+1\times19\times6.74\times\tan37°=96.5(\mathrm{kN/m^2})$

如果取安全系数 $K=1.5$，则锚固段长度为

$$l=\frac{TK}{\pi d\tau_z}=\frac{354.1\times1.5}{\pi\times0.14\times96.5}=12.5(\mathrm{m})$$

因此，原假定锚固段长度10 m应予以修正，则

$$h=4.5+\left(4.95+\frac{12.5}{2}\right)\sin13°=7.02(\mathrm{m})$$

$$\tau_z=c+K_0\gamma h\tan\varphi=0+1\times19\times7.02\times\tan37°=100.5(\mathrm{kN/m^2})$$

锚固段长度为

$$l=\frac{TK}{\pi d\tau_z}=\frac{354.1\times1.5}{\pi\times0.14\times100.5}=12(\mathrm{m})$$

因此，最后确定取锚固段长度为12 m。

③钢拉杆截面选择：若钢拉杆选用1 ϕ40，则其抗拉设计强度为

$A_sf_y=1\,256\times290=364.24$ kN $>T=354.1$ kN，满足要求。

④土锚杆的深部破裂面稳定性验算。

每根土层锚杆的水平分力

$$T_{A1.5} = 354.1\ \text{kN}$$

$$\theta = \text{arccot}\frac{13 + 2.3 - 7.02}{\left(4.95 + \frac{12}{2}\right)\cos 13^\circ} = 37.8^\circ$$

土体重力 $G = \frac{7.02 + 13 + 2.3}{2} \times 10.67 \times 1.5 \times 19 = 3\ 393.7(\text{kN})$

可假设基坑支护结构与土之间的摩擦角 $\delta = 0$，则作用在支护结构上的主动土压力的反作用力（考虑地面荷载）为

$$\begin{aligned} E_{ah} &= \frac{1}{2}\gamma H^2 K_a \times 1.5 + qHK_a \times 1.5 \\ &= \frac{1}{2} \times 19 \times (13 + 2.3)^2 \times \tan^2\left(45^\circ - \frac{37^\circ}{2}\right) \times 1.5 + 10 \times (13 + 2.3) \times \tan^2\left(45^\circ - \frac{37^\circ}{2}\right) \times 1.5 \\ &= 886.3(\text{kN}) \end{aligned}$$

作用在假想墙上的主动土压力为

$$\begin{aligned} E_{1h} &= \frac{1}{2}\gamma h^2 K_a \times 1.5 + qhK_a \times 1.5 \\ &= \frac{1}{2} \times 19 \times 7.02^2 \times \tan^2\left(45^\circ - \frac{37^\circ}{2}\right) \times 1.5 + 10 \times 7.02 \times \tan^2\left(45^\circ - \frac{37^\circ}{2}\right) \times 1.5 \\ &= 200.7(\text{kN}) \end{aligned}$$

根据下式得：

$$\begin{aligned} KA_h &= \frac{E_{ah} - E_{1h} + (G + E_{1h}\tan\delta - E_{ah}\tan\delta)\tan(\varphi - \theta)}{1 + \tan\alpha\tan(\varphi - \theta)} \\ &= \frac{886.3 - 200.7 + (3\ 393.7 + 0 - 0)\tan(37^\circ - 37.8^\circ)}{1 + \tan 13^\circ \tan(37^\circ - 37.8^\circ)} \\ &= 6\ 403(\text{kN}) \end{aligned}$$

安全系数：

$$f = \frac{KA_h}{YA_h} = \frac{6\ 403}{354.3} = 1.81 > 1.50$$

所以该土锚杆的深部破裂面稳定性可以保证。

（三）锚杆施工

锚杆施工包括钻孔、安放拉杆、压力灌浆和锚杆张拉与施加预应力。

1. 钻孔

1）钻孔方法

钻孔工艺影响锚杆的承载能力、施工效率和成本，钻孔要求不扰动土体。常用的锚杆钻孔方法有以下几种：

（1）螺旋钻孔干作业法。当锚杆处于地下水位以上，呈非浸水状态时，宜选用不护壁的螺旋钻孔干作业法来成孔，该法对黏土、粉质黏土、密实性和稳定性较好的砂土等土层都适用。

（2）压水钻进成孔法。该法是锚杆施工应用较多的一种钻孔工艺，其优点是可以把

钻孔过程中的钻进、出渣、固壁、清孔等工序一次完成，可以防止坍孔，不留残土，且软、硬土都能适用。

(3)潜钻成孔法。此法是利用风动冲击式潜孔冲击器成孔，宜用于孔隙率大、含水量较低的土层中。成孔速度快，孔壁光滑而坚实，由于不出土，孔壁无坍落和堵塞现象。锚杆的钻孔与其他工程的钻孔相比，有以下要求：

①孔壁要求平直，以便安放钢拉杆和灌注水泥浆。

②孔壁不得塌陷和松动，否则影响钢拉杆安放和锚杆的承载能力。

③钻孔时不得使用膨润土循环泥浆护壁，以免在孔壁上形成泥皮，降低锚固体与土壁间的摩阻力。

④土层锚杆的钻孔多数有一定的倾角，因此孔壁的稳定性较差。

⑤由于土层锚杆的长细比很大，孔洞很长，要保证钻孔的准确方向和直线性，避免偏斜和弯曲。我国的行业标准《建筑基坑支护技术规程》(JGJ 120—2012)规定：锚杆孔水平方向孔距在垂直方向误差不宜大于100 mm，偏斜度不应大于3%。

2)钻孔的扩孔

常用的扩孔方法有四种，即机械扩孔、爆炸扩孔、水力扩孔和压浆扩孔。

机械扩孔需要用专门的扩孔装置。该扩孔装置是一种扩张式刀具置于一鱼雷形装置中，这种扩张式刀具能通过机械方法随着鱼雷式装置缓慢地旋转而逐渐张开，直到所有切刀都完全张开完成扩孔锥。

爆炸扩孔是把计算好的炸药放入钻孔内引爆，把土向四周挤压形成球形扩大头。此法一般适用于砂性土，对黏性土爆炸扩孔扰动大，易使土液化，有时反而使承载力降低。用于砂性土时要防止扩孔坍落。爆炸法扩孔在城市中要慎用。

水力扩孔在我国已成功地用于锚杆施工。压浆扩孔在国外广泛采用，但需用堵浆设施。

2. 安放拉杆

锚杆用的拉杆，常用的有钢管(钻杆用作拉杆)、粗钢筋、钢丝束和钢绞线，主要根据锚杆的承载能力和现有材料的情况来选择。承载能力较小时，多用粗钢筋；承载能力较大时，多用钢绞线。

1)钢筋拉杆

钢筋拉杆由一根或数根粗钢筋组合而成，若为数根粗钢筋则需用绑扎或电焊连接成一体。其长度应按锚杆设计长度加上张拉长度(等于支撑围檩高度加锚座厚度加螺母高度)。钢筋拉杆防腐蚀性能好，易于安装，当锚杆承载能力不很大时应优先考虑选用。对有自由段的锚杆，钢筋拉杆的自由段要做好防腐和隔离处理。

2)钢丝束拉杆

钢丝束拉杆可以制成通长一根，它的柔性较好，往钻孔中沉放较方便。但施工时应将灌浆管与钢丝束绑扎在一起同时沉放，否则放置灌浆管有困难。

钢丝束拉杆的自由段需理顺扎紧，然后进行防腐处理。防腐方法可用玻璃纤维布缠绕两层，外面再用粘胶带缠绕，亦可将钢丝束拉杆的自由段插入特制护管内，护管与孔壁间的空隙可与锚固段同时进行灌浆。

3）钢绞线拉杆

钢绞线拉杆的柔性更好，向钻孔中沉放更容易，因此在国内外应用得比较多，用于承载能力大的锚杆。锚固段的钢绞线要仔细清除其表面的油脂，以保证与锚固体砂浆有良好的黏结。自由段的钢绞线要套以聚丙烯防护套等进行防腐处理。

3. 压力灌浆

压力灌浆是锚杆施工中的一个重要工序。灌浆的浆液为水泥砂浆（细砂）或水泥浆。灌浆的作用是形成锚固段，将锚杆锚固在土层中；防止钢拉杆腐蚀；充填土层中的孔隙和裂缝。

4. 锚杆张拉与施加预应力

锚杆压力灌浆后，待锚固段的强度大于 15 MPa 并达到设计强度等级的 75% 后方可进行张拉。锚杆宜张拉至设计荷载的 90% ~100% 后，再按设计要求锁定。锚杆张拉控制应力不应超过拉杆强度标准值的 75%。

锚杆张拉时，其张拉顺序要考虑对邻近锚杆的影响。

四、土钉墙设计与施工

我国《基坑土钉支护技术规程》（CECS 96:97）指出，土钉是用来加固或同时锚固现场原位土体的细长杆件的。通常采用土中钻孔置入变形钢筋，即带肋钢筋，并沿孔全长注浆的方法做成土钉。其依靠与土体界面之间的黏结力或摩擦力，在土体发生变形的条件下被动受力并主要承受拉力作用。土钉也可用钢管角钢等作为钉体，采用直接击入的方法置入土中。

（一）土钉墙概述

土钉支护亦称土钉墙。土钉支护在我国基坑工程中得到了广泛应用并取得显著效益。由于岩土体的抗剪强度较低，抗拉强度几乎可以忽略，而土钉墙则是在岩土体内放置一定长度和分布密度的加筋体，与岩土体共同作用，以弥补岩土体自身强度的不足，是一种以增强边坡坡体自身稳定的主动制约机制的复合岩土体。

试验表明，直立的土钉墙坡顶承载力比素土边坡提高 1 倍以上，且受荷过程中不会发生素土边坡那样的突发性坍塌。它不仅延迟了塑性变形发展阶段，而且有明显的渐进性变形，但不会发生整体性坍塌。

土钉墙一般由土钉、面层、泄排水系统等三部分组成，如图 3-37 所示。

常用的土钉有钻孔注浆土钉和击入式土钉。前者先钻孔，然后置入变形钢筋，最后沿全长注浆。后者多用角钢、圆钢或钢管。击入方式一般有振动冲击、液压锤击、高压喷射和气动射击。

面层由喷射混凝土、纵横主筋、网筋构成。喷射混凝土面层的厚度一般大于 80 mm，网筋直径一般为 6 ~10 mm，间距多为 150 ~300 mm，坡面上下的网筋搭接。

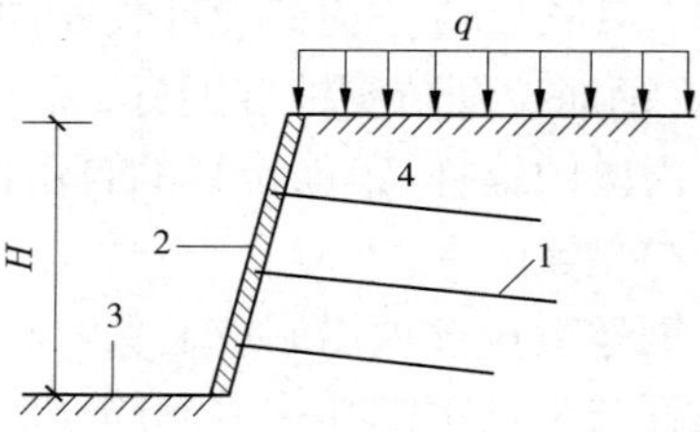

1—土钉；2—面层；3—坑底；4—土体

图 3-37　土钉墙的构造

地下水位高于基坑底面时，应采取降水或截水措施。坡顶和坡脚应设排水措施，坡面可根据具体情况设置泄水孔。坡面泄水孔为插入坡面的内填滤水材料的带孔塑料管。

土钉墙施工特点是施工设备较简单，比用挡土桩锚杆施工简便，施工速度较快，节省工期，造价较低。一般适用于地下水位较低的黏土、砂土、粉土地基，基坑深度一般在 15 m 以内。

（二）土钉墙设计

土钉墙支护设计，一般包括下述内容。

1. 根据工程情况和以往经验，初选支护各部件的尺寸和参数

根据边坡高度、岩土特性、工程地质条件及工程性质，参照以往经验，初步确定土钉墙结构的尺寸、土钉长度、钢筋直径、钢筋间距及分层开挖高度。

土钉钢筋用 HPB300、HRB335 等热轧变形钢筋，直径为 16 ~ 32 mm。土钉孔径为 70 ~ 120 mm，注浆强度等级不低于 M10。

土钉长度 l 与基坑深度 H 之比对于非饱和土，宜为 0.6 ~ 1.2；对于密实砂土和坚硬黏土，l/H 可取低值；对于软塑黏性土，l/H 不应小于 1.0。

土钉的水平和竖向间距 S_h 和 S_v 宜为 1.2 ~ 2 m，在饱和黏性土中可小到 1 m，在干硬黏性土中可超过 2 m；土钉的竖向间距应与每步开挖深度相对应。沿面层布置的土钉密度不应低于每 6 m^2 一根。

喷混凝土面层，混凝土强度等级不低于 C20，3 d 强度不低于 10 MPa。

土钉钻孔的向下倾角宜为 0° ~ 20°，当利用重力向孔中注浆时，倾角不宜小于 15°，当月压力注浆且有可靠排气措施时倾角宜接近水平。当上层土软弱时，可适当加大下倾角，使土钉插入强度较高的下层土中。当遇到局部障碍物时，允许调整钻孔位置和方向。

2. 土钉墙整体稳定性分析

土钉墙设计应进行整体稳定性分析，并应考虑施工期间不同开挖深度和完成后不同标高（包括开挖面以下一定深度）等多种工况，分析时可采用简化圆弧滑裂面条分法，其计算简图如图 3-38 所示。

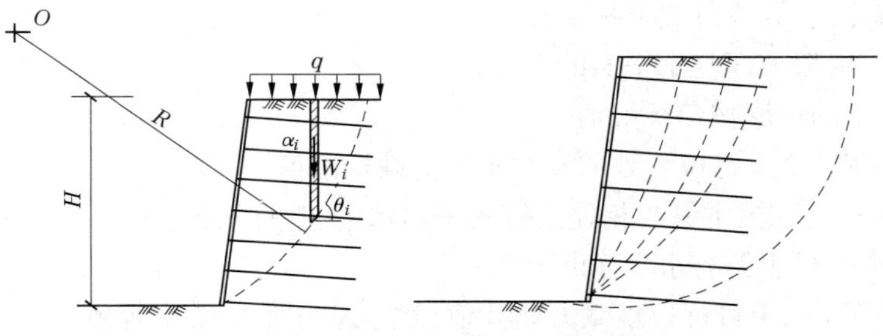

图 3-38　土钉墙稳定性分析计算简图

$$K_s = \frac{\sum c_i L_i S_h + \sum W_i \cos\theta_i \tan\varphi_i S_h + \sum T_{Nj}\cos(\theta_i + \alpha_i) + \xi \sum T_{Nj}\sin(\theta_i + \alpha_i)\tan\varphi_i}{\sum W_i \sin\theta_i S_h} \tag{3-24}$$

式中　K_s——土钉墙整体稳定性安全系数；

c_i——土体的黏聚力，kPa；

φ_i——土体的内摩擦角，(°)；

L_i——土条滑动面弧长，m；

W_i——土条重量，kN；

T_{Nj}——土钉的设计抗拉力，kN；

S_h——土钉的水平间距，m；

θ_i——滑动面某处切线与水平面之间的夹角，(°)；

α_i——土钉与水平面之间的夹角，(°)；

ξ——折减系数，根据经验取 0.5。

每种验算情况中，须通过试算确定最危险滑裂面，即计算中 K_{smin} 对应的滑裂面为预测最危险的滑裂面。

在设计中应满足：

$$K_{smin} > [K_s] \tag{3-25}$$

式中 $[K_s]$——容许稳定性安全系数，二级支护结构取 1.3，三级支护结构取 1.2。

在施工阶段验算时，容许安全系数可乘以折减系数 0.9。

3. 土钉计算

在破裂面后土压力的作用下，土钉墙内部给定破裂面后的土钉有效锚固段应能提供足够的抗拉能力使土钉不被拔出或拉断，应满足式(3-26)：

$$1.25\gamma_0 T_{jk} \leqslant T_{uj} \tag{3-26}$$

$$T_{jk} = \xi e_{ajk} S_{xj} S_{zj} / \cos\alpha_j$$

$$\xi = \tan\frac{\beta - \varphi_k}{2}\left(\frac{1}{\tan\frac{\beta + \varphi_k}{2}} - \frac{1}{\tan\beta}\right) / \tan^2\left(45° - \frac{\varphi}{2}\right)$$

式中 1.25——荷载综合分项系数；

γ_0——基坑重要性系数；

T_{jk}——第 j 根土钉受拉荷载标准值；

ξ——斜面土钉墙荷载折减系数；

β——土钉墙坡面与水平面的夹角；

φ_k——土的内摩擦角标准值；

e_{ajk}——第 j 个土钉位置处的基坑水平荷载标准值；

S_{xj}、S_{zj}——第 j 根土钉与相邻土钉的平均水平、垂直间距；

α_j——第 j 根土钉与水平面的夹角；

T_{uj}——第 j 根土钉抗拉承载力设计值，对于基坑侧壁安全等级为二级的土钉抗拉承载力设计值，应按试验确定，基坑侧壁安全等级为三级时可按式(3-27)计算，如图 3-39 所示。

$$T_{uj} = \frac{1}{\gamma_s}\pi d_{nj} \sum q_{sik} l_i \tag{3-27}$$

式中 γ_s——土钉抗拉抗力分项系数，取 1.3；

d_{nj}——第 j 根土钉锚固体直径；

q_{sik}——土钉穿越第 i 层土体与锚固体极限摩阻力标准值，应由现场试验确定，若无试验资料，可查规程 JGJ 120—2012；

l_i——第 i 根土钉在直线破裂面外穿越第 i 层稳定土体内的长度，破裂面与水平面的夹角为$\dfrac{\beta+\varphi_k}{2}$。

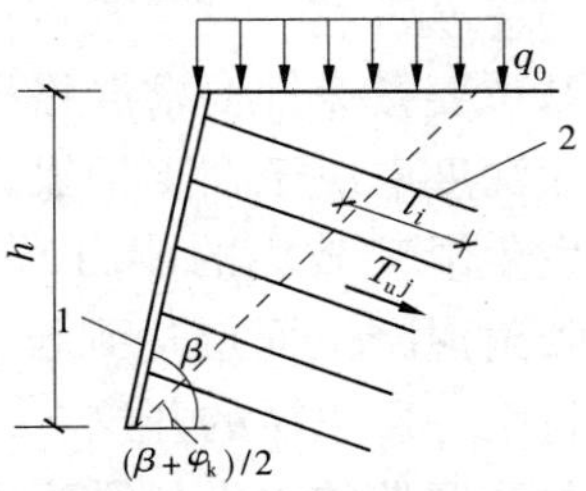

1—喷射混凝土面层；2—土钉

图 3-39 土钉抗拉承载力计算简图

4. 喷射混凝土面层计算

在土体自重及地面均布荷载 q 作用下，喷射混凝土面层所受侧向压力 e_0 可按式(3-28)估算：

$$e_0 = e_{01} + e_a \tag{3-28}$$

$$e_{01} = 0.7 \times \left(0.5 + \frac{S-0.5}{5}\right)e_1 \leqslant 0.7e_1 \tag{3-29}$$

式中 e_a——地面均布荷载 q 引起的侧压力；

e_1——土钉位置处由土体自重产生的侧压力；

S——相邻土钉水平间距和垂直间距中的较大值。

荷载分项系数取 1.2。另外，按基坑侧壁安全等级取重要性系数。

喷射混凝土面层按以土钉为支座的连续板进行强度验算，作用于面层上的侧压力，在同一间距内可按均布考虑，其反力作为土钉的端部拉力。验算内容包括板在跨中和支座截面处的受弯、板在支座截面处的冲切等。

通过上述计算，对各部件初选尺寸和参数进行修改和调整，绘出施工图。对重要的工程，宜采用有限元法对支护的内力和变形进行分析。通过土钉墙内部及整体稳定性检算，调整土钉参数，再重新进行验算，最后确定土钉长度、直径、间距。

(三)土钉墙施工

1. 施工准备

(1)土钉支护宜在排除地下水的条件下进行施工。应采取恰当的降排水措施排除地表水、地下水，以避免土体处于饱和状态，有效减小或消除作用于面层上的静水压力。

(2)确定基坑开挖线、轴线定位点、水准基点、变形观测点等，并加以妥善保护。

(3)制定基坑支护施工组织设计，周密安排好支护施工与基坑土方开挖、出土等工序的关系，使支护与开挖密切配合，力争达到连续快速施工。

(4)材料准备。土钉钢筋使用前应调直、除锈、除油；优先选用强度等级为 32.5 的普通硅酸盐水泥；采用干净的中粗砂，含水量应小于 5%；使用速凝剂，应做与水泥的相容性试验及水泥浆凝结效果试验。

(5)施工机具选择。施工机具主要包括钻孔机具、空气压缩机、混凝土喷射机、注浆泵等。钻孔机具一般宜选用体积较小、重量较轻、装拆移动方便的机具，如锚杆钻机、地质钻机、洛阳铲等。

2. 施工工艺

土钉墙施工流程见图 3-40。

1）基坑开挖

基坑要按设计要求严格分层、分段开挖，每层开挖最大深度取决于在支护投入工作前土壁可以自稳而不发生滑动破坏的能力，在完成上一层作业面土钉与喷射混凝土面层达到设计强度的70%以前，不得进行下一层土层的开挖。

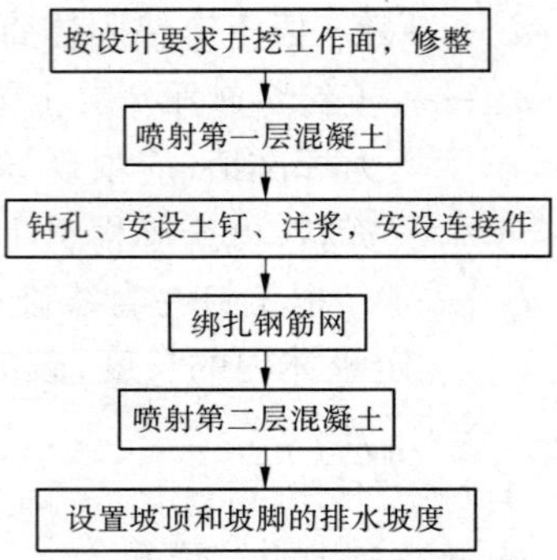

图3-40　土钉墙施工流程

每层开挖的水平分段宽度也取决于土壁自稳能力，且与支护施工流程相互衔接，一般长为10～20 m。当基坑面积较大时，允许在距离基坑四周边坡8～10 m的基坑中部自由开挖，但应注意与分层作业区的开挖相协调。

2）喷射第一道面层

每步开挖后应尽快做好面层，即对修整后的边壁立即喷上一层薄混凝土或砂浆。若土层地质条件好，则可省去该道面层。

3）设置土钉

土钉的设置可以采用专门设备将土钉钢筋击入土体，但是通常的做法是先在土体中成孔，然后置入土钉钢筋并沿全长注浆。

（1）钻孔。

钻孔前，应根据设计要求定出孔位并作出标记及编号。当成孔过程中遇到障碍物需调整孔位时，不得损害支护结构设计原定的安全程度。

（2）插入土钉钢筋。

插入土钉钢筋前要进行清孔检查，若孔中出现局部渗水、塌孔或掉落松土，应立即处理。土钉钢筋置入孔中前，要先在钢筋上安装对中定位支架，以保证钢筋处于孔位中心且注浆后其保护层厚度不小于25 mm。

（3）注浆。

注浆前要验收土钉钢筋安设质量是否达到设计要求。

一般可采用重力、低压（0.4～0.6 MPa）或高压（1～2 MPa）注浆，水平孔应采用低压或高压注浆。压力注浆时应在孔口或规定位置设置止浆塞，注满后保持压力3～5 min。重力注浆以满孔为止，但在浆体初凝前需补浆1～2次。向孔内注入浆体的充盈系数必须大于1。为提高土钉抗拔能力，还可采用二次注浆工艺。

4）喷第二道面层

在喷混凝土之前，先按设计要求绑扎、固定钢筋网。面层内的钢筋网片应牢固地固定在边壁上并符合设计规定的保护层厚度要求。钢筋网片可用插入土中的钢筋固定，但在喷射混凝土时不应出现振动。

钢筋网片可焊接或绑扎而成，网格允许偏差为±10 mm。铺设钢筋网时每边的搭接长度应不小于一个网格边长或200 mm，若为搭焊则焊接长度不小于网片钢筋直径的10倍。网片与坡面间隙不小于20 mm。土钉与面层钢筋网的连接可通过垫板、螺帽及土钉端部螺纹杆固定。垫板钢板厚8～10 mm，尺寸为（200 mm×200 mm）～（300 mm×300 mm)。垫板下空隙需先用高强水泥砂浆填实,待砂浆达一定强度后方可旋紧螺帽以固定土钉。土钉钢筋也可通过井字加强钢筋直接焊接在钢筋网上,焊接强度要满足设计要求。

5)排水设施的设置

水是土钉支护结构最为敏感的问题,不但要在施工前做好降排水工作,还要充分考虑土钉支护结构工作期间地表水及地下水的处理,设置排水构造措施。基坑四周地表应加以修整并构筑明沟排水,严防地表水再向下渗流。

6)施工监测

在支护施工阶段,应进行基坑监测。每天监测不少于1~2次;在完成基坑开挖、变形趋于稳定的情况下可适当减少监测次数。施工监测过程应持续至整个基坑回填结束、支护退出工作为止。应特别加强雨天监测和雨后监测。

五、钢板桩施工

(一)施工前的准备工作

1.钢板桩检验与校正

钢板桩检验包括材质检验和外观检验。对于焊接钢板桩,尚须进行焊接部位的检验;对用于基坑临时支护结构的钢板桩,主要进行外观检验。钢板桩的校正是因其为多次周转使用的材料,使用前应进行校正与修补,以减少打桩过程中的困难。它包括表面缺陷修补、端部平面校正、桩体挠曲校正、桩体扭曲校正、桩体局部变形校正、锁口变形校正等。

2.选择打桩机及安装导架

打设钢板桩时,自由落锤、汽动锤、柴油锤、振动锤等皆可,但使用较多的为振动锤。当使用柴油锤时,为保护桩顶因受冲击而损伤。为了控制打入方向,在桩锤和钢板桩之间需设置桩帽。

为保证沉桩轴线位置的正确和桩的竖直,控制桩的打入精度,防止板桩的屈曲变形和提高桩的贯入能力,一般都需要设置一定刚度的、坚固的导架,亦称施工围檩。导架通常由导梁和导桩等组成,它的形式在平面上有单面和双面之分,在高度上有单层和双层之分。一般常用的是单层双面导架,见图3-41。

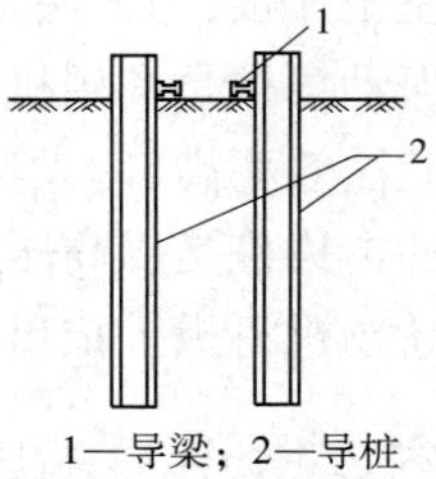

1—导梁;2—导桩

图3-41 导架

(二)钢板桩打设

1.打设方式

钢板桩的打设方式分为单独打入法和屏风式打入法两种。

单独打入法是从板桩墙的一角开始,逐块(或两块为一组)打设,直至工程结束。这种打入方法简便、迅速,不需要其他辅助支架,但易使板桩向一侧倾斜,且误差积累后不易纠正。为此,这种方法只适用于板桩墙要求不高,且板桩长度较小(如小于10 m)的情况。

屏风式打入法是将10~20根钢板桩成排插入导架内,呈屏风状,然后分批施打。屏风式打入法的优点是可减少倾斜误差积累,防止过大倾斜,对要求闭合的板桩墙,常采用此法。其缺点是插桩的自立高度较大,要注意插桩的稳定和施工安全。

2.钢板桩的打设及常见问题

在打桩过程中,为保证钢板桩的垂直度,用两台经纬仪在两个方向加以控制。为防止锁口中心线平面位移,可在打桩进行方向的钢板桩锁口处设卡板,阻止板桩位移。同时在围檩上预先算出每块板块的位置,以便随时检查校正。钢板桩打设中常见问题的原因及处理见表 3-7。

表 3-7　钢板桩打设中常见问题的原因及处理

常见问题	原因	处理方法
倾斜(板桩头部向打桩行进方向倾斜)	被打桩与邻桩锁口间阻力较大,而打桩行进方向的贯入阻力小	施工过程中用仪器随时检查、控制、纠正;发生倾斜时用钢丝绳拉住桩身,边拉边打,逐步纠正;对先打的板桩适度预留偏差(反向倾斜)
扭转	锁口是铰式连接	在打桩行进方向用卡板锁住板桩的前锁口;在钢板桩与围檩之间的两边空隙内,设滑轮支架,制止板桩下沉中的转动;在两块板桩锁口扣搭处的两边,用垫铁和木榫填实
共连(打板桩时和已打入的邻桩一起下沉)	钢板桩倾斜弯曲,使槽口阻力增加	发生板桩倾斜及时纠正,把相邻已打好的桩(数块)用角铁电焊临时固定
水平伸长(沿打桩行进方向长度增加)	钢板桩锁口扣搭处有空隙	属正常现象。对四角要求封闭的挡墙,设计时要考虑水平伸长值,可在轴线修正时纠正

注:摘自江正荣《建筑施工计算手册》(2001)。

(三)钢板桩拔除

钢板桩可多次周转使用,在进行基坑回填土时,要拔除钢板桩,以便修整后重新使用。根据所用拔桩机械,拔桩方法有静力拔桩、振动拔桩和冲击拔桩。静力拔桩主要用卷扬机或液压千斤顶,但该法效率低,有时难以顺利拔出,较少应用。

振动拔桩是利用机械的振动激起钢板桩振动,以克服和削弱板桩拔出阻力,将板桩拔出。此法效率高,用大功率的振动拔桩机,可将多根板桩一起拔出。目前该法应用较多。

冲击拔桩是以高压空气、蒸气为动力,利用打桩机给予钢板桩以向上的冲击力,同时利用卷扬机将板桩拔出。

六、地下连续墙施工

地下连续墙开挖技术起源于欧洲。它是根据打井和石油钻井使用泥浆和水下浇筑混凝土的方法而发展起来的。1950 年在意大利米兰首先采用了护壁泥浆地下连续墙施工,20 世纪 50 ~ 60 年代该项技术在西方发达国家及苏联得到推广,成为地下工程和深基础施工中有效的技术。

(一)地下连续墙概述

地下连续墙是指在地面上用专用的挖槽设备,沿着基坑周边按照事先划好的幅段,开挖狭长的沟槽;在开挖过程中,为保证槽壁的稳定,沟槽采用特制的泥浆护壁,每个幅段的沟槽开挖结束后,在槽段内放置钢筋笼,并浇筑水下混凝土;然后将若干个幅段连成一个整体,形成一个连续的地下墙体,即现浇钢筋混凝土壁式连续墙。由于目前挖槽机械发展很快，与之相适应的挖槽工法层出不穷，墙体材料已经由过去以混凝土为主而向多样化发展。同时其功能已不再单纯用于防渗或挡土支护，而是越来越多地作为建筑物的基础。

1. 工程应用范围

地下连续墙对土壤的适应范围很广，在软弱的冲积层、中硬地层、密实的砂砾层以及岩石的地基中均可施工。其初期用于坝体防渗，水库地下截流，后发展为挡土墙、地下结构的一部分或全部。房屋的深层地下室、地下停车场、地下街、地下铁道、地下仓库、矿井等均可应用。具体工程应用如下：

(1)水利水电、露天矿山和尾矿坝(池)及环保工程的防渗墙。

(2)建筑物地下室(基坑)。

(3)地下构筑物(如地下铁道、地下道路、地下停车场和地下街道、商店以及地下变电站等)。

(4)市政管沟和涵洞。

(5)盾构等工程的竖井。

(6)泵站、水池。

(7)码头、护案和干船坞。

(8)地下油库和仓库。

2. 地下连续墙的特点

地下连续墙之所以能得到如此广泛的应用与其优点是分不开的，具体表现为：

(1)施工时振动小，噪声低，非常适用于在城市施工。

(2)墙体刚度大，用于基坑开挖时，可承受很大的土压力，极少发生地基沉降或塌方事故，已经成为深基坑支护工程中必不可少的挡土结构。

(3)防渗性能好，由于墙体接头形式和施工方法的改进，使地下连续墙几乎不透水。由于它具有上述几项优点，我们可以紧贴原有建筑物建造地下连续墙。

(4)可用于逆作法施工。地下连续墙刚度大，易于设置埋设件，很适合于逆作法施工，且适用于多种地基条件。地下连续墙对地基的适用范围很广，从软弱的冲积地层到中硬的地层、密实的砂砾层，各种软岩和硬岩等所有的地基都可以建造地下连续墙。

(5)可用作刚性基础。目前地下连续墙不再单纯作为防渗防水、深基坑围护墙，而且越来越多地用地下连续墙代替桩基础、沉井或沉箱基础，承受更大荷载。

(6)占地少，可以充分利用建筑红线以内有限的地面和空间。

(7)工效高、工期短、质量可靠、经济效益高。

但地下连续墙工程应用过程中也表现出较多缺点，如：

(1)在一些特殊的地质条件下(如很软的淤泥质土，含漂石的冲积层和超硬岩石等)，施工难度很大。

(2)如果施工方法不当或施工地质条件特殊，可能出现相邻墙段不能对齐和漏水的问题。

(3)地下连续墙如果仅用作临时的挡土结构，比其他方法所用的费用要高些。

(4)在城市施工时，废泥浆的处理比较麻烦，造成工地文明施工与城市环卫管理之间的矛盾较多。

3. 地下连续墙的分类

地下连续墙按其填筑的材料，分为土质墙、混凝土墙、钢筋混凝土墙（现浇和预制）和组合墙（预制钢筋混凝土墙板和现浇混凝土的组合，或预制钢筋混凝土墙板和自凝水泥膨润土泥浆的组合）。

按其用途，地下连续墙分为临时挡土墙、防渗墙、用作主体结构兼作临时挡土墙的地下连续墙。

按其成墙方式，地下连续墙分为桩排式、壁板式、桩壁组合式。

目前在工程中应用的地下连续墙按照结构形式，主要分为壁板式、T 形和 Π 形、格形地下连续墙、预应力或非预应力 U 形折板地下连续墙等几种形式，如图 3-42 所示。

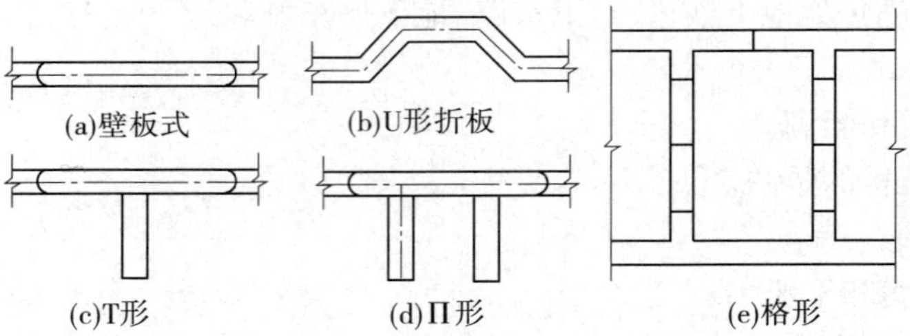

图 3-42　地下连续墙平面结构形式

（二）地下连续墙施工工艺

对于现浇钢筋混凝土壁板式地下连续墙，其施工工艺过程包括修筑导墙、泥浆制备和质量控制、挖槽、钢筋笼加工和吊放、混凝土浇筑，以及地下连续墙的接头施工。

1. 修筑导墙

导墙是地下连续墙挖槽之前修筑的临时结构物，它对挖槽具有重要作用。现浇钢筋混凝土导墙的施工顺序为：平整场地→测量定位→挖槽及处理弃土→绑扎钢筋→支模板→浇筑混凝土→拆模并设置横撑→导墙外侧回填土（如无外侧模板，可不进行此项工作）。

2. 泥浆制备和质量控制

在地下连续墙挖槽过程中，泥浆的作用是护壁、挟渣、冷却机具和切土滑润。故正确地使用泥浆，是保证挖槽成功的关键。泥浆的费用占工程费用的一定比例，所以泥浆的选用既要考虑护壁效果，又要考虑其经济性。泥浆质量控制的目的就是使泥浆在整个施工过程中保持它应有的性质。

3. 挖槽

地下连续墙的挖槽工作包括单元槽段划分、挖槽机械的选择、制定防止槽壁塌方的措施、工程事故和特殊情况的处理等。

1）单元槽段划分

地下连续墙施工前，预先沿墙体长度方向把地下墙划分为一定长度的多个施工单元，该施工单元称单元槽段，挖槽是按一个个单元槽段进行挖掘的。划分单元槽段就是将划分后各个单元槽段的形状和长度标明在墙体平面图上，它是地下连续墙施工组织设计中的一个重要内容。单元槽段的最小长度不得小于一个挖掘段（挖槽机械的挖土工作装置的一次挖土长度)。单元槽段愈长愈好,这样可以减少槽段的接头数量,增加地下墙的整体性。

2)挖槽机械的选择

目前在地下连续墙施工中,国内应用较多的是吊索式或导杆式抓斗机、钻抓斗式挖槽机和多头钻机。

3)制定防止槽壁塌方的措施

地下连续墙施工时保持槽壁的稳定性和防止槽壁塌方是十分重要的问题。若发生塌方,不仅可能造成埋住挖槽机的危险,使工程拖延,同时可能引起地面沉陷而使挖槽机械倾覆,对邻近的建筑物和地下管线造成破坏。若在吊放钢筋笼之后,或在浇筑混凝土过程中产生塌方,塌方的土体会混入混凝土内,造成墙体缺陷,甚至会使墙体内外贯通,成为产生管涌的通道。因此,槽壁塌方是地下连续墙施工中极为严重的事故。

在编制施工组织设计时,要对是否存在坍塌危险进行研究并采取相应措施:对松散易塌土层预先加固,缩小单元槽段长度,根据土质选择泥浆配合比,注意泥浆和地下水的液位变化,减少地面荷载,防止附近有动荷载等。

当出现坍塌迹象时,如泥浆大量漏失和液位明显下降、泥浆内有大量泡沫上冒或出现异常的扰动、导墙及附近地面出现沉降、排土量超出设计断面的土方量等,首先应及时将挖槽机械提至地面,防止挖槽机械被塌方埋入地下,然后迅速采取措施避免坍塌进一步扩大。常用的措施是迅速补浆以提高泥浆液面和回填土,待所回填的回填土稳定后再重新开挖。

4. 钢筋笼加工和吊放

钢筋笼根据地下连续墙墙体配筋图和单元槽段的划分来制作,最好按单元槽段做成一个整体。如果地下连续墙很深或受起重设备起重能力的限制,需要分段制作,在吊放时再连接。

钢筋笼端部与接头管或混凝土接头面间应留有 15 ~ 20 cm 的空隙。主筋净保护层厚度通常为 7 ~ 8 cm,保护层垫块厚 5 cm,在垫块和墙面之间留有 2 ~ 3 cm 的间隙。由于用砂浆制作的垫块易在吊放钢筋笼时破碎,又易擦伤槽壁面,所以一般用薄钢板制作的垫块焊于钢筋笼上。对作为永久性结构的地下连续墙的主筋保护层根据设计要求确定。

钢筋笼的起吊、运输和吊放应周密地制订施工方案,不允许在此过程中产生不能恢复的变形。起吊时不能使钢筋笼下端在地面上拖引,以防造成下端钢筋弯曲变形。为防止钢筋笼吊起后在空中摆动,应在钢筋笼下端系上拽引绳用人力操纵。

5. 混凝土浇筑

地下连续墙混凝土是用导管在泥浆中灌注的,如图 3-43 所示。导管的数量与槽段长度有关,槽段长度小于 4 m 时,可使用一根导管;大于 4 m 时,应使用 2 根或 2 根以上导管。导管内径为粗骨料粒径的 8 倍左右,不得小于粗骨料粒径的 4 倍。导管间距根据导管直径确定,使用 150 mm 导管时,间距为 2 m;使用 200 mm 导管时,间距为 3 m。导管应尽量靠近接头。

在混凝土浇筑过程中,导管下口插入混凝土的深度应控制在 2 ~ 4 m,不宜过深或过浅。插入的深度太深,容易使下部沉积过多的粗骨料,而混凝土面层聚集较多的砂浆。导管插入太浅,则泥浆容易混入混凝土而影响混凝土强度。因此,导管埋入混凝土深度不得小于1.5 m,也不宜大于6 m。只有当混凝土浇灌到地下连续墙顶附近,导管内混凝土不易流出时,方可将导管的埋入深度减为1 m左右,并可将导管适当地上下运动,促使混凝土流出导管。

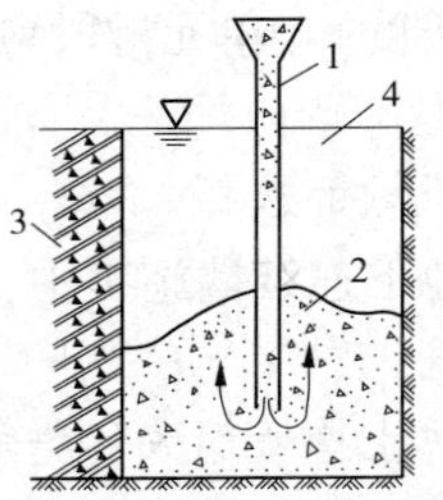

1—导管;2—正在浇灌的混凝土;
3—已浇灌混凝土的槽段;4—泥浆

图3-43　槽段内混凝土浇灌示意图

施工过程中,混凝土要连续浇灌,不能长时间中断。一般可允许中断5~10 min,最长10~20 min,以保持混凝土的均匀性。混凝土搅拌之后,需1.5 h内灌注完毕。夏天因混凝土凝结较快,必须在搅拌之后1 h内浇完,否则应掺入适当的缓凝剂。

在灌注过程中,要经常量测混凝土的灌注量和上升高度。量测混凝土上升高度可用测锤。因混凝土上升面一般不水平,应在三个以上位置量测。浇筑完成后的地下连续墙顶存在浮浆层,混凝土顶面需比设计标高超高0.5 m以上。凿去浮浆层后,地下连续墙顶才能与主体结构或支撑连成整体。

6. 地下连续墙的接头

地下连续墙的接头形式很多,而且正在发展一些新型接头,一般根据受力和防渗要求进行选择。总的来说,地下连续墙的接头分为两大类:施工接头(纵向接头)和结构接头(水平接头)。施工接头是浇筑地下连续墙时在墙的纵向连接两相邻单元墙段的接头,结构接头是已竣工的地下连续墙在水平向与其他构件(地下连续墙内部结构的梁、柱、墙、板等)相连接的接头。

常用的施工接头为接头管(又称锁口管)接头。这是当前地下连续墙应用最多的一种接头。

接头管接头的施工过程见图3-44。

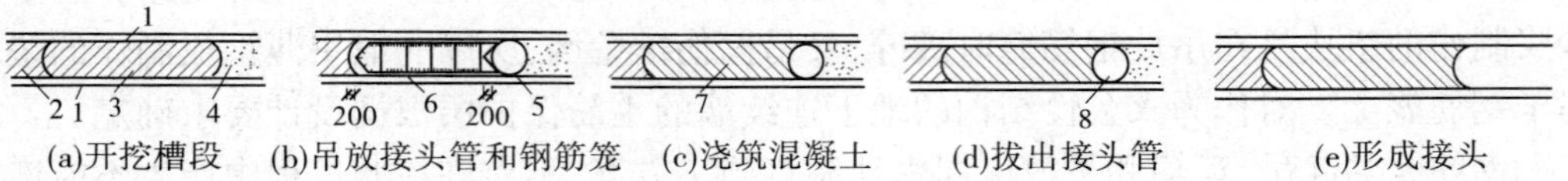

(a)开挖槽段　(b)吊放接头管和钢筋笼　(c)浇筑混凝土　(d)拔出接头管　(e)形成接头

1—导墙;2—已浇筑混凝土槽段;3—开挖的槽段;4—未开挖的槽段;5—接头管;
6—钢筋笼;7—正浇筑混凝土的单元槽段;8—接头管拔出后形成的圆孔

图3-44　接头管接头的施工过程

七、逆作法施工

近年来,随着我国城镇化进程的加速,城市用地日益紧张,表现为城市建设向高空和地下发展,交通设施向多层次立体化发展。深基坑工程伴随地下空间的利用而出现,其复杂程度让人们始料未及。设计、施工等偏见和疏忽致使深基坑支护倒塌事故屡有发生,不仅给工程造成重大经济损失,还对周围环境造成影响。逆作法就是一项近期发展起来的新型基坑支护技术。

（一）逆作法概述

传统的基坑工程施工方法是开敞式施工，即开口放坡开挖或用支护结构围护后垂直开挖，直到底板下设计标高，然后从底板浇筑钢筋混凝土开始，由下而上逐层施工各层地下室结构，基础及地下室完成后再进行上部主体结构施工，这种施工方法也称为顺作法。当高层建筑的基坑工程大而深时，围护结构的内支撑体系或锚杆体系工程量十分大，而且工期很长，特别是使用内支撑体系时，施工部位完成后需拆除工作量也很大，甚至钢筋混凝土内支撑往往还要爆破拆除。

针对顺作法的缺点，可利用地下室的梁、板、柱结构，取代内支撑体系去支撑围护结构，此时的地下室梁板结构就要随着基坑由地面向下开挖而由上往下逐层浇筑，直到地下室底板封底，与顺作法由底板逐层向上浇筑地下室结构的顺序是相逆的，故称之逆作法。

1. 逆作法工艺原理

在逆作法设计理论和施工工艺方面研究较多的国家是日本、美国和英国，在工程应用方面，日本、美国、英国、法国、德国等和台湾地区都有应用。我国上海地铁陕西南路站、常熟路站、黄陂南路站，北京地铁复八线永安里站、天安门东站、大北窑站以及广州、天津、深圳等不少地铁站台都采用逆作法施工。

逆作法的工艺原理如下：

（1）先沿建筑物地下室轴线（地下连续墙也是地下室结构承重墙）或周围（地下连续墙等只用作支护结构）施工地下连续墙或其他支护结构。

（2）在建筑物内部的有关位置浇筑或打下中间支承柱，作为施工期间与底板封底之前承受上部结构自重和施工荷载的支撑。

（3）施工地面一层的梁板楼面结构，作为地下连续墙刚度很大的支撑，随后逐层向下开挖土方和浇筑各层地下结构，直至底板封底。

（4）由于此时地面一层的楼面结构已完成，为上部结构施工创造了条件，所以可以同时向上逐层进行地上结构的施工。这样地面上、下同时进行施工，直至工程结束。

2. 逆作法的特点

根据逆作法的施工工艺原理，可以看出逆作法具有下述优点：

（1）缩短工程施工的总工期。

具有多层地下室的高层建筑，若采用传统方法施工，其总工期为地下结构工期加地上结构工期和装修等所占工期之和。而用封闭式逆作法施工，一般情况下只有地下一层占部分绝对工期，而其他各层地下室可与地上结构同时施工，不占绝对工期（处在施工网络图的非关键线路上），因此可以缩短工程施工的总工期。地下结构层数愈多，工期缩短愈显著。

（2）基坑变形小，减少深基坑施工对周围环境的影响。

采用逆作法施工，是利用地下室的楼盖结构作为支护结构。地下连续墙的水平支撑体系的刚度比临时支撑的刚度大得多，而且没有拆撑、换撑工况，因而可减少围护墙在侧压力作用下的侧向变形。此外，挖土期间用作围护墙的地下连续墙，在地下结构逐层向下施工的过程中，成为地下结构的一部分，而且与柱（或隔墙）、楼盖结构共同作用，结果可减少地下连续墙的沉降，即减少了竖向变形。可见，逆作法施工可最大限度地减少对周围相邻建筑物、道路和地下管线的影响。

(3)简化基坑的支护结构，经济效益明显。

采用逆作法施工，一般采用地下室外墙与基坑围护墙两墙合一的形式，这样一方面省去了单独设立的围护墙，另一方面可在工程用地范围内最大限度地扩大地下室面积。此外，围护墙的支撑体系由地下室楼盖结构代替，省去了大量支撑费用；而且楼盖结构即支撑体系，还可以解决特殊平面形状建筑或局部楼盖缺失所带来的布置支撑的困难，并使受力更加合理。由于上述因素，再加上总工期的缩短，因而在软土地区对于具有多层地下室的高层建筑，采用逆作法施工具有明显的经济效益。

(4)施工方案与工程设计密切相关。

按逆作法进行施工，中间支承柱位置及数量的确定、施工过程中结构受力状态、地下连续墙和中间支承柱的承载力以及结构节点构造、软土地区上部结构施工层数等，都与工程设计密切相关，需要施工单位与设计单位密切结合研究解决。

(5)施工期间楼面恒载和施工荷载等通过中间支承柱传入基坑底部，压缩土体，可减少土方开挖后的基坑隆起。同时中间支承柱作为底板的支点，使底板内力减小，而且无抗浮问题存在，使底板设计更趋合理。

对于具有多层地下室的高层建筑采用逆作法施工虽有上述一系列优点，但逆作法施工和传统的顺作法相比，亦存在一些问题，主要表现为逆作法支撑位置受地下室层高的限制，无法调整高度，若遇较大层高的地下室，有时需另设临时水平支撑或加大围护墙的断面及配筋。由于挖土是在顶部封闭状态下进行的，基坑中还分布有一定数量的中间支承柱和降水用井点管，目前尚缺乏小型、灵活、高效的小型挖土机械，使挖土的难度增大。在地下封闭的工作面内施工，安全上要求使用低于 36 V 的低电压，为此则需要特殊机械。有时需增设一些垂直运输土方和材料设备的专用设备，还需增设地下施工需要的通风、照明设备。

3. 逆作法的分类

逆作法施工，根据地下一层的顶板结构是敞开还是封闭，分为敞开式逆作法和封闭式逆作法。

敞开式逆作法是地下结构自上而下的逆向逐层施工，其上部结构和地下结构不能同时进行施工。封闭式逆作法在地下一层的顶板结构完成后，上部结构和地下结构可以同时进行施工，有利于缩短总工期。半封闭式逆作法上部结构和地下结构不能同时进行施工，只是地下结构自上而下地逆向逐层施工。

还有一种方法称为半逆作法，又称局部逆作法，其施工特点是开挖基坑时，先放坡开挖基坑中心部位的土体，靠近围护墙处留土以平衡坑外的土压力，待基坑中心部位开挖至坑底后，由下而上顺作施工基坑中心部位地下结构至地下一层顶，然后同时浇筑留土处和基坑中心部位地下一层的顶板，用作围护墙的水平支撑，而后进行周边地下结构的逆作施工，上部结构亦可同时施工。

4. 逆作法的适用对象

逆作法有其自身的优势，但在工程应用时也要综合考虑各种因素，一般在下列情况下，可优先考虑逆作法施工：

（1）需最大限度地利用城市规划红线内地下空间，扩大地下室建筑面积。

（2）地下室深度最好是二层及二层以上较深、较大的地下工程。

（3）拟建建筑物基坑四周的环境特别复杂，施工难度很大，四周的环境保护要求特别严格。

（4）工期要求紧，缩短施工工期对工程有特别重要的意义或有巨大的经济效益。

（5）基坑地下室面积较大，造型又复杂，采用一般的支护结构，难以完成地下室工程的施工。

（二）逆作法施工步骤

1. 施工前的准备工作

1）编制施工方案

在编制施工方案时，根据逆作法的特点，要选择逆作施工形式，布置施工孔洞、上人口、通风口，确定降水方法，拟定中间支承柱施工方法、土方开挖方法以及地下结构混凝土浇筑方法等。

2）选择逆作施工形式

从理论上讲，封闭式逆作法由于地上、地下同时交叉施工，可以大幅度缩短工期。但由于地下工程在封闭状态下施工，给施工带来一定不便，通风、照明要求高，中间支承柱（中柱桩）承受的荷载大，其数量相对增多、断面增大，增大了工程成本，因此对于工期要求短，或经过综合经济比较经济效益显著的工程，在技术可行的条件下应优先选用封闭式逆作法。

当地下室结构复杂、工期要求不紧、技术力量相对不足时，应考虑敞开式逆作法或半逆作法，半逆作法多用于地下结构面积较大的工程。

3）施工洞孔布置

封闭式逆作法施工需布置一定数量的施工洞孔，以便出土、机械和材料出入，施工人员出入和进行通风。其主要有出土口、上人口和通风口。

2. 中间支承柱（中柱桩）施工

底板以上的中间支承柱的柱身多为钢管混凝土柱或 H 型钢柱，断面小而承载能力大，而且便于与地下室的梁、柱、墙、板等连接。由于中间支承柱上部多为钢柱，下部为混凝土柱，所以多用灌注桩法进行施工，成孔法视土质和地下水位而定。

在泥浆护壁下用反循环或正循环潜水电钻钻孔时，顶部要放护筒，钻孔后吊放钢管、型钢。钢管、型钢的位置要十分准确，否则与上部柱子不在同一垂线上对受力不利，因此钢管、型钢吊放后要用定位装置。

3. 降低地下水位

在软土地区进行逆作法施工，降低地下水位是必不可少的。通过降低地下水位，使土壤产生固结，可便于封闭状态下挖土和运土，可减少地下连续墙的变形，更便于地下室各层楼盖利用土模进行浇筑，防止底模沉陷过大，引起质量事故。

由于用逆作法施工的地下室一般都较深，在软土地区施工多采用深井泵或加真空的深井泵降低地下水位。

4. 地下室土方开挖

在封闭式逆作法中，挖土是在封闭环境中进行的，有一定的难度。在逆作法的挖土过程中，随着挖土的进展和地下、地上结构的浇筑，作用在周边地下连续墙和中间支承柱（中柱桩）上的荷载愈来愈大。挖土周期过长，不但因为软土的时间效应会增大围护墙的变形，还可能造成地下连续墙和中间支承柱间的沉降差异过大，直接威胁工程结构的安全和影响周围环境。

5. 地下室结构施工

根据逆作法的施工特点，地下室结构不论是哪种结构形式都是由上而下分层浇筑的。地下室结构的浇筑尽可能利用土模浇筑梁板楼盖结构。

对于地面梁板或地下各层梁板，挖至其设计标高后，将土面整平夯实，浇筑一层 C15 厚约 100 mm 的素混凝土（土质好抹，一层砂浆亦可），然后刷一层隔离层，即成楼板模板。对于梁模板，若土质好可用土胎模，按梁断面挖出槽穴即可；若土质较差可用模板搭设或砖砌筑梁模板。所浇筑的素混凝土层，待下层挖土时一同挖去。

至于柱头模板，施工时先把柱头处的土挖出至梁底以下 500 mm 左右处，设置柱子的施工缝模板，为使下部柱子易于浇筑，该模板宜呈斜面安装，柱子钢筋通穿模板向下伸出接头长度，在施工缝模板上面将柱头模板与梁模板相连接。若土质好，柱头可用土胎模，否则就用模板搭设。下部柱子挖出后搭设模板进行浇筑。

施工缝处的浇筑方法，国内外常用的有三种，即直接法、充填法和注浆法，如图 3-45 所示。

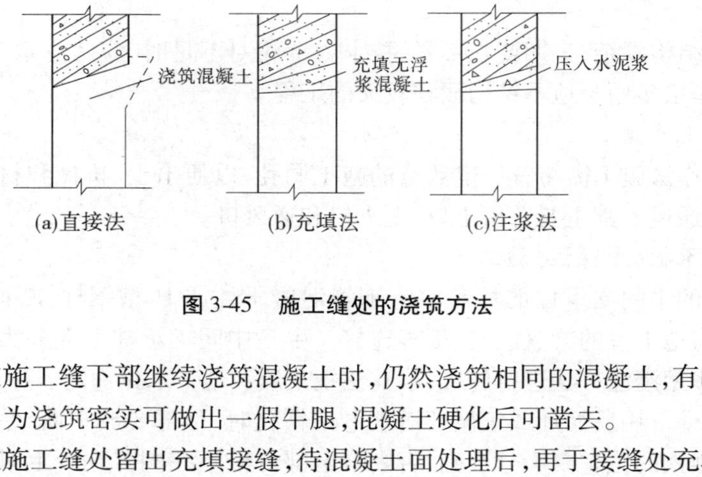

图 3-45　施工缝处的浇筑方法

直接法即在施工缝下部继续浇筑混凝土时，仍然浇筑相同的混凝土，有时添加一些铝粉以减少收缩。为浇筑密实可做出一假牛腿，混凝土硬化后可凿去。

充填法即在施工缝处留出充填接缝，待混凝土面处理后，再于接缝处充填膨胀混凝土或无浮浆混凝土。

注浆法即在施工缝处留出缝隙，待后浇混凝土硬化后用压力压入水泥浆充填。

钢筋的连接，可用电焊和机械连接（锥螺纹连接、套筒挤压连接）。由于焊接时产生废气，封闭施工时对环境污染较大，因此宜少用。混凝土的输送宜采用混凝土泵，用输送管直接输送至浇筑地点。

（三）逆作法应用前景与工程案例

推广应用逆作法，能够提高地下工程的安全性，可以大大节约工程造价，缩短施工工期，防止周围地基出现下沉，是一种很有发展前途和推广价值的深基坑支护技术，在辽宁、上海、广州等地区较多应用逆作法施工高层建筑深基坑。

我国第一个采用封闭式逆作法施工的试点工程是上海基础公司科研楼。该建筑物地下两层、地上五层（塔楼为六层），平面轴线尺寸为 39.85 m×13.8 m，地上部分为框架结构，钢管柱和预制梁板。地下室由地下连续墙做外墙，墙厚 600 mm，墙深 13.5～15.5 m，开挖深度 6 m、局部 10 m。中间支承柱底部为直径为 900 mm 的钻孔灌注桩，上部为直径 400 mm 的钢管，桩长 28 m。

地下连续墙作为围护墙使用时（地下挖土阶段）按两种工况分别计算：当开挖地下一层土方时，地下连续墙承受墙后土和地下水的侧压力及地面吊车产生的附加荷载，将地下连续墙视作一端嵌固在土中的悬臂式结构进行计算；待地下一层楼盖处的腰圈梁及纵横梁系浇筑并养护后，在开挖地下二层土方时，地下一层楼盖梁系就看作支座无位移的刚性支承。

地下连续墙与地下一层楼盖处腰圈梁、纵横梁钢筋的连接，采用预埋螺栓连接法，用此法连接是为了避免强力扳直预埋钢筋而损伤钢筋周围的混凝土，造成渗水的弊病。地下连续墙与顶部圈梁、杯口的连接方法是预留钢筋，待地下连续墙施工完毕凿出预留钢筋，即可与顶部圈梁、杯口竖向钢筋进行焊接。

为满足使用要求，地下连续墙待地下室底板封底之后部分做成复合墙，即在地下连续墙里面距墙面 150～200 mm 处，用防水砂浆衬砌半砖楼，以保证地下室内墙面的平整和美观。

该工程的施工程序（见图 3-46）是：

（1）施工地下连续墙和中间支承柱及钻孔灌注桩。

（2）开挖地下一层土方，构筑顶部圈梁、杯口、腰圈梁、纵横支撑梁和吊装地下一层楼板。

（3）吊装地上 1～3 层的柱、梁、板结构，同时交叉进行地下二层的土方开挖。土方完成后，进行底板垫层、钢筋混凝土底板的浇筑。因为经过计算，在底板未完成之前，地下连续墙和中间支承柱只能承受地面以上三层的荷载。

（4）待底板养护期满，吊装地上 4～5 层的柱、梁、板结构。地下平行地完成内部隔墙等结构工程。

（5）地上、地下同时进行装修和水电等工程。

该工程地下室用斗容量 0.15 m^3 的 WY－15 型液压挖土机挖土，用机动翻斗车水平运至楼梯间的预留孔洞处出土。混凝土在基准面上用手推车运输，通过挂在预留孔洞中的串桶进行浇筑。

中间支承柱共九根，直径 900 mm，用 CZQ－80 型潜水电钻配合砂石泵反循环施工。中间柱的施工荷载最大，吊装地上一层时荷载（指设计控制荷载）为 550 kN，吊装二层时为 950 kN，吊装三层时为 1 180 kN。中间支承柱钻深 28 m。地下二层土方开挖结束、地上吊装三层后，北面与南面的地下连续墙的沉降值为 －4 mm 和 －5 mm，但中间支承柱却

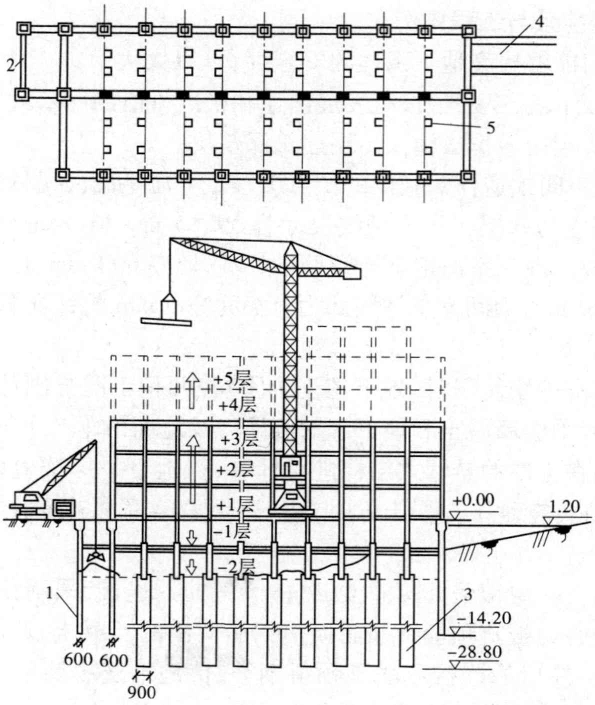

1—地下连续墙;2—垂直运输孔洞;3—钻孔灌注桩中间支承柱;4—斜车道;5—分布的孔洞

图 3-46　基础工程科研楼逆作法工艺程序

上升 +10 mm,这是土体回弹造成的结果。

该工程利用西端外楼梯间作为垂直运输的孔洞,土方由此吊出,地下施工所需的大型设备和构件也由此吊入。同时在地下一层的底板上留有孔洞作为施工洞口,亦作为地下室隔墙浇筑混凝土用的孔洞。

八、其他支护结构

(一)劲性水泥土搅拌桩法

劲性水泥土搅拌桩法亦称 SMW 工法,即在水泥土桩内插入 H 型钢等(多数为 H 型钢,亦有插入拉森式钢板桩、钢管等),将承受荷载与防渗挡水结合起来,使之成为同时具有受力与抗渗两种功能的支护结构的围护墙。

SMW 工法是利用专门的多轴搅拌机就地钻进切削土体,同时在钻头端部将水泥浆液注入土体,经充分搅拌混合后,再将 H 型钢或其他型材插入搅拌桩体内,形成地下连续墙体,利用该墙体直接作为挡土和止水结构。其主要特点是构造简单,止水性能好,工期短,造价低,环境污染小,特别适合城市中的深基坑工程。

SMW 支护结构的支护施工时基本无噪声,对周围环境影响小,结构强度可靠,凡是适合应用水泥土搅拌桩的场合都可使用,特别适合于以黏土和粉细砂为主的松软地层。挡水防渗性能好,不必另设挡水帷幕,可以配合多道支撑应用于较深的基坑。此工法在一定条件下可代替作为地下围护的地下连续墙,在费用上如果能够采取一定施工措施成功回收 H 型钢等受拉材料，则大大低于地下连续墙的施工成本，因而具有较大发展前景。

SMW 工法有以下优点：

（1）在现代城市修建的深基坑工程，经常靠近建筑物红线施工，SMW 工法在这方面具有相当优势，其中心线离建筑物的墙面 80 cm 即可施工。

（2）与地下连续墙相比，SMW 工法仅在开槽时有少量土方外运。

（3）SMW 工法构造简单，施工速度快，可大幅缩短工期。

（4）SMW 工法作围护结构与主体结构分离，主体结构侧墙可以施工外防水，与地下连续墙相比，结构整体性和防水性能均较好，可降低后期维护成本。

（二）浅埋暗挖法

浅埋暗挖法是在距离地表较近的地下进行各种类型地下洞室暗挖施工的一种方法。在 1984 年王梦恕院士在军都山隧道黄土段试验成功的基础上，又于 1986 年在具有开拓性、风险性、复杂性的北京复兴门地铁折返线工程中应用，在拆迁少、不扰民、不破坏条件下获得成功。同时，结合我国特点及水文地质系统，创造了小导管超前支护技术、8 字形网构钢拱架设计、制造技术、正台阶环形开挖留核心土施工技术和变位进行反分析计算的方法，提出了"管超前、严注浆、短进尺、强支护、早封闭、勤量测" 18 字方针，突出了时空效应对防塌的重要作用，提出在软弱地层快速施工的理念，由此形成了浅埋暗挖法，创立了适用于软弱地层的地下工程设计、施工方法。

（三）旋喷桩挡墙

旋喷桩兴起于 20 世纪 70 年代的高压喷射注浆法，八九十年代在全国得到全面发展和应用。实践证明此法对处理淤泥、淤泥质土、黏性土、粉土、砂土、人工填土和碎石土等有良好的效果，我国已将其列入现行的《建筑地基处理技术规范》（JGJ 79—2012）。

旋喷桩是利用钻机将旋喷注浆管及喷头钻置于桩底设计高程，将预先配制好的浆液通过高压发生装置使液流获得巨大能量后，从注浆管边的喷嘴中高速喷射出来，形成一股能量高度集中的液流，直接破坏土体，喷射过程中，钻杆边旋转边提升，使浆液与土体充分搅拌混合，在土中形成一定直径的柱状固结体，从而使地基达到加固。施工中一般分为两个工作流程，即先钻后喷，再下钻喷射，然后提升搅拌，保证每米桩浆土比例和质量。

九、深基坑监测

基坑工程涉及地质、水文、气象等条件及土力学、结构、施工组织和管理等多学科的系统工程。在深基坑开挖的施工过程中，基坑内外的土体将由原来的静止土压力状态向被动和主动土压力状态转变，应力状态的改变引起了土体的变形，即使采取了支护措施，变形仍然会存在。因此，在深基坑施工过程中，只有对基坑支护结构、基坑周围的土体和相邻的建筑物或构筑物进行综合系统监测，才能对工程情况有全面的了解，确保工程顺利进行。

（一）监测目的

基坑施工期间，采用传统固定不变的计算模型和参数来描述不断变化的土体性状是不恰当的。因此，必须根据现场监测所获取的信息，不断修改并优化设计，以确保安全施工。对深基坑进行综合监测的目的主要有：

(1)根据监测结果,发现安全隐患,防止工程和环境破坏事故的发生。

(2)利用监测结果指导现场施工,进行信息反馈优化设计,使之更符合实际,使支护结构设计更加经济、安全。

(3)将监测获取的数据与理论计算值相比较,以判断原施工参数取值是否合理,以便调整下一步有关施工参数,用以指导下阶段的施工或其他工程的设计和施工。

(二)监测内容

对一个具体的基坑工程,根据工程的设计要求、地质条件、规模大小、周围环境以及建设单位的要求等,监测内容应根据具体情况而定。国家行业标准《建筑基坑支护技术规程》(JGJ 120—2012)规定,基坑监测项目可按表3-8执行。

表3-8　基坑监测项目

监测项目	基坑侧壁安全等级		
	一级	二级	三级
支护结构水平位移	应测	应测	应测
周围建筑物及地下管线变形	应测	应测	宜测
地下水位	应测	应测	宜测
桩墙内力	应测	宜测	可测
锚杆拉力	应测	宜测	可测
支撑轴力	应测	宜测	可测
立柱变形	应测	宜测	可测
土体分层沉降	应测	宜测	可测
支护结构侧向压力	宜测	可测	可测

(三)基坑现场监测技术要求

1. 技术要求

基坑现场监测工作应满足下列技术要求:

(1)监测工作必须是有计划的,应严格按照有关技术文件制订详细的基坑监测方案,内容包括监测方法、使用的仪器、监测精度、监测点布置、监测频度等。计划性是观测数据完整性的保证。

(2)监测数据必须是可靠真实的,监测数据的真实性要求所有数据必须以原始记录为依据,原始记录任何人不得更改、删除。监测数据的可靠性由监测仪器的精度与可靠性及观测人员的素质来保证。

(3)监测数据必须是及时的,监测数据需在现场及时计算处理,计算有问题可及时复测,只有保证及时观测才能有利于及时发现隐患,及时采取措施。

(4)对重要的监测项目,应按照工程具体情况预先设定预警值和报警制度,预警值应包括变形或内力量值及其变化速率。当观测发现超过预警值的异常情况,应立即考虑采取应急补救措施。

(5)每个工程基坑监测应整理完整的监测记录表、数据报表、形象的图表和曲线，监测结束后整理出监测报告。

2. 监测项目安全警戒值

在工程监测中，每一测试项目都应根据实际情况的客观环境和设计计算书，事先确定相应的安全警戒值，以判断位移或受力状况是否会超过允许的范围，判断工程施工是否安全可靠，是否需进一步调整施工步骤并优化原设计方案。因此，测试项目的安全警戒值的确定至关重要。一般情况下，每个警戒值应由两部分控制，即总允许变化量和单位时间内允许变化量。

预警值是一个定量指标，在其允许范围内可认为工程是安全的，否则认为工程处于不稳定状态，将对工程自身及其周围环境产生有害影响。

安全警戒值确定的原则如下：

(1)满足设计计算的要求，不可超出设计值。

(2)满足测试对象的安全要求。

(3)对于相同的保护对象，应针对不同的环境和不同的施工因素而确定。

(4)满足各保护对象的主管部门提出的要求。

(5)满足现行的相关规范、规程的要求。

(6)在保证安全的前提下，综合考虑工程质量和经济等因素，减少不必要的资金投入。

安全警戒值应根据以上原则、实践经验及相关规范要求确定，其参考值见表 3-9。

表 3-9　安全警戒值的参考值

安全等级		一级		二级		三级
破坏程度		很严重		严重		不严重
工程复杂程度	基坑深度(m)	>14		9~14		<9
	地下水埋深(m)	<2		2~5		>5
	软土层厚度(m)	>5		2~5		<2
	基坑与周围建筑边缘净距(m)	<0.5h		(0.5~1.0)h		>1.0h
监控内容		监控值	设计值	监控值	设计值	
墙顶位移(mm)		30	50	60	80	宜按二级标准控制，当环境条件许可时可适当放宽
墙体最大位移(mm)		60	80	90	120	
地面最大沉降(mm)		30	50	60	100	
最大差异沉降(mm)		6/1 000		12/1 000		

第四节　某基坑支护施工图

图纸目录

图号	图别	图名	图幅
1	深基坑支护	支护平面图	A3
2	深基坑支护	方案说明(1)	A3
3	深基坑支护	方案说明(2)	A3
4	深基坑支护	支护剖面图1	A3
5	深基坑支护	支护剖面图2	A3
6	深基坑支护	支护剖面图3	A3
7	深基坑支护	支护结构构造图	A3
8	深基坑支护	预应力锚索腰梁构造大样图	A3

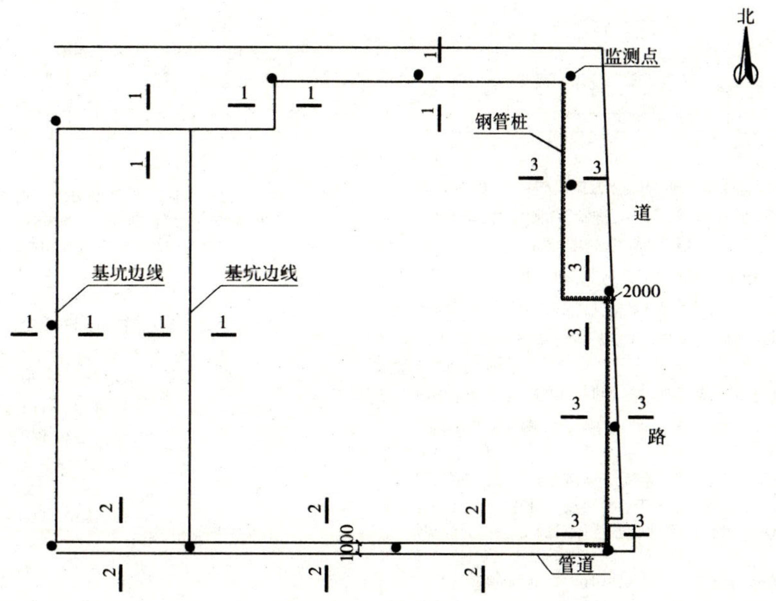

支护平面图

标记	数量	修改者	批准者	日期	深基坑支护			
设计			主任工程师					
检查			所长			共 8 页	重量	比例
室主任			总工程师			第 1 页		
项目总工程师			总经理		支护平面图			
机绘		年 月	编制					

基坑支护方案说明

一、设计依据及现场情况

(1)根据场地岩土工程勘察报告和现场实际开挖情况设计。

(2)本支护工程设计软件为理正深基坑设计6.5版。

(3)拟建场地位于××路与××路交叉口西南角。

(4)本次基坑设计主要依据以下资料、规范、规程进行：

总平面布置图；

《岩土工程详细勘察报告书》；

《建筑基坑支护技术规程》(JGJ 120—2012)；

《建筑桩基技术规范》(JGJ 94—2008)；

《锚杆喷射混凝土支护技术规范》(GB 50086—2001)；

《建筑地基基础设计规范》(GB 50007—2011)；

《建筑基坑工程监测技术规范》(GB 50497—2009)；

《建筑地基基础工程施工质量验收规范》(GB 50202—2002)；

《复合土钉墙基坑支护技术规范》(GB 50739—2011)；

《混凝土结构设计规范》(GB 50010—2010)。

二、工程地质条件

根据勘察报告，场地30 m范围内地层由第四系沉积物和寒武系石灰岩及页岩组成，分为4个工程地质单元层，现自上而下分述如下：

第①层杂填土：杂色，稍湿，松散。厚3.50～5.30 m。

第②层页岩：褐红色，强风化。层底埋深3.50～4.30 m，厚3.60～5.60 m。

第③层石灰岩：青灰色，中等风化。层底埋深8.80～9.60 m，厚4.80～5.86 m。

第④层页岩：紫红色，中等风化。最大揭露厚度20.50 m。

三、支护设计方案

（1）基坑西侧、北侧桩喷锚支护（见1—1支护剖面图）。

基坑1∶0.3放坡开挖，采用喷锚支护方案，锚杆位置及长度见施工图。

（2）基坑南侧复合土钉墙支护（见2—2支护剖面图）。

基坑1∶0.2放坡开挖，采用复合土钉墙支护方案，锚杆长15 m，锚固段长10 m，倾角15°，位置及长度见施工图。

（3）基坑东侧微型桩结合锚杆支护（见3—3支护剖面图）。

基坑1∶0.1放坡开挖，采用微型桩结合锚杆方案，微型桩长9 m，使用90 mm钢管，注浆成桩；锚杆长15 m，锚固段长9 m及10 m，倾角15°。桩顶设钢筋混凝土冠梁，高200 mm，宽200 mm，混凝土强度等级C30。

四、设计方案及支护参数

(1)本工程为基坑开挖形成的边坡，深7.8 m，分层开挖，每层2 m。

(2)预应力锚索孔径为130 mm，倾角15°，锚索杆体材料采用2s15.24钢绞线，详见施工图。锚索施工采用二次注浆技术，材料为素水泥浆，水泥采用PC32.5级复合硅酸盐水泥，水灰比为0.5，用水泥量不小于50 kg/m^3。

(3)土钉孔径为100 mm，倾角15°；土钉主筋为 Φ18Ⅱ级螺纹钢，杆上焊接对中支架，间距为3.0 m。各排土钉位置及长度见施工图。

(4)土钉采用一次注浆方法，采用M20纯水泥浆，水灰比为0.5~0.55，注浆管必须插入孔底，采用底部注浆，保证注浆饱和、连续。添加适量减水剂和膨胀剂，提高抗拔力。

(5)挂网：土钉注浆完成后，按要求修整坡面，在边壁上铺设钢筋网，网筋采用Φ6.5@250，压网筋采用Φ12Ⅱ级螺纹钢。

(6)喷射混凝土:施工配合比为:水泥:砂:碎石:水=1.0:2.0:2.0:0.5(重量比)，采用人工搅拌，喷射机输送干料至作业面，在喷头处加水混合，湿喷到坡面上。喷层平均厚度80 mm，混凝土强度等级不低于C20。

(7)排水：坡顶和坡面采用无组织自由排水；坡面在填土层下部设置泄水孔，采用长300 mm1寸塑料管，根据坡高变化适当调整孔位布置和数量。

(8)施工时根据坡高变化适当调整锚杆排距和间距，力求土钉承载均匀。

(9)基坑边缘设置挡水墙，防止地表水流入基坑。

(10)支护段工程量以现场放样为准,可根据现场情况和土质变化作适当调整。

(11)应急预案：根据当地有关工程经验，提出有关应急预案及技术措施。（略）

标记	数量	修改者	批准者	日期	深基坑支护			
设计		主任工程师						
检查		所长				共 8 页	重量	比例
室主任		总工程师				第 2 页		
项目总工程师		总经理			方案说明（1）			
机绘		年 月		编制				

五、土方开挖配合

(1)土方开挖严格实行分层分段、分层支护、平衡开挖，做到“先支后挖、分层开挖、严禁超挖”,将基坑开挖对周围环境造成的影响控制在允许范围内。

(2)土方开挖应分层进行，每层厚2.0 m左右，分段长度20~25 m，要配合土钉、锚杆施工，严禁超挖土方。

(3)施工顺序应遵循先锚后挖的原则，并应整体分层开挖支护，在上一层未支护的情况下严禁开挖下层土方，必要时采取预支护措施。

(4)土方开挖前施工单位应编制详细的土方开挖施工组织设计，并通报支护设计单位。

(5)基坑2 m之内严禁堆载，施工超载应控制在20 kPa以内，因工程需要超载，须经支护设计单位验算，并采取相应的加强措施。

(6)挂网：土钉注浆完成后，按要求修整坡面，在边壁上铺设钢筋网，网筋采用Φ 6.5@250，压网筋采用Φ12 Ⅱ级螺纹钢。

六、基坑监测

(1)支护结构施工和基坑开挖过程中须对维护结构、周边道路及建筑进行监测，监测信息须及时反馈建设、监理、设计、施工单位和相关职能单位。

(2)监测预案：基坑开挖前必须委托有测量资质的监测单位根据监测布点图进行第三方监测。编制详细的监控方案，监控方案主要包括监控目的、监测项目、监控报警值、监测方法及监测精度要求、监测周期、工序管理和记录及信息反馈系统等。

(3)监测包括以下内容：①维护结构坡顶水平位移和垂直位移；②深层水平位移；③锚杆内力（测定）；④建筑物、管线水平和竖向位移。

(4)测点布置：各监测项目的基准点必须布置在基坑工程影响范围以外的稳固基础上，距离基坑边不得小于3~5倍基坑开挖深度。

(5)监测频率：基坑开挖深度小于5 m时，观测频率为1次/2 d，遇天气突变(或位移量太大)，观测频率为1次/d，土体变形稳定后，观测频率为1次/3 d；基坑开挖深度超过5 m时，观测频率为1次/d,遇天气突变（或位移量太大）时，应加密观测次数。当有事故征兆时，应连续监测。

(6)监测时限：监测工作从基坑开挖之前3日开始，到基坑开挖完毕且地下工程完工并回填完毕时结束。

(7)监测报警值：基坑支护结构坡顶水平、竖向位移报警值为25 mm，控制值为30 mm，周围地面的变形即累计沉降超过35 mm，连续3日沉降速率超过3 mm/d。

(8)本工程监测应按《建筑基坑工程监测技术规范》(GB 50497—2009）执行。

七、质量保证措施

(1)按照施工方案进行施工，若有变更必须经现场技术负责人认可。

(2)造孔：土钉(锚索)倾角15°，必须保证下倾；孔径不小于90 mm；孔深允许偏差±100 mm。

(3)制锚：根据设计长度制作土钉，误差为±50 mm，土钉要每隔3.0 m设置对中支架，土钉搭接焊接要符合规范要求，单面焊10*d*，双面焊5*d*。

(4)注浆：按设计配合比拌料，严格遵循注浆程序和技术要求。根据孔深和注浆量、排气情况确定注浆是否饱满，若有异常，应采取相应的措施；一次拌和的水泥浆应在初凝前用完；注浆时注意注浆管应插至距孔底约500 mm处，孔口设置止浆塞密封，采用低速压浆。

(5)压网筋搭接长度一般不少于250 mm，否则搭接处需点焊，钢筋保护层不小于30 mm。

(6)喷射混凝土：按设计配合比配料，喷层平均厚度应达到设计厚度，局部不得低于设计厚度20 mm；喷射混凝土时，喷头应与受喷面保持垂直，距离保持在1.0~1.5 m。

(7)坚持物资材料采购检验制度。进场材料要进行抽样检查，凡不符合规范要求、无合格证和检验单及不合格材料、设备不得使用。按规定对原材料、试件、试块进行检验和试验。

八、防排水要求

(1)采用信息化施工措施，委托有专业资质的单位进行变形观测，监测结果应及时通报有关单位，根据监测结果做到动态设计、动态施工，确保基坑边坡安全。

(2)锚杆施工遇到管线时可适当调整锚杆位置和角度，防止发生其他意外事件。

(3)下雨天气做好降排水工作，并且严禁在雨天进行土方开挖施工。

(4)场地地表必须有防水排水措施，并将地面硬化，若发现基坑上部用水系统有漏水地方，必须及时切断水源进行处理。

九、安全注意事项

(1)施工过程中注意保护已完成支护的坡面，不得强力扰动锚杆头。

(2)施工过程中注意观察边坡周围地面和坡面的宏观变化，地面出现异常裂缝或坡面出现开裂时，必须查明原因，分析利害，必要时采取加强措施，确保边坡稳定。

(3)坡顶超载须小于20 kPa，距离坡顶2.0 m范围内禁止载重车辆行驶或停放。

标记	数量	修改者	批准者	日期				
设计			主任工程师		深基坑支护			
检查			所长			共 8 页	重量	比例
室主任			总工程师			第 3 页		
项目总工程师			总经理		方案说明(2)			
机绘		年 月		编制				

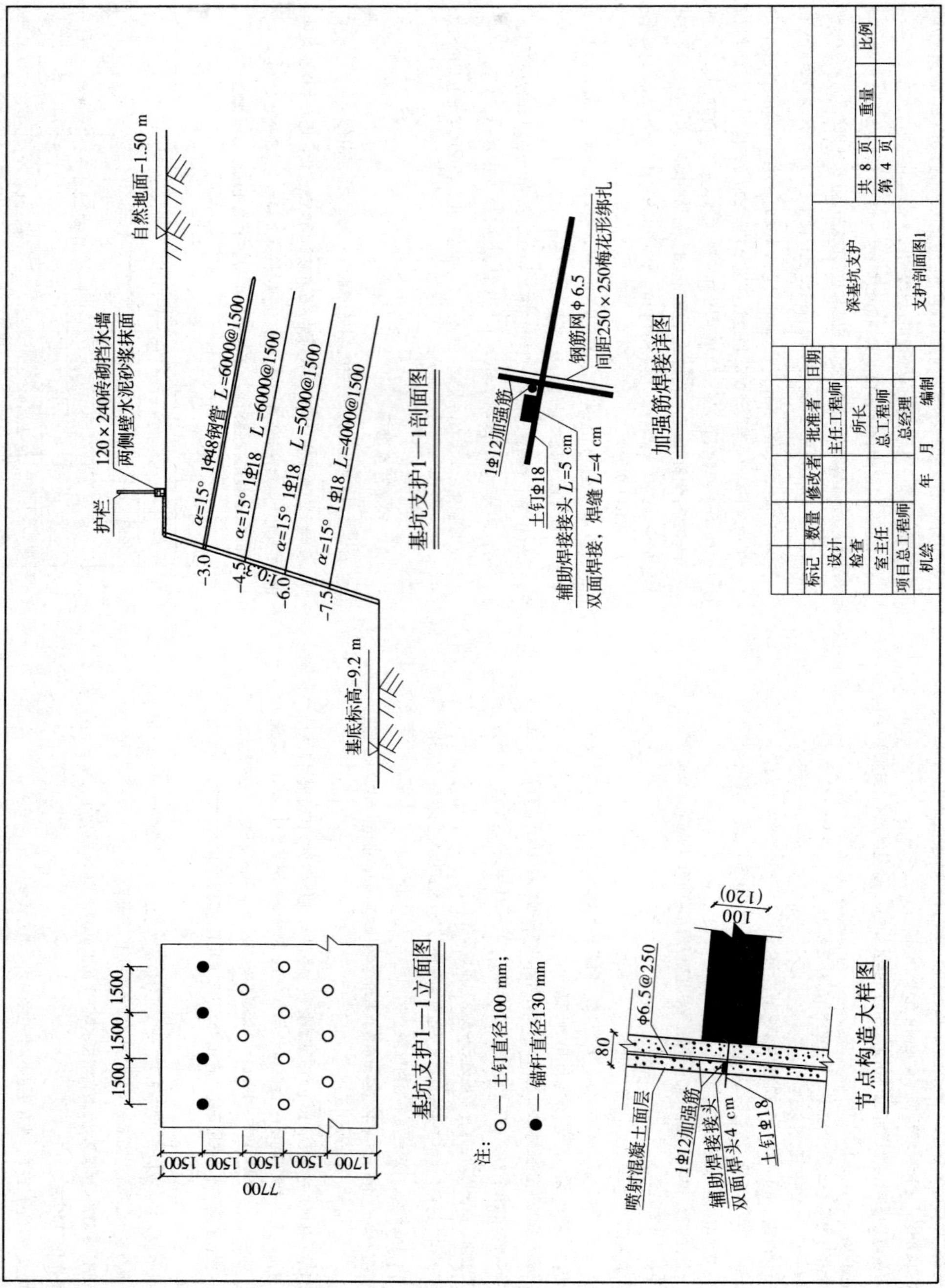
基坑支护1—1立面图
7700
1500 1500 1500 1500 1700
1500 1500 1500 1500
注：○— 土钉直径100 mm；
●— 锚杆直径130 mm
节点构造大样图
喷射混凝土面层
1⌀12加强筋
辅助焊接接头
双面焊头4 cm
土钉⌀18
80
φ6.5@250
100
(120)
基坑支护1—1剖面图
护栏
120×240砖砌挡水墙
两侧壁水泥砂浆抹面
自然地面-1.50 m
基底标高-9.2 m
-3.0
-4.5
-6.0
-7.5
1:0.3
α=15° 1φ48钢管 L=6000@1500
α=15° 1⌀18 L=6000@1500
α=15° 1⌀18 L=5000@1500
α=15° 1⌀18 L=4000@1500
加强筋焊接详图
1⌀12加强筋
土钉⌀18
辅助焊接接头 L=5 cm
双面焊接，焊缝 L=4 cm
钢筋网φ6.5
间距250×250梅花形绑扎
标记 数量 修改者 批准者 日期
设计 主任工程师
检查 所长
室主任 总工程师
项目总工程师 总经理
机绘 年 月 编制
深基坑支护
支护剖面图1
共 8 页
第 4 页
重量
比例

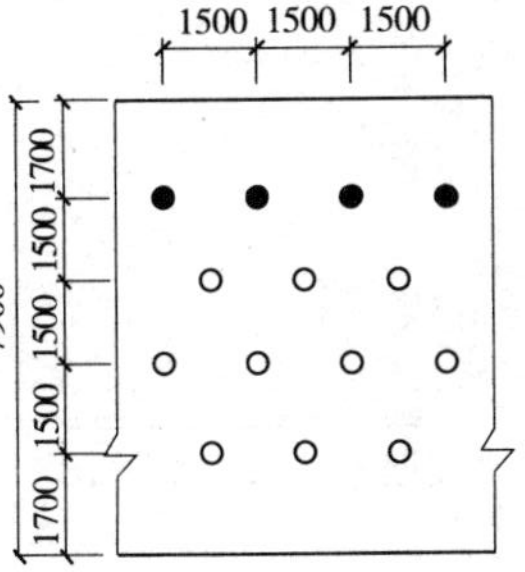

基坑支护2—2立面图

注：
○ — 土钉直径100 mm；
● — 锚杆直径130 mm

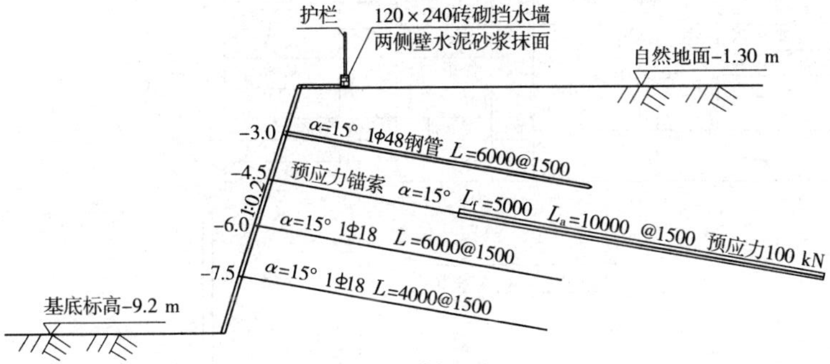

基坑支护2—2剖面图

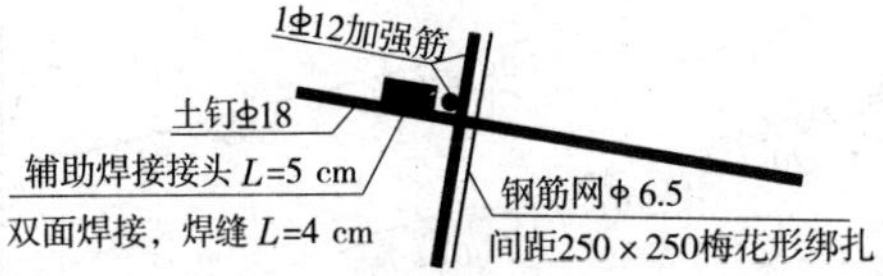

加强筋焊接详图

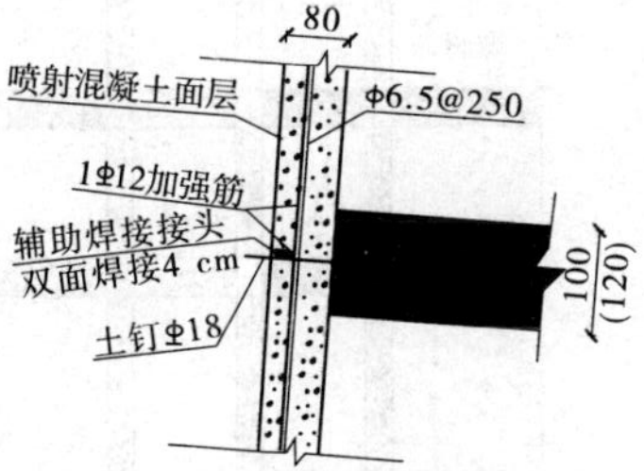

节点构造大样图

标记	数量	修改者	批准者	日期	深基坑支护			
设计			主任工程师					
检查			所长			共 8 页	重量	比例
室主任			总工程师			第 5 页		
项目总工程师			总经理		支护剖面图2			
机绘		年 月	编制					

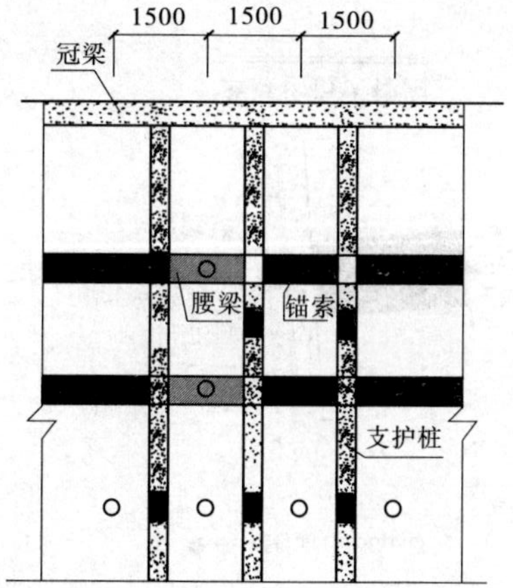

基坑支护3—3立面图

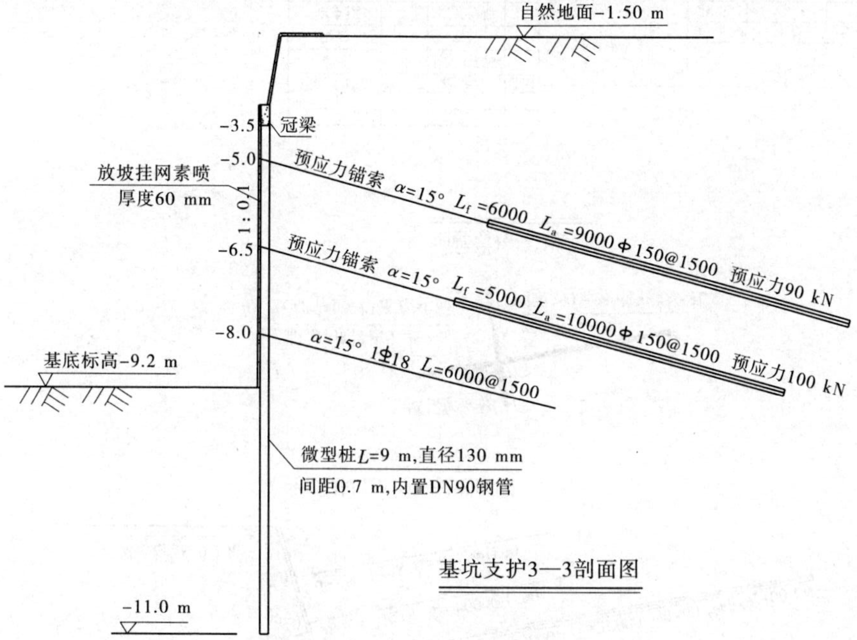

基坑支护3—3剖面图

标记	数量	修改者	批准者	日期				
设计			主任工程师		深基坑支护			
检查			所长			共 8 页	重量	比例
室主任			总工程师			第 6 页		
项目总工程师			总经理					
机绘		年 月		编制	支护剖面图3			

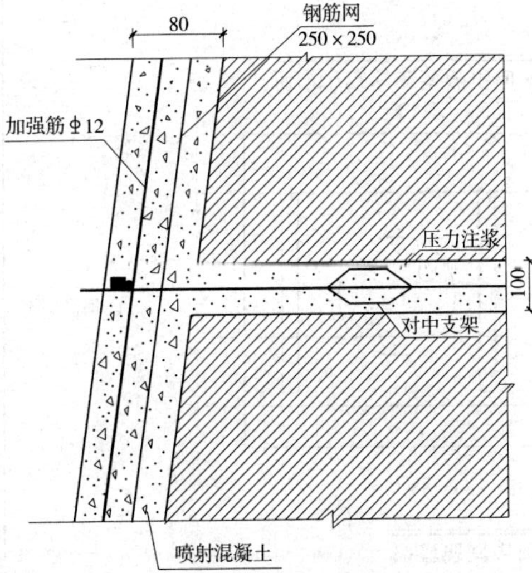

锚杆及面层构造详图

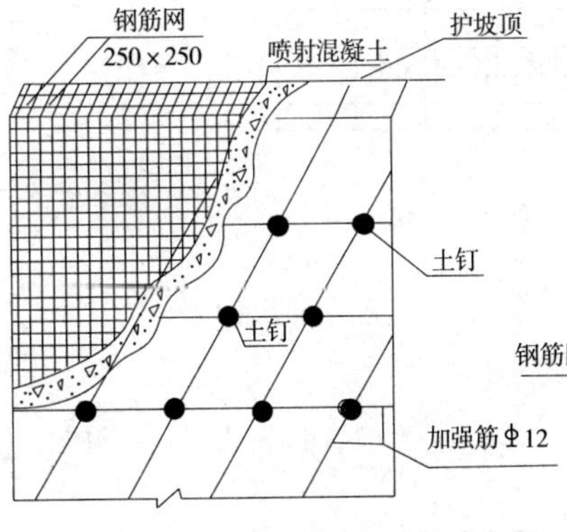

钢筋网及加强筋构造图

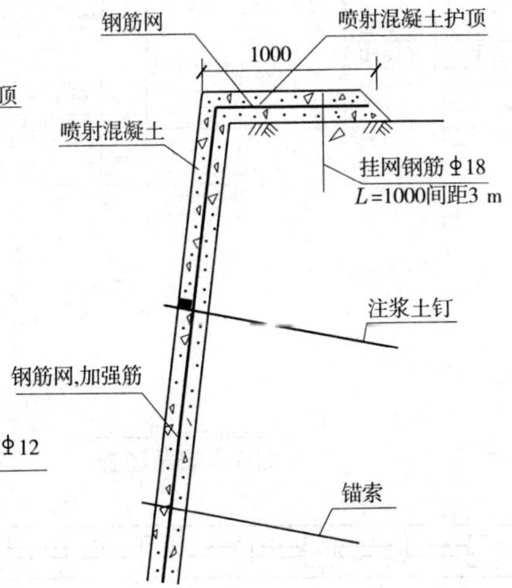

喷射混凝土护顶图

标记	数量	修改者	批准者	日期			
设计			主任工程师		深基坑支护		
检查			所长			共 8 页	重量	比例
室主任			总工程师			第 7 页		
项目总工程师			总经理				
机绘		年 月	编制		支护结构构造图		

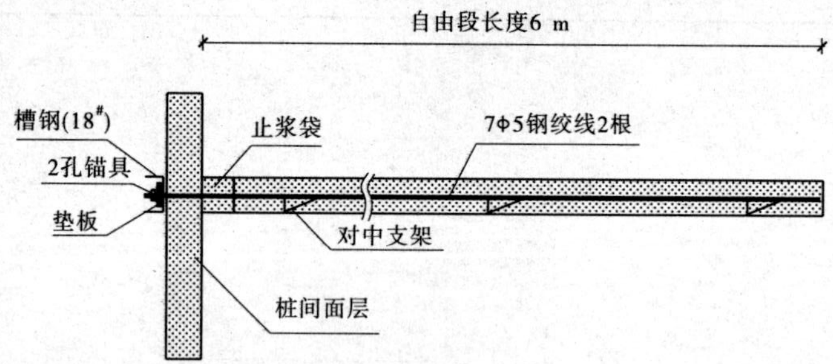

锚索锚固结构图

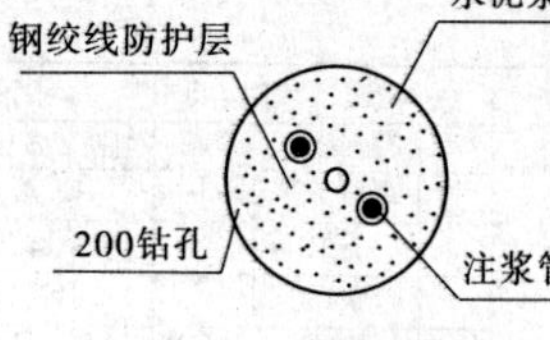

剖面图1—1

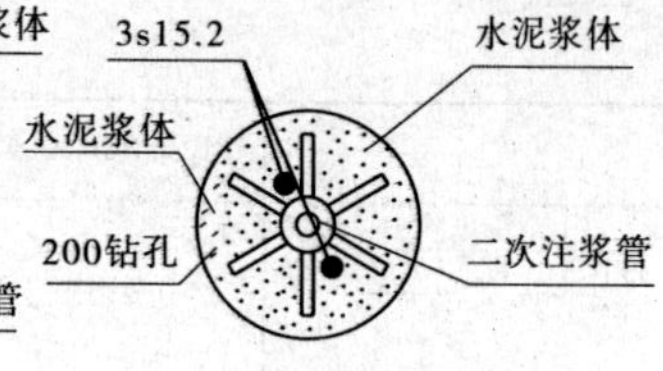

剖面图2—2

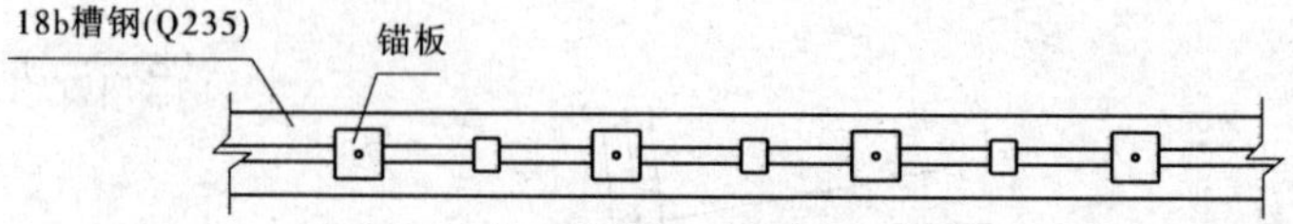

腰梁焊接立面图

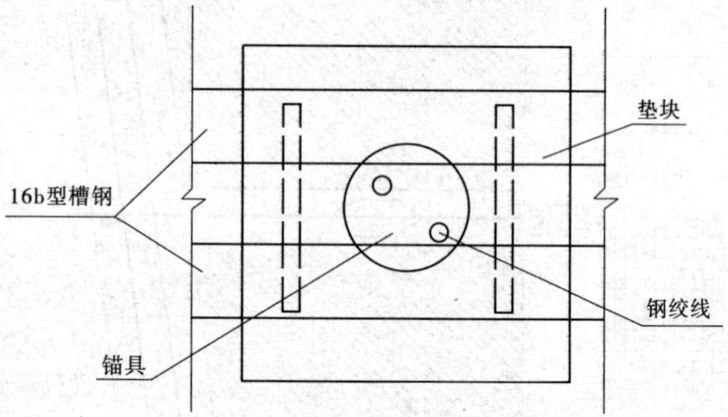

预应力锚索锚固端正面大样图

标记	数量	修改者	批准者	日期	深基坑支护	共 8 页	重量	比例
设计			主任工程师			第 8 页		
检查			所长					
室主任			总工程师					
项目总工程师			总经理					
机绘		年 月	编制		预应力锚索腰梁构造大样图			

习　题

1. 何为流砂？流砂发生的原因是什么？在施工中如何防治？

2. 试述轻型井点降水法的设备组成、布置方案及设计步骤。

3. 深基坑土方开挖方式有哪些？

4. 基坑支护结构设计的原则是什么？

5. 简述土层锚杆的组成。

6. 简述土层锚杆钻孔用钻机的具体要求。

7. 土层锚杆施工中灌浆的作用是什么？

8. 简述土钉墙的工艺原理。

9. 简述土钉墙支护的作用机制。

10. 简述土钉墙的施工工艺。

11. 简述常用的钢板桩的几种形式。

12. 常用钢板桩的打设方式有哪些？

13. 钢板桩的打设应注意什么问题？

14. 钢板桩的拔除应注意什么问题？

15. 地下连续墙施工中导墙的作用是什么？

16. 地下连续墙施工中泥浆的作用是什么？

17. 地下连续墙施工中防止槽壁塌方的措施有哪些？

18. 地下连续墙施工中常用的清除沉渣的方法有哪些？

19. 简述逆作法的工艺原理。

20. 简述逆作法的分类及适用范围。

21. 本节中指出“根据结构力学可知，悬臂结构上端的水平位移是开挖深度五次方的函数，因此上端位移对开挖深度很敏感……”，参考结构力学知识，写出悬臂结构上端位移与开挖深度的表达式。

22. 结合书本知识，并利用网络资源，试述每种类型的排桩结构工程适用范围及具体的工程案例。

23. 试述锚杆支护结构的施工工艺。

24. 试述土钉支护结构的设计步骤，并详述设计内容。

25. 试述土钉结构的施工工艺。

26. 试述钢板桩打桩时常见的问题及处理方法。

27. 钢板桩何时可拔出？常见的拔出方法有哪些？

28. 试述地下连续墙的施工工艺，并叙述水下浇筑混凝土时应该注意的技术问题。

29. 试述逆作法施工工艺及所应注意的问题。

30. 试述基坑监测的目的。

31. 利用网络收集各种基坑支护方法的工程案例，结合力学和结构知识思考各种方法的工程应用条件。

32. 结合“预应力混凝土结构”部分的学习，思考预应力管桩的制作原理。

33. 根据土力学课程中的相关知识，思考锚杆支护的原理。

34. 对比土钉与锚杆，思考两种支护结构的异同点。

35. 根据你所学习的知识，思考钢板桩除支护功能外，还有何功效？

36. 地下连续墙在什么情况下可以代替地下室外墙结构使用？

37. 思考逆作法工艺的缺点的解决方法，是否可避免？

38. 结合测量学课程，试述基坑监测所应注意的问题。

39. 某基础底部尺寸为 30 m×40 m，埋深为 -4.5 m，基坑底部尺寸每边比基础底部放宽 1 m，地面标高为 ±0.00 m，地下水位为 -1.000 m。已知 -10.000 m 以上为粉质黏土，渗透系数为 5 m/d，-10.000 m 以下为不透水的黏土层。基坑开挖为四边放坡，边坡为 1∶0.5 。采用轻型井点降水，滤管长度为 1 m。试：

(1) 确定该井点系统的平面布置与高程布置；

(2) 计算基坑涌水量；

(3) 确定井点管的间距。

40. 某大厦高 24 层，地下室 2 层，基础挖土深度 8 m，土质为砂土和卵石，桩基采用直径为 750 mm 的人工挖孔的灌注桩，桩距 1.4 m。工程施工场地狭窄，两面临街，一面紧靠民房，基础挖土不可能放坡大开挖，需用支护结构挡土，垂直开挖，采用一道土锚杆拉结板桩，试对锚杆结构进行设计。

第四章　高层建筑大体积混凝土施工

在高层建筑箱形基础或筏板基础中，多有厚度较大的混凝土底板或深梁，其桩基础中亦常有厚大的承台。上部结构的巨型柱，有防辐射要求的结构如医院用直线加速器、伽马刀工作间等均为体积较大的混凝土结构。

我国《大体积混凝土施工规范》(GB 50496—2009)指出：混凝土结构物实体最小尺寸等于或大于1 m，或预计会因水泥水化热引起混凝土内外温差过大而导致裂缝的混凝土结构均为大体积混凝土结构。

美国ACI 5.1 导言指出：任何就地浇筑的大体积混凝土，其尺寸之大，必须要求采取措施解决水化热及随之引起的体积变形问题，以最大限度地减少开裂。

日本建筑学会标准(JASS5)的定义是：结构断面最小尺寸在80 cm以上，水化热引起混凝土内部的最高温度与外界气温之差预计超过25 ℃的混凝土，称为大体积混凝土。

大体积混凝土结构水泥水化过程中释放水化热，引起的温度变化和混凝土收缩，产生温度应力和收缩应力，是其产生裂缝的主要原因。大体积钢筋混凝土的温度场变化及其裂缝的产生与防止，自有其内在且不同于一般体积混凝土的规律，这些裂缝往往给工程造成一定程度的危害。因此，控制温度应力和温度变形及裂缝的开展，是大体积混凝土结构施工中的一个重大课题。

第一节　大体积混凝土的温度裂缝

一、混凝土裂缝的分类

混凝土是由多种材料组成的非均质材料，具有较高的抗压强度及良好的耐久性能，但变形能力差且抗拉强度低，裂缝问题时有出现。按照不同的分类标准，混凝土裂缝有不同的类型。

按产生原因，混凝土裂缝一般可分为荷载作用下的裂缝(约占10%)、变形作用下的裂缝(约占80%)和耦合作用下的裂缝(约占10%)。

按裂缝出现时间，混凝土裂缝分为早期裂缝(混凝土龄期3~28 d)、中期裂缝(28~180 d)和晚期裂缝(180~720 d，最终20年)。

按裂缝有害程度，混凝土裂缝分为无害裂缝与有害裂缝。混凝土结构带裂缝工作是一种正常现象，无害裂缝是指对工程结构的可靠性影响不大的裂缝，有害裂缝是指裂缝宽度对建筑物的使用功能和耐久性有影响的裂缝。通常裂缝宽度略超规定20%的为轻度有害裂缝，超规定50%的为中度有害裂缝，超规定100%的为重度有害裂缝。

二、大体积混凝土的温度裂缝

一般混凝土构件因其水泥用量小,构件表面积与体积比值较大,热量容易传递给周围介质,其内外温差也不会很大。而大体积混凝土由于截面大、水泥用量大,水泥水化释放的水化热会引起较大的温度变化,由于混凝土导热性差、体积大,大体积混凝土内外降温速度明显不一,内部降温很慢,外部降温很快,造成混凝土各部位之间存在温差和温度应力而产生温度裂缝。

(一)大体积混凝土的温度裂缝的分类

对于大体积混凝土的温度裂缝,以裂缝出现的位置和深度作为分类标准,分为表面裂缝(或浅层裂缝)、深层裂缝和贯穿裂缝三种,如图 4-1 所示。

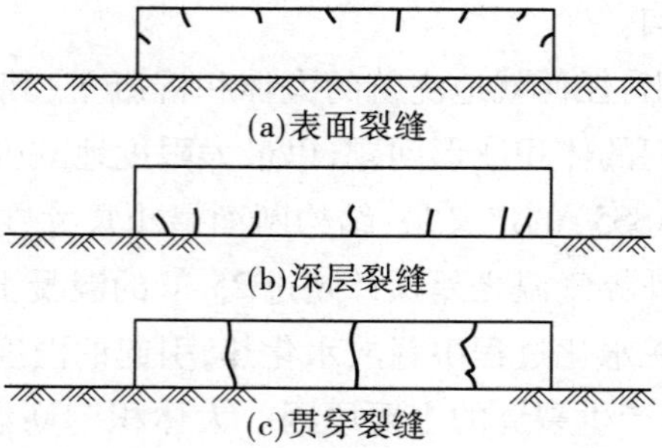

图 4-1　大体积混凝土结构的温度裂缝

1. 表面裂缝

大体积混凝土浇筑初期,水泥水化释放出大量的水化热,使混凝土温度上升很快,但由于混凝土表面散热条件较好,热量可向大气中散发,因而温度上升较少,而混凝土内部由于散热条件较差,热量散发少,因此温度上升较多,内外形成温度梯度,从而形成内约束。结果是混凝土内部产生压应力,面层产生拉应力,当内外温差太大,拉应力超过混凝土的抗拉强度时,混凝土表面就产生裂缝。

表面裂缝不属于结构性裂缝,但在混凝土收缩时,由于表面裂缝处断面削弱且易产生应力集中,故能促使裂缝进一步开展,给贯穿裂缝的形成提供了有利条件。

2. 深层裂缝和贯穿裂缝

混凝土浇筑后数日内,水泥水化热基本上已释放,混凝土从最高温逐渐降温,降温的结果引起混凝土收缩;再加上由于混凝土中多余的水分蒸发等因素引起的体积收缩,其收缩变形受到地基和结构边界条件的约束(外约束),导致产生温度应力(拉应力),当温度应力超过该龄期混凝土的抗拉强度时,从约束面开始向上开裂形成收缩裂缝,即为深层裂缝。如果该温度应力足够大,深层裂缝可进一步开展,并可能与表层裂缝连接,进而产生贯穿裂缝。

深层裂缝部分地切断了结构的部分断面,有一定的危害性。贯穿裂缝切断了结构断面,可能破坏结构整体性、耐久性和防水性能,影响正常使用,危害严重。

(二)大体积混凝土的温度裂缝的处理

在施工阶段,建筑工程大体积混凝土结构产生的表面裂缝危害性较小,主要应防止贯穿性裂缝的产生。一般来说，温度收缩应力引起的初始裂缝不影响结构物的承载能力（瞬时强度），而仅对耐久性和防水性产生影响。对于不影响结构承载能力的裂缝，为防止钢筋腐蚀、混凝土碳化、防水防渗等，应对裂缝加以封闭或补强处理。对于地下或半地下结构来说，混凝土的裂缝主要影响其防水性能，一般当裂缝宽度为 0.1 ~0.2 mm 时，虽然早期有轻微渗水，但经过一段时间后，裂缝可以自愈。若超过 0.2 ~0.3 mm，则渗水量按裂缝宽度的 3 次方比例增加，须进行化学注浆处理。所以，在地下工程中，应尽量避免超过 0.3 mm 且贯穿全断面的裂缝。

三、裂缝的成因

对于大体积混凝土，一方面混凝土内外温差产生应力和应变，另一方面结构的外约束和混凝土各质点间的内约束阻止这种应变和应力，一旦温度应力超过混凝土所能承受的抗拉强度，就会产生裂缝。根据混凝土裂缝形成机制及大体积混凝土的工程实践，其裂缝成因有以下几点。

（一）水泥水化热

水泥的水化热是大体积混凝土内部热量的主要来源。大体积混凝土截面厚度大，水化热聚集在混凝土内部不易散失。水化热引起的绝热温升与混凝土单位体积中水泥用量和水泥品种有关，并随混凝土的龄期按指数关系增长，一般在 10 ~12 d 达到最终绝热温升，但由于结构自然散热，实际上混凝土内部的最高温度大多发生在混凝土浇筑后 2 ~5 d。浇筑初期，混凝土的强度和弹性模量都很低，对水化热引起的急剧温升约束不大，因此相应的温度应力也较小。随着混凝土龄期的增长、弹性模量的增高，对混凝土内部降温收缩的约束也就愈来愈大，以致产生很大的温度应力也随之增大。

（二）约束条件

结构在变形时会受到一定的抑制而阻碍其自由变形，该抑制即称约束。大体积混凝土由于温度变化产生变形，这种变形受到约束才产生应力。在全约束条件下，混凝土结构的变形超过混凝土的极限拉伸值时，结构便出现裂缝。由于结构不可能受到全约束，而且混凝土还存在徐变变形，所以温差在 25 ℃甚至 30 ℃情况下混凝土亦可能不开裂。无约束就不会产生应力，因此改善约束对于防止混凝土开裂有重要意义。

（三）外界气温变化

大体积混凝土结构施工期间，外界气温的变化情况对防止大体积混凝土开裂有重大影响。而温度应力则是温差所引起的温度变形造成的，温差越大，温度应力也越大，外界气温越高，混凝土的浇筑温度也越高；如果外界温度下降，则会增加混凝土的降温幅度，特别是在外界温度骤降时，会增加外层混凝土与内部混凝土的温差，这对大体积混凝土防开裂极为不利。

（四）混凝土收缩变形

在混凝土的拌和水中，只有约 20% 的水分是水泥水化所必需的，其余 80% 左右的水分是要被蒸发的。而混凝土中所含水分的变化会产生体积变形，其中多数是收缩变形，少数是膨胀变形。混凝土收缩变形主要有浇筑初期（初凝前）的凝缩变形，硬化后混凝土的干燥收缩变形（干燥收缩变形不受约束条件的影响，若存在约束，即产生收缩应力）、自生收缩变形、温度下降引起的冷缩变形等。

第二节　大体积混凝土的温度应力

一、温度应力的特点

（一）大体积混凝土内部温度的特点

混凝土的温度取决于它本身所贮备的热能，在绝热条件下，混凝土内部的最高温度是浇筑温度与水泥水化热温度的总和。但在实际情况下，由于混凝土的温度与外界环境有温差存在，而结构物四周又不可能做到完全绝热，在新浇筑的混凝土与其四周环境之间，就会发生热能的交换，大体积混凝土温升分布如图 4-2 所示。模板、外界气候（包括温度、湿度和风速）和养护条件等因素，都会不断改变混凝土所贮备的热能，并促使混凝土的温度逐渐发生变动。因此，混凝土内部的最高温度实际上是由浇筑温度、水泥水化热引起的绝对温升和混凝土浇筑后的散热温度三部分组成。

（二）温度应力的特点

由于混凝土结构的热传导性能差，其周围环境气温以及日辐射等作用将使其表面温度迅速上升（或降低），但结构的内部温度仍处于原来状态，在混凝土结构中形成较大的温度梯度，使混凝土结构各部分处于不同的温度状态，由此产生了温度变形。当被结构的内、外约束阻碍时，会产生相当大的温度应力，混凝土内外温差引起的温度应力分布（见图 4-3）有以下特点：

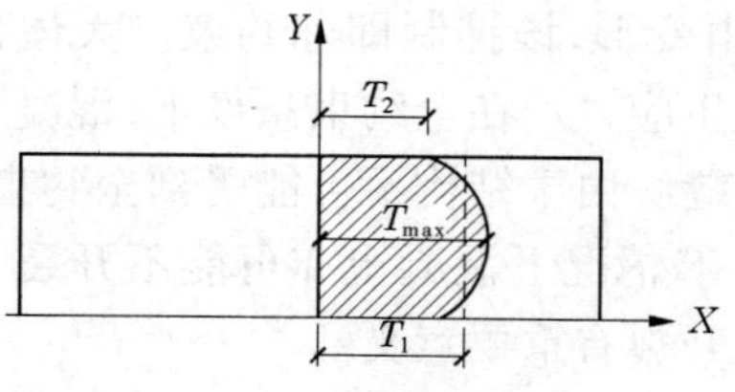

图 4-2　水泥水化热引起的温升分布

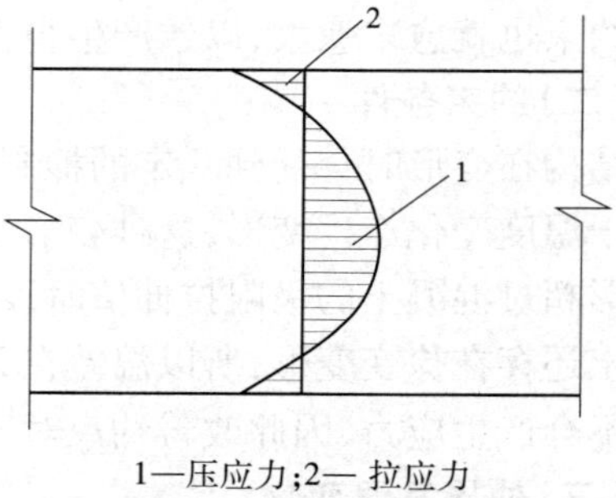

1—压应力；2— 拉应力

图 4-3　混凝土内外温差引起的温度应力

（1）混凝土结构的温度应力实际上是一种约束应力，与一般荷载的应力不同，温度应力与应变不再符合简单的虎克定律关系，而是出现应变小而应力大、应变大而应力小的情况；

（2）由于混凝土结构的温度荷载沿板壁厚度方向的非线性分布，混凝土结构截面上的温度应力分布具有明显的非线性特征；

（3）混凝土结构中的温度应力具有明显的时效性，是瞬时变化的。

二、混凝土热工计算

（一）混凝土热导率 λ

所谓混凝土热导率，是指在单位时间内热流通过单位面积和单位厚度混凝土介质时，混凝土介质两侧为单位温差时热量的传导率。它是反映混凝土传导热量难易程度的系数。混凝土的热导率以式(4-1)表示：

$$\lambda = Q\delta/[(T_1 - T_2)At] \tag{4-1}$$

式中 λ——混凝土热导率,W/(m·K)；

Q——通过混凝土厚度为 δ 的热量,J；

δ——混凝土厚度,m；

$T_1 - T_2$——温度差,℃；

A——混凝土的面积,m^2；

t——测试时间,h。

由于混凝土由水泥、砂、石、水等材料组成,因此若已知各组成材料的质量百分比以及热工性能,混凝土的热导率可按式(4-2)计算：

$$\begin{aligned} \lambda &= (P_c\lambda_c + P_s\lambda_s + P_g\lambda_g + P_w\lambda_w)/P \\ P &= P_c + P_s + P_g + P_w \end{aligned} \tag{4-2}$$

式中 λ、λ_c、λ_s、λ_g、λ_w——混凝土、水泥、砂、石子、水的热导率,W/(m·K)；

P_c、P_s、P_g、P_w——水泥、砂、石子、水在每立方米混凝土中所占的质量百分比(%),由混凝土配合比确定。

工程应用中,普通混凝土的热导率可取 λ = 1.51 ~ 3.49 W/(m·K),轻质混凝土的热导率可取 λ = 0.47 ~ 0.70 W/(m·K)。

(二)混凝土比热

单位质量的混凝土,其温度升高 1 ℃所需的热量称为混凝土的比热,可按式(4-3)计算：

$$C = (P_c C_c + P_s C_s + P_g C_g + P_w C_w)/P \tag{4-3}$$

式中 C、C_c、C_s、C_g、C_w——混凝土、水泥、砂、石子、水的比热,kJ/(kg·K)；

其他符号意义同前。

混凝土的比热一般为 0.84 ~ 1.05 kJ/(kg·K)。

(三)混凝土热扩散系数

混凝土的热扩散系数(又称导温系数)是反映混凝土在单位时间内热量扩散的一项综合指标。热扩散系数愈大,愈有利于热量的扩散。混凝土的热扩散系数一般通过试验测定或按式(4-4)计算：

$$a = \frac{\lambda}{C\rho} \tag{4-4}$$

式中 a——混凝土的热扩散系数,m^2/h；

ρ——混凝土的容重,kg/m^3,普通混凝土的容重一般为 2 300 ~ 2 450 kg/m^3,钢筋混凝土的容重为 2 450 ~ 2 500 kg/m^3；

其他符号意义同前。

(四)混凝土表面模板及保温层的传热系数

$$\beta = 1/(\sum \delta_i/\lambda_i + 1/\beta_q) \tag{4-5}$$

式中 β——混凝土表面模板及保温层等的传热系数,W/(m^2·K)；

δ_i——各保温层材料厚度,m;

λ_i——各保温层材料热导率,W/(m·K),如表4-1所示;

β_q——空气层的传热系数,取23 W/(m²·K)。

表4-1 各种保温材料的热导率 (单位:W/(m·K))

材料名称	导热系数 λ_i	材料名称	导热系数 λ_i
建筑钢材	58	矿棉、岩棉	0.031~0.065
钢筋混凝土	2.33	沥青矿棉毡	0.033~0.052
木模板	0.23	膨胀珍珠岩	0.019~0.065
水	0.58	泡沫塑料	0.035~0.047
膨胀蛭石	0.047~0.07	泡沫混凝土	0.10
草袋	0.14	膨胀聚苯板	0.042
沥青蛭石板	0.081~0.105	空气	0.03

三、大体积混凝土温度计算

(一)混凝土拌和温度和浇筑温度

1. 混凝土拌和温度

混凝土的拌和温度是指组成混凝土的各种材料经搅拌形成均匀的混凝土出料后的温度,又称出机温度,可按式(4-6)计算:

$$T_c = \frac{\sum T_i mC}{\sum mC} \tag{4-6}$$

式中 T_c——混凝土的拌和温度,℃;

m——混凝土组成材料的质量,kg;

C——混凝土组成材料的比热,kJ/(kg·K);

T_i——混凝土组成材料温度,℃。

若考虑混凝土搅拌时设置搅拌棚对混凝土出机温度的影响,则混凝土出机温度为

$$T_I = T_c - 0.16(T_c - T_d) \tag{4-7}$$

式中 T_I——混凝土出机温度,℃;

T_d——混凝土搅拌棚温度,℃。

2. 混凝土浇筑温度

混凝土拌和出机后,经运输、平仓、振捣等过程后的温度称为混凝土浇筑温度。混凝土浇筑温度受外界气温的影响,当在夏季浇筑、外界气温高于拌和温度时,浇筑温度就高于拌和温度,而在冬季,就会低于拌和温度。这种温度的变化随混凝土运输工具类型、运输时间、运转时间、运转次数及平仓、振捣的时间不同而不同。混凝土的浇筑温度一般可按式(4-8)计算:

$$T_j = T_c + (T_q - T_c)(A_1 + A_2 + A_3 + \cdots + A_n) \tag{4-8}$$

式中 T_j——混凝土浇筑温度,℃;

T_c——混凝土拌和温度,℃;

T_q——室外平均气温,℃;

$A_1+A_2+A_3+\cdots+A_n$——温度损失系数,按以下规定取用:混凝土装卸和运转时,每次 $A=0.032$,浇筑过程中,$A=0.003t$,t 为浇筑时间,min,混凝土运输时,$A=\theta t$,t 为运输时间,min,θ 值按表 4-2 取值。

表 4-2 混凝土运输时热损失值 θ

运输工具	混凝土容积(m^3)	θ	运输工具	混凝土容积(m^3)	θ
搅拌运输车	6	0. 004 2	保温手推车	0.15	0.007
开敞式自卸汽车	1.4	0. 003 7	不保温手推车	0.75	0.01
封闭式自卸汽车	2.0	0. 001 7	吊斗	1.0	0.001 5

(二)混凝土最大绝热温升

假定混凝土周围在没有任何散热条件、没有任何热损耗的情况下,水泥水化后产生的水化热量全部转化为温升后的最后温度,称为最大绝热温升,可利用美国垦务局提出的公式计算

$$T_h = \frac{m_c Q}{C\rho}(1 - e^{-mt}) \tag{4-9}$$

式中 T_h——混凝土最大绝热温升,℃;

m_c——混凝土中水泥(包括膨胀剂)用量,kg/m^3;

Q——水泥 28 d 水化热,kJ/kg,见表 4-3;

C——混凝土比热,取 0.97 kJ/(kg · K);

ρ——混凝土密度,取 2 400 kg/m^3;

e——常数,取 2.718;

t——混凝土的龄期,d;

m——水泥水化速度系数,随浇筑温度改变,见表 4-4。

表 4-3 不同品种、强度等级水泥的水化热

水泥品种	水泥强度等级	水化热 Q(kJ/kg)		
		3 d	7 d	28 d
硅酸盐水泥	42.5	314	354	375
	32.5	250	271	334
矿渣水泥	32.5	180	256	334

表 4-4 系数 m

浇筑温度(℃)	5	10	15	20	25	30
m(1/d)	0.295	0.318	0.340	0.362	0.384	0.406

（三）混凝土实际温升

1. 混凝土中心计算温度

$$T_{1(t)} = T_j + T_h\xi_{(t)} \tag{4-10}$$

式中 $T_{1(t)}$——t 龄期混凝土中心计算温度，℃；

$\xi_{(t)}$——t 龄期降温系数，查表 4-5 同时要考虑混凝土的养护、模板、外加剂、掺合料的影响；

其他符号意义同前。

表 4-5 降温系数 ξ

浇筑层厚度(m)	龄期 t(d)									
	3	6	9	12	15	18	21	24	27	30
1.00	0.36	0.29	0.17	0.09	0.05	0.03	0.01			
1.25	0.42	0.31	0.19	0.11	0.07	0.04	0.03			
1.50	0.49	0.46	0.38	0.29	0.21	0.15	0.12	0.08	0.05	0.04
2.50	0.65	0.62	0.57	0.48	0.38	0.29	0.23	0.19	0.16	0.15
3.00	0.68	0.67	0.63	0.57	0.45	0.36	0.30	0.25	0.21	0.19
4.00	0.74	0.73	0.72	0.65	0.55	0.46	0.37	0.30	0.25	0.24

2. 混凝土表面温度

$$T_{2(t)} = \frac{T_q + 4h'(H - h')[T_{1(t)} - T_q]}{H^2} \tag{4-11}$$

式中 $T_{2(t)}$——混凝土表面温度，℃；

T_q——施工期大气平均温度，℃；

h'——混凝土虚厚度，$h' = k\lambda/\beta$，λ 为混凝土热率导，取 2.33 W/(m·K)，k 为折减系数，取 2/3；

H——混凝土计算厚度，m，$H = h + 2h'$，h 为混凝土实际厚度，m；

$T_{1(t)}$——混凝土中心温度，℃。

3. 混凝土内平均温度

混凝土内的平均温度可取混凝土中心温度与混凝土表面温度的平均值，即

$$T_{m(t)} = [T_{1(t)} + T_{2(t)}]/2 \tag{4-12}$$

四、大体积混凝土温度应力的计算

（一）地基阻力系数

1. 单纯地基阻力系数 C_{x1}

单纯地基阻力系数 C_{x1} 见表 4-6。

表 4-6 单纯地基阻力系数 C_{x1}

土质名称	承载力(kN/m^2)	C_{x1}推荐值(N/mm^3)
软黏土	80 ~ 150	0.01 ~ 0.03
砂质黏土	250 ~ 400	0.03 ~ 0.06
坚硬黏土	500 ~ 800	0.06 ~ 0.10
风化岩石和低强度素混凝土	5 000 ~ 10 000	0.60 ~ 1.00
C10 以上配筋混凝土	5 000 ~ 10 000	1.00 ~ 1.50

2. 桩的阻力系数

桩的阻力系数为

$$C_{x2} = Q/F \tag{4-13}$$

式中 C_{x2}——桩的阻力系数,N/mm^3;

Q——桩产生单位位移所需水平力,N/mm,当桩与结构铰接时 $Q = 2EI[K_n D/(4EI)]^{3/4}$,当桩与结构固接时 $Q = 4EI[K_n D/(4EI)]^{3/4}$,$E$ 为桩混凝土的弹性模量,N/mm^2,I 为桩的惯性矩,mm^4,K_n 为地基水平侧移刚度,取 10^{-2} N/mm^3,D 为桩的直径或边长,mm;

F——每根桩分担的地基面积,mm^2。

(二)大体积混凝土瞬时弹性模量

大体积混凝土瞬时弹性模量为

$$E_{(t)} = E_0(1 - e^{-0.09t}) \tag{4-14}$$

式中 $E_{(t)}$——t 龄期混凝土弹性模量,N/mm^2;

E_0——28 d 混凝土弹性模量,N/mm^2;

e——常数,取 2.718;

t——龄期,d。

(三)地基约束系数

地基约束系数为

$$\beta_{(t)} = \sqrt{\frac{C_{x1} + C_{x2}}{hE_{(t)}}} \tag{4-15}$$

式中 $\beta_{(t)}$——t 龄期地基约束系数,mm^{-1};

h——混凝土实际厚度,mm;

C_{x1}——单纯地基阻力系数,N/mm^3;

C_{x2}——桩的阻力系数,N/mm^3;

$E_{(t)}$——t 龄期混凝土弹性模量,N/mm^3。

(四)混凝土干缩率和收缩当量温差

为了便于将混凝土降温产生的温度应力与水泥水化过程中因为拌和水蒸发等,引起混凝土收缩而产生的温度应力用同一公式计算,必须将混凝土各龄期的收缩量转化为收缩当量温差。

混凝土干缩率：

$$\varepsilon_{Y(t)} = \varepsilon_{Y}^{0}(1 - e^{-0.01t})M_1M_2\cdots M_{10} \tag{4-16}$$

式中 $\varepsilon_{Y(t)}$——t 龄期混凝土干缩率；

ε_{Y}^{0}——标准状态下混凝土极限收缩值，取 3.24×10^{-4}；

$M_1, M_2, \cdots, M_{10}$——各修正系数，见表 4-7。

收缩当量温差：

$$T_{Y(t)} = \frac{\varepsilon_{Y(t)}}{\alpha} \tag{4-17}$$

式中 $T_{Y(t)}$——t 龄期混凝土收缩当量温差，℃；

α——混凝土线性膨胀系数，1×10^{-5}/℃。

表 4-7 修正系数 $M_1 \sim M_{10}$

水泥品种	M_1	水泥细度（cm^2/g）	M_2	骨料品种	M_3	W/C	M_4	水泥浆量（%）	M_5
普通水泥	1.00	1 500	0.92	花岗岩	1.00	0.2	0.65	15	0.90
矿渣水泥	1.25	2 000	0.93	玄武岩	1.00	0.3	0.85	20	1.00
快硬水泥	1.12	3 000	1.00	石灰岩	1.00	0.4	1.00	25	1.20
低热水泥	1.10	4 000	1.13	砾岩	1.00	0.5	1.21	30	1.45
石灰矿渣水泥	1.00	5 000	1.35	无粗骨料	1.00	0.6	1.42	35	1.75
火山灰水泥	1.00	6 000	1.68	石英岩	0.80	0.7	1.62	40	2.10
抗硫酸盐水泥	0.78	7 000	2.05	白云岩	0.95	0.8	1.80	45	2.55
矾土水泥	0.52	8 000	2.42	砂岩	0.90	—	—	50	3.03
初期养护时间(d)	M_6	相对湿度 W(%)	M_7	L/F	M_8	操作方法	M_9	配筋率 $E_a F_a/E_b F_b$	M_{10}
1~2	1.11	25	1.25	0	0.54	机械振捣	1.00	0.00	1.00
3	1.09	30	1.18	0.1	0.76	人工振捣	1.10	0.05	0.86
4	1.07	40	1.10	0.2	1.00	蒸汽养护	0.82	0.10	0.76
5	1.04	50	1.00	0.3	1.03	高压釜处理	0.54	0.15	0.68
7	1.00	60	0.88	0.4	1.20			0.20	0.61
10	0.96	70	0.77	0.5	1.31			0.25	0.55
14~18	0.93	80	0.70	0.6	1.40				
40~90	0.93	90	0.54	0.7	1.43				
≥90	0.93			0.8	1.44				

注：L—底板截面的周长；F—底板混凝土截面面积；E_a、F_a—钢筋弹性模量、截面面积；E_b、F_b—混凝土弹性模量、截面面积。

（五）结构计算温差

结构计算温差为

$$\Delta T_i = T_{m(i)} - T_{m(i+3)} + T_{Y(i+3)} - T_{Y(i)} \tag{4-18}$$

式中 ΔT_i——i 区段结构计算温度,℃;

$T_{Y(i)}$——i 区段收缩当量温差起始值,℃;

$T_{m(i+3)}$——i 区段平均温度终止值,℃;

$T_{Y(i+3)}$——i 区段收缩当量温差终止值,℃;

$T_{m(i)}$——i 区段平均温度起始值,℃。

(六)各区段拉应力

各区段拉应力为

$$\sigma_i = \overline{E_i} \cdot \alpha \cdot \Delta T_i \cdot \overline{S_i}\left[1 - \frac{1}{\mathrm{ch}(\overline{\beta_i} \cdot L/2)}\right] \tag{4-19}$$

式中 σ_i——i 区段混凝土内拉应力,N/mm^2;

$\overline{E_i}$——i 区段平均弹性模量,N/mm^2;

$\overline{S_i}$——i 区段平均应力松弛系数,见表 4-8;

$\overline{\beta_i}$——i 区段平均地基约束系数;

L——混凝土最大尺寸,mm;

ch——双曲余弦函数。

到指定期混凝土内最大应力:

$$\sigma_{max} = [1/(1-\nu)]\sum_{i}^{n}\sigma_i \tag{4-20}$$

式中 ν——混凝土泊松比,取 0.15。

表 4-8 不同龄期混凝土的松弛系数

龄期 t(d)	3	6	9	12	15	18	21	24	27	30
$S_{(t)}$	0.57	0.52	0.48	0.44	0.41	0.386	0.368	0.352	0.339	0.327

(七)安全系数

安全系数为

$$K = f_t / \sigma_{max} \tag{4-21}$$

式中 f_t——到指定期混凝土抗拉强度设计值,N/mm^2;

K——大体积混凝土抗裂安全系数,应大于等于 1.15。

五、大体积混凝土温度应力计算的工程应用及算例

大体积混凝土表面温度与气温相同,内部温度高,变形不一致,在完全约束的条件下,混凝土温差变形 $\varepsilon = \Delta T\alpha$,当 ε 超过了混凝土极限拉伸值 ε_p 时即会出现裂缝。一般混凝土的极限拉伸值 $\varepsilon_p = (50 \sim 100) \times 10^{-6}$,而混凝土的 $\alpha = 1 \times 10^{-5}$/℃,由此允许混凝土内外温差值是 5 ~ 10 ℃。

实践证明,多数混凝土温差为 20 ~ 50 ℃时尚未开裂,有的温差甚至接近 30 ℃也未开裂。这主要是由于结构混凝土不可能受到绝对约束,而且混凝土也有塑性变形和徐变存在。

我国《大体积混凝土施工规范》(GB 50496—2009)也指出:大体积混凝土工程施工前,宜对施工阶段大体积混凝土浇筑体的温度、温度应力及收缩应力进行试算,并确定施工阶段大体积混凝土浇筑体的升温峰值、里表温差及降温速率等控制指标,制订相应的温控技术措施;并进一步指出:混凝土浇筑体在入模温度基础上温升值不宜大于50 ℃,混凝土浇筑块体的里表温差(不含混凝土收缩的当量温度)不宜大于25 ℃,降温速率不宜大于2.0 ℃/d,且要求混凝土浇筑体表面与大气温差不宜大于20 ℃。

大体积混凝土温度应力的计算在工程应用时主要包括三个方面:裂缝控制及防开裂验算、制订大体积混凝土的养护方案、确定伸缩缝间距。

(一)裂缝控制及防开裂验算

【例4-1】 某大型设备基础底板长90.8 m、宽31.3 m、厚2.5 m,混凝土为C20,采用60 d后期强度配合比,用32.5级矿渣水泥,水泥用量 $m_c = 280\ \text{kg/m}^3$,混凝土浇筑入模温度 $T_j = 28$ ℃,施工时平均气温为25 ℃,结构物周围用钢模板,在模板和混凝土上表面外包两层草袋保温,混凝土比热 $C = 1.0\ \text{kJ}/(\text{kg}\cdot\text{K})$,混凝土密度 $\rho = 2\ 400\ \text{kg/m}^3$。试计算总降温产生的最大温度拉应力及安全系数。

解:(1)计算绝热温升值,按式(4-9),为简便只计算3 d、7 d、28 d的值。

$$T_{h(3)} = \frac{280 \times 180}{0.97 \times 2\ 400} \times (1 - e^{-0.397 \times 3}) = 15.1(℃)$$

$$T_{h(7)} = \frac{280 \times 256}{0.97 \times 2\ 400} \times (1 - e^{-0.397 \times 7}) = 28.9(℃)$$

$$T_{h(28)} = \frac{280 \times 334}{0.97 \times 2\ 400} \times (1 - e^{-0.397 \times 28}) = 40.2(℃)$$

(2)混凝土中心温度计算,按式(4-10)计算如下:

$$T_{1(3)} = 28 + 15.1 \times 0.65 = 37.8(℃)$$

$$T_{1(7)} = 28 + 28.9 \times 0.60 = 45.3(℃)$$

$$T_{1(28)} = 28 + 40.2 \times 0.157 = 34.3(℃)$$

(3)混凝土表层温度。

两层草袋保温按6 cm计,则保温层传热系数:

$$\beta = 1/(\sum \delta_i/\lambda_i + 1/\beta_q) = 1/(0.06/0.14 + 1/23) = 2.12$$

混凝土虚厚度:

$$h' = k\lambda/\beta = \frac{2}{3} \times \frac{2.33}{2.12} = 0.73(\text{m})$$

混凝土计算厚度:

$$H = h + 2h' = 2.5 + 2 \times 0.73 = 3.96(\text{m})$$

混凝土表层温度:

$$T_{2(3)} = T_q + \frac{4h'(H - h')[T_{1(3)} - T_q]}{H^2}$$

$$= 25 + 4 \times \frac{0.73 \times (3.96 - 0.73) \times (37.8 - 25)}{3.96^2} = 32.7(℃)$$

同理可得

$$T_{2(7)} = 37.2\ ℃$$
$$T_{2(28)} = 30.6\ ℃$$

(4)混凝土内平均温度：

$$T_{m(3)} = (32.7 + 37.8)/2 = 35.3(℃)$$

同理可得

$$T_{m(7)} = 41.3\ ℃$$
$$T_{m(28)} = 32.5\ ℃$$

(5)混凝土干缩率和当量温差，按式(4-16)和式(4-17)，取 $\varepsilon_Y^0 = 3.24 \times 10^{-4}$，查表4-7可知，$M_1 = 1.25$，$M_2 = 1.35$，$M_3 = 1.00$，$M_4 = 1.64$，$M_5 = 1.00$，$M_6 = 0.93$，$M_7 = 0.54$，$M_8 = 1.20$，$M_9 = 1.00$，$M_{10} = 0.9$，$\alpha = 1 \times 10^{-5}/℃$，则

$$\varepsilon_{Y(3)} = 0.14 \times 10^{-4}, T_{Y(3)} = 1.4\ ℃$$
$$\varepsilon_{Y(7)} = 0.33 \times 10^{-4}, T_{Y(7)} = 3.3\ ℃$$
$$\varepsilon_{Y(28)} = 1.19 \times 10^{-4}, T_{Y(28)} = 11.9\ ℃$$

(6)结构计算温差，按式(4-18)计算：

$$T_1 = 28 - 35.3 + 1.4 = -5.9(℃)$$
$$T_2 = 35.3 - 41.3 + 3.3 - 1.4 = -4.1(℃)$$
$$T_3 = 41.3 - 32.5 + 11.9 - 3.3 = 17.4(℃)$$

(7)各龄期的混凝土弹性模量，按式(4-14)计算：

$$E_{(3)} = 2.55 \times 10^4 \times (1 - e^{-0.09\times 3}) = 0.603 \times 10^4 (N/mm^2)$$

同理可得

$$E_{(7)} = 1.19 \times 10^4\ N/mm^2$$
$$E_{(28)} = 2.34 \times 10^4\ N/mm^2$$

(8)地基约束系数，取 $C_{x1} = 0.02$，$C_{x2} = 0$，按式(4-15)则

$$\beta_{(3)} = \sqrt{\frac{0.02}{2\,500 \times 0.603 \times 10^4}} = 3.64 \times 10^{-5} (mm^{-1})$$
$$\beta_{(7)} = 2.59 \times 10^{-5}\ mm^{-1}$$
$$\beta_{(28)} = 1.85 \times 10^{-5}\ mm^{-1}$$

(9)各区段拉应力。

各区段平均弹性模量：

$$\overline{E_1} = \frac{0 + 0.603 \times 10^4}{2} = 0.302 \times 10^4 (N/mm^2)$$
$$\overline{E_2} = \frac{(1.19 + 0.603) \times 10^4}{2} = 0.897 \times 10^4 (N/mm^2)$$
$$\overline{E_3} = \frac{(1.19 + 2.34) \times 10^4}{2} = 1.77 \times 10^4 (N/mm^2)$$

各区段的平均应力松弛系数：

$$\overline{S_1} = \frac{1 + 0.57}{2} = 0.785$$

$$\overline{S_2} = \frac{0.51 + 0.57}{2} = 0.54$$

$$\overline{S_3} = \frac{0.335 + 0.51}{2} = 0.423$$

各区段平均地基约束系数：

$$\overline{\beta_1} = 3.64 \times 10^{-5}(\text{mm}^{-1})$$

$$\overline{\beta_2} = \frac{(3.64 + 2.59) \times 10^{-5}}{2} = 3.12 \times 10^{-5}(\text{mm}^{-1})$$

$$\overline{\beta_3} = \frac{(1.85 + 2.59) \times 10^{-5}}{2} = 2.22 \times 10^{-5}(\text{mm}^{-1})$$

只计算拉应力：

$$\sigma_3 = 1.77 \times 10^4 \times 10^{-5} \times 17.4 \times 0.423 \times [1 - 1/\text{ch}(90\,800 \times 2.22 \times 10^{-5}/2)]$$
$$= 0.46\ (\text{N/mm}^2)$$

(10)混凝土内最大应力，按式(4-20) 计算：

$$\sigma_{\max} = [1/(1 - 0.15)] \times 0.46 = 0.54(\text{N/mm}^2)$$

混凝土抗拉强度设计值取 1.1 N/mm^2，则安全系数

$$K = f_t / \sigma_{\max} = 1.1/0.54 = 2.04 > 1.15$$

因此，满足抗裂条件，可知该大体积混凝土不会出现裂缝。

(二)养护方案的制订

【例 4-2】 高层建筑大体积混凝土底板，平面尺寸为 62.7 m × 34.4 m，厚为 2.5 m，C30 混凝土，混凝土浇筑量为 3 235 m^2，施工时平均气温为 26 ℃，所用材料为 42.5 级普通水泥，混凝土水泥用量为 400 kg/m^3，中砂、碎石、混凝土的配合比为水泥: 砂: 石子 = 1:1.688:3.12，水灰比为 0.45，另掺 1% 的抗裂防水外加剂。经测试，水泥、砂、石子的比热 $C_c = C_s = C_g = 0.84$ kJ/(kg · K)，水的比热 $C_w = 4.2$ kJ/(kg · K)，各种材料的温度分别为 $T_c = T_g = 25$ ℃，$T_s = 28$ ℃，$T_w = 15$ ℃。施工方案确定采用保温法以防止水泥水化热可能引起的温度裂缝。试选择保温材料及所需的厚度。

解：现场测定砂石的含水量分别为 $W_s = 5\%$，$W_g = 1\%$。

(1)混凝土的拌和温度。根据已知条件可用表格法来求出混凝土的拌和温度，见表 4-9。

表 4-9 混凝土拌和温度计算表

材料名称	质量(kg) (1)	比热(kJ/(kg · K)) (2)	热当量(kJ/℃) (3) = (1) × (2)	材料温度(℃) (4)	热量(kJ) (5) = (3) × (4)
水泥	400	0.84	336	25	8 400
砂	675	0.84	567	28	15 876
石子	1 248	0.84	1 048	25	26 200
砂含水量 5%	34	4.2	142.8	15	2 142
石含水量 1%	12	4.2	50.4	15	756
拌和水	134	4.2	562.8	15	8 442
合计	2 503		2 707		61 816

$$T_c = \frac{\sum T_i mC}{\sum mC} = \frac{61\ 816}{2\ 707} = 22.84(℃)$$

(2)混凝土的出罐温度。混凝土在现场用二阶式搅拌站搅拌,敞开棚式,则

$$T_i = T_c = 22.84\ ℃$$

若采用商品混凝土,可参考封闭棚式计算结果。

(3)混凝土的浇筑温度。根据施工方案,混凝土浇筑每个循环过程中,装卸转运 3 次,运输时间 3 min,平仓、振捣至混凝土浇筑完毕共 60 min,则

$$A_1 = 0.032 \times 3 = 0.096$$

用自卸开敞式汽车运输,查表 4-2,$\theta = 0.003\ 7$,得

$$A_2 = \theta t = 0.003\ 7 \times 3 = 0.011\ 1$$

$$A_3 = 0.003t = 0.003 \times 60 = 0.18$$

$$A = A_1 + A_2 + A_3 = 0.096 + 0.011\ 1 + 0.18 = 0.287\ 1$$

$$T_j = T_c + (T_q - T_c)A$$

$$= 22.84 + (26 - 22.84) \times 0.287\ 1 = 23.7(℃)$$

(4)混凝土的绝热温升。混凝土在浇筑后 3 ~ 5 d 水化热温度最大,因此 3 d 的混凝土绝热温升可用式(4-9)计算,已知 $m_c = 400$ kg,$\rho = 2\ 400\ \text{kg/m}^3$,$C = 0.97$ kJ/(kg · K),查表 4-3 得 $Q = 375$ kJ/(kg · K),查表 4-4 得 $m = 0.38$,$t = 3$ d,则

$$T_h = \frac{400 \times 375}{0.97 \times 2\ 400} \times 0.680 = 43.8(℃)$$

(5)混凝土内部最高温度。浇筑层厚度为 2.5 m,龄期为 3 d 时,查表 4-5 得 $\xi = 0.65$,则

$$T_{1(t)} = T_j + T_h \cdot \xi_{(t)} = 23.7 + 43.8 \times 0.65 = 52.17(℃)$$

(6)混凝土的表面温度。施工方案中采用 18 mm 厚的多层夹板模板,选用 20 mm 厚的草袋进行保温养护,大气温度 $T_q = 26$ ℃。

①查表 4-1 可得 $\lambda_i = 0.14$,β_q 为空气的传热系数,取为 23 W/(m^2 · K),则混凝土的虚铺厚度:

$$\beta = 1/(\sum \delta_i/\lambda_i + 1/\beta_q) = 5.37$$

$$h' = k\lambda/\beta = \frac{2}{3} \times \frac{2.33}{5.37} = 0.289$$

②混凝土的计算厚度:

$$H = h + 2h' = 2.5 + 2 \times 0.289 = 3.08(\text{m})$$

③混凝土的表面温度:

$$T_{2(3)} = T_q + \frac{4h'(H - h')(T_{1(3)} - T_q)}{H^2}$$

$$= 26 + 0.122 \times 2.791 \times 26.17 = 34.9(℃)$$

计算结果表明:混凝土的中心最高温度与表面温度差为 $52.17 - 34.9 = 17.27$(℃) < 25 ℃;混凝土表面温度与大气温度差为 $34.9 - 26 = 8.9$(℃)。因此,采用在混凝土表面

覆盖 20 mm 厚的草袋作为保温养护措施的方案是可行的。

思考:若调整为蓄水养护方案,蓄水深度如何计算?

(三)确定伸缩缝间距

1. 混凝土极限拉伸值

$$\varepsilon_p = 7.5f_t(0.1 + \mu/d) \times 10^{-4}(\ln t/\ln 28) \tag{4-22}$$

式中 ε_p——混凝土极限拉伸值;

f_t——混凝土抗拉强度设计值,N/mm^2;

μ——配筋率(%);

d——钢筋直径;

ln——以 e 为底的对数;

t——指定期龄期。

2. 伸缩缝间距计算

$$[L_{cp}] = \frac{1.5\sqrt{hE_{(t)}/C_x}\,\mathrm{arch}\,|\alpha\Delta T|}{|\alpha\Delta T| - |\varepsilon_p|} \tag{4-23}$$

式中 $[L_{cp}]$——伸缩缝间距,mm;

arch——反双曲余弦函数;

ΔT——指定时刻的累计结构计算温差,℃;

其他符号意义同前。

【例 4-3】 现浇钢筋混凝土基础底板,厚度为 0.8 m,配置直径 16 mm 带肋钢筋,配筋率 0.35%,混凝土强度等级采用 C30,地基为坚硬黏土,施工条件正常(材料符合质量标准、水灰比准确、机械振捣、混凝土养护良好)。试计算早期(15 d)不出现贯穿性裂缝的允许间距。

解:考虑施工条件正常,取 M_1、M_2、M_3、M_5、M_8、M_9 为 1.00,$M_4 = 1.42$,$M_6 = 0.93$,$M_7 = 0.70$,$M_{10} = 0.42$。

由式(4-16),混凝土经过 15 d 的收缩变形为

$$\begin{aligned}\varepsilon_{Y(15)} &= 3.24 \times 10^{-4} \times (1 - e^{-0.01\times15})M_1M_2\cdots M_{10} \\ &= 3.24 \times 10^{-4} \times (1 - e^{-0.15}) \times 1.42 \times 0.93 \times 0.70 \times 0.42 \\ &= 0.175 \times 10^{-4}\end{aligned}$$

收缩当量温差:

$$T_{Y(15)} = \frac{\varepsilon_{Y(15)}}{\alpha} = \frac{0.175 \times 10^{-4}}{1.0 \times 10^{-5}} = 1.75(℃) \approx 2\ ℃$$

混凝土上、下面温升为 15 ℃,由于时间短、养护较好,气温差忽略不计,混凝土的水化热温差经计算为 25 ℃,则计算温差为

$$T = 2 + 25 = 27(℃)$$

由式(4-22)知混凝土的极限拉伸为

$$\begin{aligned}\varepsilon_p &= 7.5f_t(0.1 + \mu/d) \times 10^{-4}(\ln t/\ln 28) \\ &= 7.5 \times 1.5 \times (0.1 + 0.35/16) \times 0.813 \times 10^{-4} = 1.115 \times 10^{-4}\end{aligned}$$

15 d 混凝土的弹性模量为

$$E_{(15)} = 3.0 \times 10^{-4} \times (1 - e^{-0.09t}) = 2.22 \times 10^4 (\text{MPa})$$

伸缩缝的最大允许间距按式(4-23)计算：

$$[L_{cp}] = \frac{1.5\sqrt{hE_{(t)}/C_x}\,\text{arch}(|\alpha\Delta T|)}{|\alpha\Delta T| - |\varepsilon_p|}$$

$$= \frac{1.5 \times \sqrt{800 \times 2.22 \times 10^4 / 0.08}\,\text{arch}(|1.0 \times 10^{-5} \times 27|)}{|1.0 \times 10^{-5} \times 27| - |1.115 \times 10^{-4}|}$$

$$= 25\ 157(\text{mm}) \approx 26\ \text{m}$$

由计算知，板的最大允许伸缩缝间距为 26 m。当板的纵向长度小于 26 m 时，可以避免裂缝出现；否则需在中部设置伸缩缝或“后浇带”。当板下有桩基础，计算阻力系数 C_x 时，应考虑桩基对基础底板的约束阻力。

第三节　大体积混凝土温度裂缝的控制措施

对大体积混凝土结构温度裂缝的控制，可从材料等方面提高混凝土本身的抗裂能力，并应同时从技术措施方面进行防止。工程实践中，我们一般采取防抗结合，以防为主的措施。除进行认真的计算外，尚应从混凝土的材质、施工中的养护措施、环境条件、结构设计以及施工管理方面上进行控制，以确保控制混凝土温升值、延缓混凝土降温速率、减小混凝土的收缩、提高混凝土的极限拉伸值，并通过改善约束和完善构造设计，以达到控制裂缝的目的。同时，大体积混凝土施工进行温度监控也十分重要，可及时了解混凝土结构内部温度变化情况，必要时可根据应急预案采取措施，以防止混凝土结构裂缝出现。

一、混凝土材料的选用

(一)水泥

1. 水泥品种

混凝土温升的热源是水泥水化热，故选用中低水化热的水泥品种，可减少水化热，使混凝土减少升温。例如，与同等级的矿渣水泥和普通硅酸盐水泥相比，等级为 32.5、42.5 的矿渣硅酸盐水泥的 3 d 水化热可减少 28%，可优先选用。

在结构施工过程中，不可能因为考虑到施工工作性能的优劣对混凝土强度有所增减，因此在保证混凝土强度的前提下，如何尽可能地减小水化热这个问题就显得尤其重要。例如，在某项对地下室墙体大体积混凝土调查的 22 项工程中，选用矿渣硅酸盐水泥的工程共有 5 项(见表 4-10)，均未出现严重裂缝，其中 4、5 号工程的外墙厚度较大(400 mm)，墙体延长米也较长(185 m、215 m)，但由于选择矿渣水泥降低了水化热，故取得了一定的效果。

2. 水泥用量

由水泥水化热而导致的温度应力是地下室墙板产生裂缝的主要原因，且混凝土的强度、抗渗等级越高，结构产生裂缝的概率也越高。在地下室外墙施工中，除在保证设计要求的条件下尽量降低混凝土的强度等级以减少水化热外，还应该充分利用混凝土的后期强度。试验数据表明，每立方米的混凝土水泥用量每增(减)10 kg，水泥水化热使混凝土的温度相对升高(降低)达 1 ℃。

表 4-10　部分地下室外墙(选用矿渣硅酸盐水泥)裂缝情况

序号	墙厚(mm)	墙长(m)	混凝土等级	水泥品种及等级	水泥用量	裂缝情况
1	220	84	C30S8	矿渣硅酸盐 42.5	385	无
2	300	84	C30S6	矿渣硅酸盐 42.5	385	无
3	350	125	C30S6	矿渣硅酸盐 42.5	401	少量
4	400	184	C30S6	矿渣硅酸盐 42.5	384	少量
5	400	215	C30S6	矿渣硅酸盐 42.5	390	少量

高层建筑的施工工期一般都很长,基础结构承受的设计荷载要在较长的时间后才被施加在其上,所以只要能保证混凝土的强度在 28 d 后继续增长,并在预计的时间内达到或超过设计强度即可。据据结构实际承受荷载的情况,对结构的刚度和强度进行复算,并取得设计和质检部门的认可后,可采用 f_{45}(混凝土龄期为 45 d 时的强度)f_{60} 或 f_{90},替代 f_{28} 作为混凝土的设计强度,这样可使每立方米混凝土的水泥用量减少 40 ~ 70 kg,混凝土的水化热温升相应减少 4 ~7 ℃。

(二)骨料

砂石本身的强度、粒径及其含泥量等均对混凝土的抗拉强度与收缩有很大影响,应根据大体积混凝土的特点,严格控制骨料质量。

1. 粗骨料

在施工中,增大粗骨料的粒径可减少用水量,并使混凝土的收缩和泌水量减小,同时相应地减少水泥用量,从而减小了水泥的水化热,最终降低混凝土的温升。因此,粗骨料的最大粒径应尽可能地大一些,以便在发挥水泥有效作用的同时达到减小收缩的目的。对于地下室外墙大体积混凝土,粗骨料的规格往往与结构的配筋间距、模板形状以及混凝土浇筑工艺等因素有关。一般情况下,连续级配的粗骨料配制的混凝土具有较好的和易性、较少的用水量和水泥用量、较高的抗压强度,应优先选用。

2. 细骨料

在配合比中,砂率过高意味着细骨料多、粗骨料少,这对抗裂不利。由于泵送混凝土的输送管道除直管外,还有锥形管、弯管和软管等,当混凝土通过锥形管和弯管时,混凝土颗粒间的相对位置就会发生变化,此时若混凝土的砂浆量不足,就会产生堵管现象,因此在混凝土的级配中,应当在满足可泵性的条件下尽可能地降低砂率。在选择细骨料时,应以中、粗砂为宜,根据有关试验资料,当采用细度模数为 2.79,平均粒径为 0.38 的中、粗砂时,比采用细度模数为 2.12、平均粒径为 0.336 的细砂,每立方米混凝土可减少用水量 20 ~25 kg,水泥用量可相应减少 28 ~35 kg,这样就降低了混凝土的温升和混凝土的收缩。

(三)外加剂的选用

1. 减水剂

减水剂成分多为木质素磺酸钙(简称木钙),它属于阴离子表面活性剂,对水泥颗粒有明显的分散效应，并能使水的表面张力降低而引起加气作用，因此在混凝土中掺入约水泥用量0.25%的木钙减水剂，不仅能使混凝土的和易性有明显的改善，而且减少了10%左右的拌和水，节约了10%左右的水泥，从而降低了水化热。工程实践表明，在混凝土中掺入木钙减水剂后，7 d的水化热略有增大，但可减少水泥用量10%左右，因此水化热还是降低的，并且可以延迟水化热释放的速度，这样不但可以减小温度应力，而且可以使初凝和终凝的时间相应延缓5～8 h，可大大减少大体积混凝土施工过程中出现温度裂缝的可能性。

2. 膨胀剂

普通硅酸盐水泥配制的砂浆或混凝土在干燥时会产生收缩，砂浆的收缩率为0.1%～0.2%，混凝土的收缩率为0.04%～0.06%，而一般混凝土的极限拉伸仅为0.01%～0.02%，其结果导致混凝土开裂，从而破坏了结构的整体性，降低了抗渗性能。因此，在混凝土中适当地掺入膨胀剂（常用的膨胀剂有AEA、UEA、CAL等，其化学成分为AEA：矾土水泥、天然明矾石、硬石膏；UEA：烧结明矾石、天然明矾石、硬石膏等；CAL：聚丙烯腈纤维、结构纤维、钢纤维或木质纤维，经科学复配而成）置换相同质量的水泥，使其吸收部分水后发生化学反应，在混凝土中产生0.2～0.7 MPa的膨胀自应力，从而使混凝土处于受压状态，抵消由于干缩而产生的拉应力，避免裂缝的发生和发展，同时大大提高了混凝土的抗渗性能和后期抗压强度，达到混凝土结构本身抗裂防水的目的。另外，由于膨胀剂AEA、UEA在混凝土中形成膨胀物钙矾石时需吸收水，在预拌混凝土中，掺入膨胀剂会增加混凝土坍落度的损失，影响混凝土的泵送施工，因此在使用时须考虑膨胀剂与泵送剂的双掺。

（四）外加料的选用

粉煤灰是泵送混凝土的重要组成部分，它能有效地提高混凝土的抗渗性能，显著改善混凝土拌料的工作性能，并具有减水作用。由于粉煤灰的火山灰活性效应及微珠效应，使具有优良性质的粉煤灰（不低于二级）在一定掺入量下（水泥质量的15%～20%）的强度还会有所增加，包括早期强度；同时，粉煤灰的掺入可以使混凝土密实度增加，收缩变形有所减小，泌水量下降，坍落度损失减小。通过预配试验，可取得降低水灰比、减少水泥浆用量、提高混凝土可泵性等良好的效果，特别是可以明显地延缓水化热峰值的出现，降低温度峰值，并能改善混凝土的后期强度。

二、外部环境

（一）混凝土浇筑与振捣

对大体积混凝土浇筑，除一般的施工工艺外，应采取一些技术措施，如改进混凝土的搅拌工艺、改善混凝土的配合比、减少水化热，对减少混凝土收缩及提高极限拉伸有利，这对控制温度裂缝很有作用。传统的混凝土搅拌工艺在混凝土搅拌过程中水分直接润湿石子表面，并在混凝土成型和静置的过程中，自由水进一步向石子与水泥砂浆界面集中，形成石子表面的水膜层；在混凝土硬化以后，由于水膜层的存在而使界面过渡层疏松多孔，削弱了石子与硬化水泥砂浆之间的黏结，形成了混凝土最薄弱的环节，从而对混凝土的抗压强度和其他物理力学性能产生不良影响。为了进一步提高混凝土质量，采用二次投料的砂浆裹石或净浆裹石搅拌新工艺，可有效地防止水分向石子与水泥砂浆的界面集中，使硬化后界面过渡层的结构致密，黏结加强，从而使混凝土的强度提高10%左右，也提高了混凝土的抗拉强度和极限拉伸值；当混凝土的强度基本相同时，可减少7%左右的水泥用量。

对浇筑后的混凝土进行二次振捣，能排除混凝土因泌水而在粗骨料、水平钢筋下部生成的水分和空隙，提高混凝土与钢筋的握裹力，防止因混凝土沉落而出现的裂缝，减小内部微裂，增加混凝土密实度，使混凝土的抗压强度提高10% ~20%，从而提高抗裂性。混凝土二次振捣的恰当时间是指混凝土经振捣后还能恢复到塑性状态的时间，一般称为振动界限，在实际工程中应由试验确定。由于采用二次振捣的最佳时间与水泥的品种、水灰比、坍落度、气温和振捣条件等有关，同时在确定二次振捣时间时，既要考虑技术上的合理性，又要满足分层浇筑、循环周期的安排，在操作时间上要留有余地，避免这些失误而造成“冷接头”等质量问题。

（二）控制混凝土出机温度和浇筑温度

为了降低大体积混凝土总温升和减小结构的内外温差，控制出机温度是很重要的。在混凝土的原材料中，石子的比热较小，但其在每立方米混凝土中所占的质量较大。水的比热最大，但它在混凝土中占的质量却最小。因此，对混凝土的出机温度影响最大的是石子和水的温度，砂的温度次之，水泥的温度影响最小。针对以上情况，在施工中，为了降低混凝土的出机温度，应采用有效的方法降低石子的温度。在气温较高时，为了防止太阳的直接照射，可在砂、石子堆场搭设简易遮阳装置，必要时，须向骨料喷射水雾或使用冷水冲洗骨料。

混凝土从搅拌机出料后，经过运输、泵送、浇筑、振捣等工序后的温度称为混凝土的浇筑温度。由于浇筑温度过高会引起较大的干缩，因此应适当地限制混凝土的浇筑温度，一般情况下，建议混凝土的最高浇筑温度应控制在40 ℃以下。

（三）制订合理的养护方案

为了减小升温阶段的内外温差，防止因混凝土表面脱水而产生干缩裂缝，应对混凝土进行适当的潮湿养护；为了使水泥顺利进行水化，提高混凝土的极限拉伸和延缓混凝土的水化热降温速度，防止产生过大的温度应力和温度裂缝，应加强对混凝土进行保湿养护和保温养护。例如，对地下室底板采用蓄水养护或保温养护，保温养护时可采用2 ~3层的草袋或草垫之类的保温材料进行覆盖养护。对地下室墙体采用带模养护、推迟拆模时间或淋水养护、刷养护剂等方法。潮湿养护的时间越长越好，但考虑到工期因素，一般不少于半个月，重要结构不少于1个月。混凝土浇筑后数月内，即使养护完毕，也不宜长期风吹日晒。

（四）防风与回填

外部气候也是影响混凝土裂缝发生和开展的因素之一，其中，风速对混凝土的水分蒸发有直接的影响，不可忽视，地下室外墙混凝土应尽量封闭门窗，减少对流。土是最佳的养护介质，地下室外墙混凝土施工完毕后，在条件允许的情况下应尽快回填。

三、边界约束与构造

(一)合理设置后浇带

后浇带是施工期间在现浇钢筋混凝土结构中留设的临时性的温度和收缩变形缝,该缝根据工程安排保留一定时间,然后用混凝土填筑密实成为整体的无伸缩缝结构。

后浇带的间距由最大整浇长度的计算确定,一般正常情况下由式(4-23)确定,其间距为 20～30 m。用后浇带分段施工时,其计算是将降温温差和收缩分为两部分,在第一部分内结构被分成若干段,使之能有效地减小温度和收缩应力;在施工后期再将这若干段浇筑成整体,继续承受第二部分降温温差和收缩的影响。将这两部分降温温差和收缩作用下产生的温度应力叠加,其值应小于混凝土的设计抗拉强度,此即利用后浇带控制裂缝产生并达到不设永久性伸缩缝的原理。后浇带的构造有平接式、T 字式、企口式等三种,如图 4-4 所示。

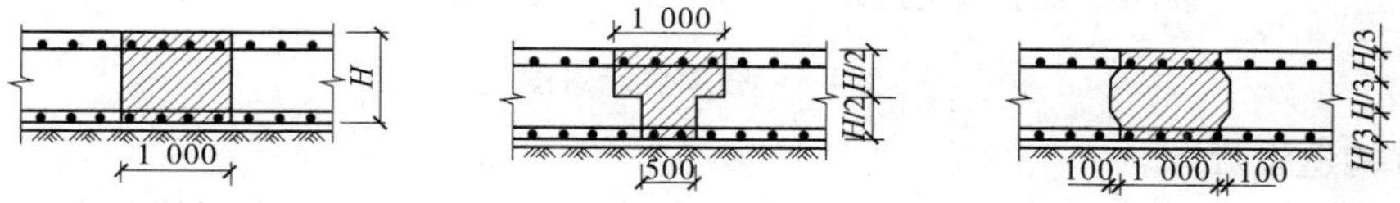

(a)平接式　(b)T字式　(c)企口式

H—底板厚度

图 4-4　后浇带构造

后浇带的宽度应考虑施工方便,避免应力集中,宽度可取 700～1 000 mm。当地上、地下都为现浇钢筋混凝土结构时,在设计中应标明后浇带的位置,并应贯通地上和地下整个结构,但钢筋不应截断。后浇带的保留时间一般不宜少于 40 d,在此期间,早期温差及 30% 以上的收缩已经完成。在填筑混凝土之前,必须将整个混凝土表面的原浆凿清形成毛面,清除垃圾及杂物,并隔夜浇水浸润。填筑的混凝土可采用膨胀混凝土,要求混凝土强度比原结构提高 5～10 N/mm^2,并保持不少于 14 d 的潮湿养护。

(二)设置应力释放带

正常情况下后浇带的间距为 20～30 m,但在许多实际工程中,由于设计、施工条件的制约,后浇带的间距往往超过这个范围。例如,在浇筑地下室外墙时,当地下室外墙很长或是环状全封闭结构时,其水平方向的约束应力相当大,若无处释放,就很容易产生竖向裂缝,因此在这类地下室外墙板上合理布置应力释放带,有目的地给予诱导释放,可以有效地减少或防止竖向裂缝的发生。

工程实例一:该工程 1 标段地下室外墙总长达 480 m,原设计设置两条后浇带(单片墙长为 70 m 左右)。在现场施工中,为防止发生外墙竖向裂缝,经研究在敏感部位增设两条应力释放带。至结构施工完毕,由观测结果可知,1 标段地下室外墙只发现 6 条细微裂缝。同样一个工地,未采取措施但条件相仿的 2 标段出现裂缝 65 条。

工程实例二:原地下室外墙总长 210 m,设计要求在主楼与墙裙之间设置一条宽 800 mm 的后浇带。在施工中,防止外墙裂缝,设置了若干条宽 800 mm 的应力释放带,间距 20 m 左右,经观测该工程地下室外墙未发现裂缝。

（三）设置滑动层和缓冲层

由于边界在约束条件下才会产生温度应力，因此在与外约束接触面上设置滑动层可以大大减弱外约束。可在外约束两端各 1/5 ~ 1/4 的范围内设置滑动层；对约束较强的接触面，可在接触面上直接设滑动层。滑动层的做法有铺设一层刷有两道热沥青的油毡，或铺设 10 ~ 20 mm 厚的沥青砂，或铺设 50 mm 厚的砂或石屑层。在高、低底板交接处和底板地梁等处，可用 30 ~ 50 mm 厚的聚苯乙烯泡沫塑料做垂直隔离层，如图 4-5 所示，以缓冲基础收缩时的侧向压力。

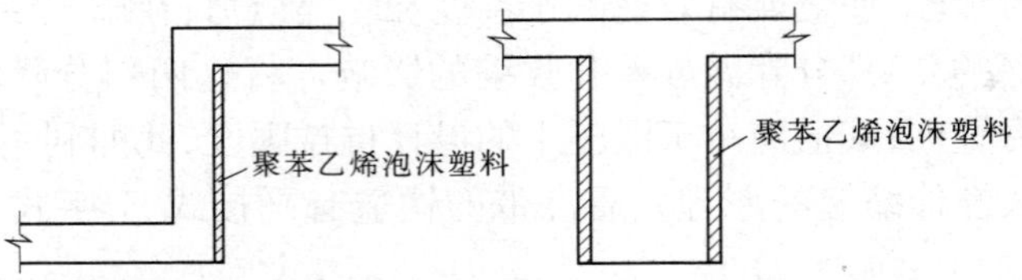

(a)高、低底板交接处　(b)底板地梁处

图 4-5　缓冲层示意图

（四）构造设计

地下室墙体结构设计时应注意构造配筋的重要性，它对结构抗裂性能的影响很大。对连续板不宜采用分离式配筋，应采用上、下两层的连续配筋；对转角处的楼板宜配上、下两层放射筋，其直径为 8 ~ 14 mm，间距约为 200 mm，同时应尽可能采用小直径、小间距。在孔洞周围、变截面转角处，由于温度变化和混凝土收缩会产生应力集中而导致裂缝，因此可在孔洞四周增配斜向钢筋、钢筋网片；在变截面处作局部处理，使截面逐步过渡，同时增配抗裂钢筋，防止裂缝。

上海浦东国际机场登机廊超长混凝土大梁总长 1 374 m，每个施工段长 72 m，它的结构断面尺寸为底宽 2. 7 m，内侧高 2. 32 m，外侧高 1. 03 m。在施工过程中，为了控制裂缝，除采取设置后浇带、改进混凝土级配、合理掺入外加剂、冷却循环水等措施外，还注重了增加抗裂构造钢筋的设置，即沿梁口两侧增设了一定数量的直径 12 mm 的抗裂钢筋绑扎在箍筋内，箍筋外再增设直径 4 mm、间距 100 mm 的抗裂筋，以抵抗收缩裂缝的产生。施工结束，在混凝土拆模后，仅从沟槽发现少量裂缝（宽度小于 0. 11 mm），并未影响清水混凝土的外观质量，达到了设计要求。

四、施工监测

在大体积混凝土的凝结硬化过程中，要加强测温工作，及时摸清不同深度处的温度场升降变化规律，即时监测混凝土内部温度情况，有的放矢地采取相应的技术措施，确保混凝土不产生过大的温度应力，具有非常重要的作用。例如，根据温度监测数据所显示混凝土内部与表面间、混凝土表面与大气间的温度差异，以及大体积混凝土降温阶段的降温速率等技术参数，可即时调整养护方案中覆盖层厚度或蓄水深度等，并且当温度显示异常时可采取必要措施。

监测混凝土内部温度，可在混凝土内不同部位埋设铜热传感器，用混凝土温度测定记录仪进行施工全过程的跟踪和监测。混凝土温度测定记录仪，是以 XQC－300 大型长图自动平衡记录仪和 WZG－010 型铜热电阻温度传感器作为基本测温单元，并加装“定时全自动扩展”装置组合而成的，将 XQC－300 型的原来 12 个点测温能力提高到 108 个点（还可以继续扩展以满足测温需要）。采用 WZG－010 型铜热电阻作为测温元件，在混凝土浇筑前预先按要求的部位埋设，以直接接触浇筑后的混凝土来感受温度。而传感器温度信号转换成的电信号则用普通铜芯胶线馈送到混凝土温度测定记录仪的信号输入端。

为了能准确地了解混凝土内部温度场的分布情况，除需要合理布置传感器外，还要确保每个传感器具有较高的可靠性。因此，必须对传感器进行封装，封装工作的工序如下：初筛→热老化处理→绝缘试验→馈线焊接和密封。初筛、热老化处理和绝缘试验的目的是确保铜热传感器的可靠性、准确性和密封性，剔除原材料质量不合格和限定混凝土碱性腐蚀对测试工作的影响。而馈线焊接和密封，则是保证传感器正常工作必不可少的工作，将馈线与传感器接线头焊接后，再用环氧树脂密封就可供现场布置。待馈线与仪器接好后，须再次对传感器进行试测检查。试测完毕后，混凝土温度测试的准备工作即告结束。

第四节　大体积混凝土基础结构施工

大体积混凝土基础结构类型多为箱形基础和筏形基础，其施工均包括钢筋工程、模板工程及混凝土工程三个分项，但由于其基础体积巨大，与一般混凝土工程相比，施工更为复杂。

一、钢筋工程

大体积混凝土结构的钢筋，具有数量多、直径大、分布密、上下层钢筋高差大等特点。为使钢筋网片的网格方整划一、间距正确，在进行钢筋绑扎或焊接时，可采用 4 ~ 5 m 长卡尺限位绑扎，即根据钢筋间距在卡尺上设置缺口，绑扎时在长钢筋的两端用卡尺缺口卡住钢筋，待绑扎牢固后拿去卡尺，这样既能满足钢筋间距的质量要求，又能加快绑扎的速度，如图 4-6 所示。钢筋网片和骨架多在钢筋加工厂成型，运到工地进行安装。工地有时亦设简易钢筋加工成型机械，以便临时补缺。

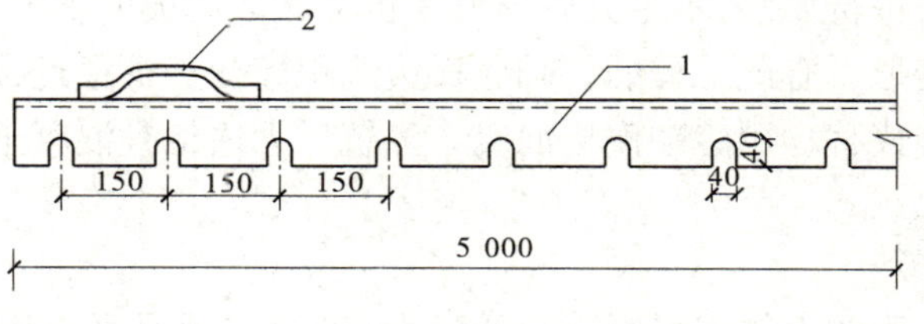

1—$\llcorner$ 63 × 6；2—ϕ 12 把手

图 4-6　绑扎钢筋用卡尺

粗钢筋的连接，可采用气压焊、对接焊、锥螺纹和套筒挤压连接等方法，详细的连接方法可参见第六章。需要在基坑内底板处进行连接的，多用锥螺纹或套筒挤压连接。

大体积混凝土结构由于厚度大，多数设计为上、下两层钢筋。为保证上层钢筋的标高和位置准确无误，应设立支架支撑上层钢筋。过去多用钢筋支架，不仅用钢量大，稳定性差，操作不安全，而且难以保持上层钢筋在同一水平上。支架除支撑上层钢筋外，亦支撑操作平台的施工荷载，则钢筋支架的强度和稳定性可能不足，宜改用型钢支架，如图4-7所示。

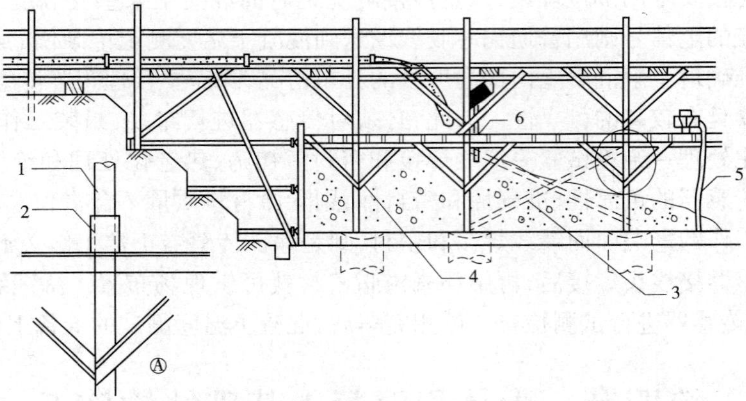

1—Φ48 脚手架；2—插座管（内径 50 mm）；
3—剪刀撑；4—钢筋支架；5—前道振捣；6—后道振捣

图 4-7　钢筋支架与操作平台

二、模板工程

模板是保证工程结构外形和尺寸的关键，而混凝土对模板的侧压力是确定模板尺寸的依据。大体积混凝土采用泵送工艺，其特点是速度快，浇筑面集中，不可能同时将混凝土均匀地分送到浇筑混凝土的各个部位，而是一下子就使某一部分的混凝土升至很高，然后移动输送管，依次浇筑另一部分的混凝土。因此，采用泵送工艺的大体积混凝土的模板，不能按传统、常规的办法配置，应根据实际受力状况，对模板和支撑系统等进行计算，以确保模板体系具有足够的强度和刚度。

箱形基础的底板模板，多将组合钢模板（或钢框胶合板、竹胶板模板）按照模板配板设计组装成大块模板进行安装，不足处以异形模板补充。模板要支撑牢固，防止在混凝土侧压力作用下产生变形。有此工程的基础底板边线距离支护桩很近，难以支设模板，因此有的底板侧模用砌砖代替。用砖砌模板混凝土浇筑后无法检查混凝土的浇筑质量。

三、混凝土工程

高层建筑基础工程的大体积混凝土数量巨大，筏板基础混凝土用量亦达数千立方米以至万余立方米。大体积混凝土的浇筑类似普通混凝土，也包括搅拌、运送、浇筑入模、振捣及平仓等工序，其中浇筑方法可结合结构物大小、钢筋疏密、混凝土供应条件以及施工季节等情况加以选择。

（一）混凝土浇筑方法

为保证混凝土结构的整体性，混凝土应连续浇筑，要求在下层混凝土初凝前就被上层混凝土覆盖并捣实。根据结构特点不同，可分为全断面分层浇筑、分段分层浇筑和斜面分层浇筑等方案，常用的是斜面分层浇筑法，见图 4-8。斜面分层浇筑，即当结构的长度超过厚度的 3 倍时，可以采用斜面分层浇筑。采用此方案时，斜面坡度取决于混凝土坍落度，混凝土浇筑厚度一般为 20 ~ 30 cm，振捣工作应从浇筑层的下端开始。

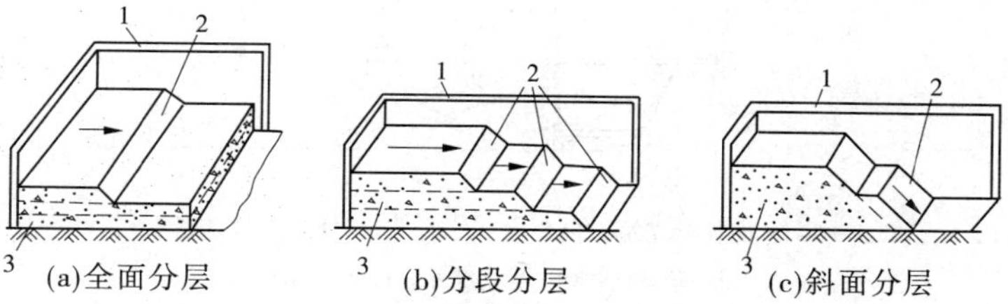

1—模板；2—新浇筑的混凝土；3—已浇筑的混凝土

图 4-8　大体积混凝土基础浇筑方案

（二）混凝土振捣

根据混凝土泵送时会自然形成一个坡度的实际情况，在每个浇筑带的前、后布置两道振动器，第一道振动器布置在混凝土卸料点，主要解决上部混凝土的捣实；第二道振动器布置在混凝土坡脚处，以确保下部混凝土的密实。随着混凝土浇筑工作的向前推进，振动器也相应跟上，以保证整个高度混凝土的质量（见图 4-9）。

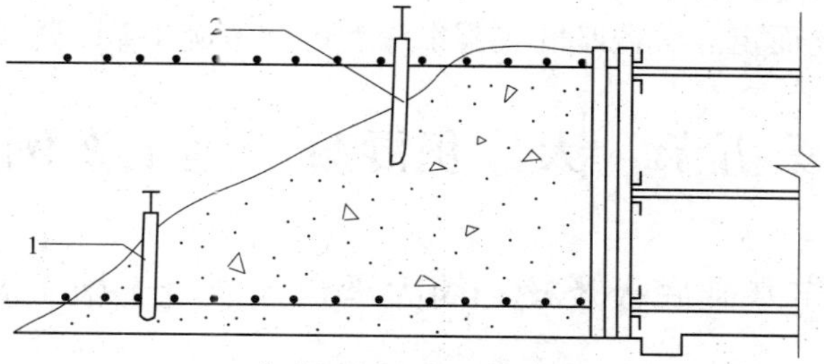

1—前道振捣器；2—后道振捣器

图 4-9　混凝土振捣示意图

（三）混凝土质量

1. 混凝土的泌水处理

大体积混凝土施工，由于采用大流动性混凝土分层浇筑，上下层施工的间隔时间较长（一般为 1.5 ~ 3 h），经过振捣后上涌的泌水和浮浆易顺混凝土坡面流到坑底。当采用泵送混凝土施工时，泌水现象尤为严重，解决的办法是在混凝土垫层施工时，预先在横向上做出 2 cm 的坡度；在结构四周侧模的底部开设排水孔，使泌水从孔中自然流出；少量来不及排除的泌水，随着混凝土浇筑向前推进被赶至基坑顶端，由顶端模板下部的预留孔排至坑外，见图 4-10。

当混凝土大坡面的坡脚接近顶端模板时，应改变混凝土的浇筑方向，即从顶端往回浇筑，与原斜坡相交成一个集水坑，另外有意识地加强两侧模板外的混凝土浇筑强度，这样集水坑逐步在中间缩小成小水潭，然后用软轴泵及时将泌水排除。这种方法适用于排除最后阶段的所有泌水。

2. 混凝土的表面处理

大体积混凝土（尤其是泵送混凝土）的表面水泥浆较厚，不仅会引起混凝土的表面收

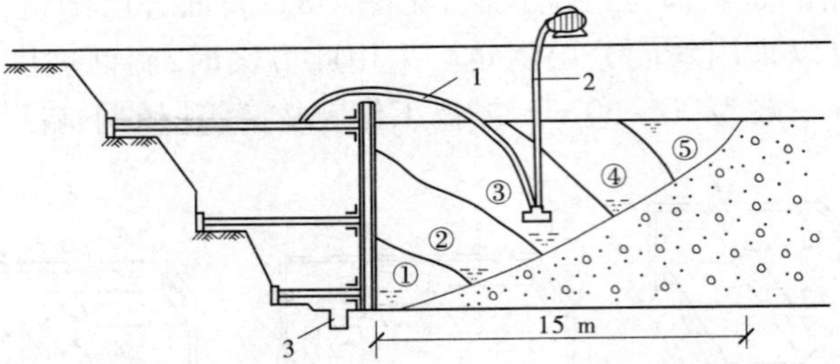

1—顶端混凝土浇筑方向(①、②、…、⑤—分层浇筑流程);

2—软轴抽水机排除泌水;3—排水沟

图4-10　顶端混凝土浇筑方向及泌水排除

缩开裂,而且会影响混凝土的表面强度。因此,在混凝土浇筑结束后要认真进行表面处理。处理的基本方法是混凝土浇筑4~5 h后,先初步按设计标高用长刮尺刮平,在初凝前(因混凝土内掺加木质素磺酸钙减水剂,初凝时间延长到6~8 h)用铁滚筒碾压数遍,再用木抹子打磨压实,以闭合收水裂缝,经12~14 h后,覆盖两层草袋(包)充分浇水润湿养护。

3. *养护*

大体积混凝土的养护可采用塑料薄膜与草袋相间覆盖或蓄水的方法养护。采取何种方案可根据现场情况而定。覆盖厚度或蓄水深度可参考例4-2计算确定。

第五节　大体积混凝土施工案例

一、某高层建筑基础底板及核心筒大承台板混凝土施工温度监测

(一)工程概况

某高层建筑工程地下室为3层,地上塔楼43层。其基础为0.8 m的筏板,核心筒大承台板厚2.5 m,电梯井周围局部板厚5.0 m。核心筒大承台板长为28.00 m、宽为13.76 m,混凝土土方量2 000 m^3,属于大体积混凝土范畴。混凝土强度等级为C35/S12。平面图及剖面图如图4-11所示。

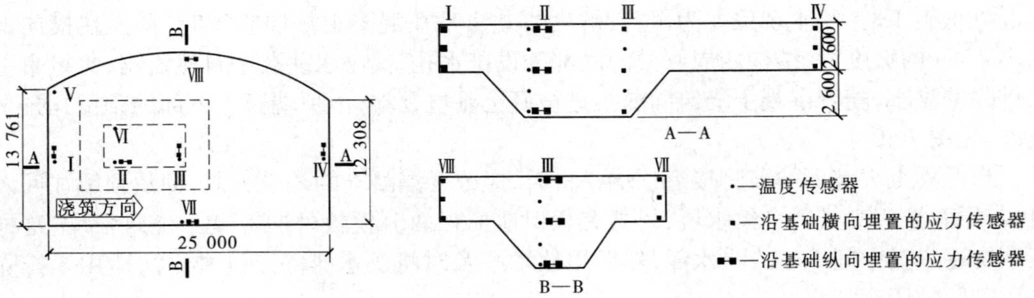

图4-11　基础及测点布置情况

（二）施工情况

底板混凝土从1999年4月24日09:30时开始，先浇筑核心筒凹下部分的3.4 m，然后连续浇筑大面积底板，4月26日21:00时结束。由于该工程大体积混凝土下部受到地基周边约束，上部受到大面积底板的约束，工程特殊，同时，施工时环境气温为18～25 ℃，昼夜温差较大，故采取了温度监测和应力监测。温度及温度应力测试点布置如图4-11所示。

（三）温度及温度应力监测情况

从测温情况看，各点温度在浇筑后两天均达到最高值。核心筒5.00 m厚承台混凝土中心温度最高70.5 ℃（第Ⅱ组），2.5 m厚板温度为62 ℃（第Ⅰ、Ⅴ组），内外温差均在25 ℃以内，其中第Ⅱ组内外温差最大，为24.5 ℃。各点的温度曲线基本符合抛物线规律。

温度应力监测时间从4月24日09:00时开始。从测试中发现，混凝土水化升温膨胀阶段应力值很小，表明此时混凝土还处于塑性状态，测试数据无多大意义，所以没有在曲线图上反映出来。随着混凝土龄期增长，弹性模量变大，温度应力逐步显示出来，表面受拉应力发展较快且较大，最大拉应力值为1.29 MPa（第Ⅰ、Ⅶ组表面），底面多表现为压应力。

温度应力—龄期曲线还表明，与长边平行方向的测点（第Ⅱ、Ⅶ、Ⅷ组）比与短边平行方向的测点（第Ⅰ、Ⅲ、Ⅳ组）表面所受拉的拉应力略大。前者表面最大拉应力的平均值为+1.21 MPa，后者表面最大拉应力的平均值为+1.03 MPa。核心筒四周变截面处（如Ⅰ、Ⅳ、Ⅶ、Ⅷ组）表面所受的拉应力大。

对整板而言，在第7天至第8天混凝土的应力增至最大。4月30日（第7天）降大雨，日平均气温下降3 ℃，混凝土的温度开始快速下降，至5月1日各监测点的表面温度应力为+0.50～+1.29 MPa；而混凝土7 d的实际抗压强度值为27.0 MPa，可推算出抗拉强度在1.7 MPa以上。说明此时混凝土强度可以抵抗其温度应力。

从本工程实例可见，虽然混凝土内外温差不大，内部降温也不快，但是，由于混凝土受边界约束较大（这里主要有来自地基的约束和由于基础底板结构异型而造成的约束和应力集中），且受到气温陡降影响，故其温度应力值较大。所以，注意解决大体积混凝土边界约束条件是一个值得注意的问题。

二、某高层建筑筏板基础大体积混凝土施工

（一）工程概况及特点

某办公大楼，地下2层，地上21层，主体是混凝土框架－剪力墙结构，总建筑面积为40 796 m^2。基础底板混凝土设计强度等级为C40，抗渗等级为P6，板厚1.8 m，底板平面尺寸为70 m×44 m，总体积约5 800 m^3，按大体积施工工艺组织施工。两条后浇带将底板分为3段进行混凝土浇筑。第1段混凝土1 600 m^3，第2段混凝土1 800 m^3，第3段混凝土2 400 m^3。

（二）施工情况

1. 工程特点

（1）基础底板大而厚，且要求连续浇筑到顶，最大一次浇筑混凝土 2 400 m^3。

（2）主楼核心筒体 22.8 m×22.8 m 深坑与基础底板面标高下落 2.20 m，使之高低跨处底板厚达 4 m，混凝土内部温度不易散发。

（3）混凝土浇筑期历经冬末春初，气候因素变化大，故温控技术措施必须周全。

（4）由于商品混凝土供应渠道紧张，所以协调工作量大。

2. 施工前技术关键工作落实

1）混凝土供应商选择

本工程受结构合同工期只有 10 个月的限制，在满足工程总进度的要求下，最终确定一家专业商品混凝土技术服务公司牵头，联合 3 家中、小型混凝土搅拌站作为本工程的混凝土供应单位。

2）配合比确定

在混凝土浇筑前进行试配，确定的配合比如下：

（1）水泥采用水化热低的 42.5 级矿渣水泥，并征得设计同意，以 60 d 后期强度替代 28 d 标准强度。

（2）粉煤灰采用Ⅰ级磨细灰，达到减少水泥用量、减缓水泥水化热释放速度、改善混凝土和易性和泵送性的要求。

（3）外掺剂选用高效缓凝早强剂，减缓混凝土凝固时间，并利用早强性能使浇筑混凝土在较短的时间内达到足以抵抗温差应力的必要抗拉强度。

（4）骨料：碎石为 5～40 mm 粒径，级配良好；中砂细度模数 >2.3，含泥量 $<1\%$。

3）分层分块划分施工段

第 1 段与第 2 段以后浇带为界进行分块，第 2 段与第 3 段以中央筒体深坑与基础底板落差大进行水平分层，达到减小浇筑厚度来降低混凝土的中心绝对温度。为确保底板的整体性、抗渗性，应在水平分层施工缝处增设双道钢板止水片，施工缝面混凝土拉毛。

3. 大体积混凝土的施工

1）浇筑方法

根据划分的 3 个施工段，因地制宜地确定总体浇筑顺序。浇筑采用“斜面分层、薄层浇捣、循序推进、一次到边”连续施工的方法，每个泵负责一定宽度范围的浇筑带，各泵浇筑带前后略有错位，形成阶梯式分层推进局面，以达到提高泵送工效，简化混凝土泌水处理，确保上下混凝土层的结合。对于第 3 段 2 400 m^3 混凝土浇筑，采用 3 台泵、36 辆运输车，通过对每泵混凝土土方量的统计，控制每泵泵送量为 25～30 m^3/h，避免施工中冷缝的出现。

2）泌水处理

流动性的混凝土在浇筑过程中，上涌的泌水和浆水顺着混凝土坡脚流淌到坑底，故采取的措施是在混凝土垫层施工时，使其施工成一定的坡度，使大量的泌水顺垫层坡度流入周围的盲沟，通过积水坑排放到基坑外，当混凝土的坡脚接近后浇带、模板顶端或底板面标高时，要求振捣操作手改变混凝土的浇筑方向，即由顶端往回浇筑，与斜坡面形成一个积水潭,用软管及时排除最后的泌水。

3)表面处理

泵送混凝土由于强度高,表面水泥浆较厚,故在混凝土浇筑后至初凝前,应按初步标高进行拍打振实后用长木尺抹平,赶走表面泌水,初凝后至终凝前,用木抹板打压实,紧跟着用铁抹刀抹光闭合收水裂缝。

4. 底板混凝土后浇带处理

在底板大体积混凝土施工中,有较多的混凝土浆等通过隔离钢板网流入后浇带内,而底板钢筋的贯穿给后浇带内的后期清理带来困难。

在本工程中采用了以下措施:在后浇带下设加强止水部分,加深形成一条深 200 mm 的排污沟,并向两端找坡。在排污沟内有少许砂浆难以完全清出,由于设置的排污沟比底板落深 200 mm,亦可让其留在排污沟内,对结构也不会产生影响。后浇带的浇筑时间、混凝土级配要求等必须满足设计要求。应特别注意后浇带附加防水区处的止水施工质量,止水带的选材必须严格,接长不留隐患。在后浇带加强止水部分的垫层上加铺防水卷材,并向每边延长 500 mm 以上。后浇带处钢筋不断开,侧向采用双层钢板网做侧模。后浇带留置完毕,马上铺盖木板,以防杂物掉入造成清理困难。

(三)混凝土测温监控与养护

1. 温度监测

(1)采用混凝土温度测定仪和微机连接进行底板混凝土温控过程的 24 h 连续监测。

(2)采用电流型的进口精密集成温度传感器做温感元件,传感器经筛选并作老化处理后用金属管套封保护,隔氧密封,正式布设后对已作密封的传感器再次标定。

(3)测温点选择西北角底板平面内 1/4 区域布置,凹凸折角和混凝土底板侧面及底板中心各部位,分别代表性地布设测温点,共计 32 个测点,分上、中、下 3 层或 5 层设置。

(4)实际保温监测期为 24 d,监测期内,当混凝土垂直测点相邻温差超过 25 ℃时,及时发出报警报告,使之有的放矢地对保温层采取措施。

2. 混凝土养护

根据工程经验加上理论计算,采用了塑料薄膜与草袋相间覆盖的方法。根据测温报告数据,采用两层草袋两层薄膜,为了防止气温骤变影响,在混凝土升温和早期降温过程中,有控制地加强保温层,在混凝土降温中期,为加快降温速率,采用白天掀开部分保温层、晚间覆盖的做法,混凝土降温后期采用逐日掀开保温层的做法。本工程的底板混凝土表面光洁平整,除局部少许干缩裂缝外未出现其他裂缝,经过一个雨季的检验,混凝土底板未出现任何渗漏。

习　题

1. 简述混凝土裂缝的分类及成因。

2. 简述炎热气候条件下和冬季施工大体积混凝土时应该注意的问题,并根据所学混凝土结构基本理论知识,简述如何从根本上控制大体积混凝土的温度应力裂缝。

3. 大体积混凝土温度应力计算在工程中具体的应用有哪些方面?

4. 很多施工技术欠发达的地区，施工人员通过在大体积混凝土的表面洒水的方式降温，这样做有何结果？

5. 大体积混凝土基础底板，厚度为 2 m，在 3 d 混凝土内部中心温度 56 ℃，实测混凝土表面温度为 23 ℃，大气温度为 16 ℃，混凝土热导率为 2.3 W/(m·K) 。试求表面所需保温材料的厚度。

6. 大型设备基础底板长 49 m、宽 12 m、厚 1.2 m，混凝土强度等级为 C20，采用 60 d 后期强度配合比，用 32.5 级矿渣水泥，水泥用量 $m_c = 280\ kg/m^3$，混凝土浇筑入模温度 $T_j = 28$ ℃，施工时平均气温为 25 ℃，结构物周围用钢模板，在模板和混凝土上表面外包两层草袋保温，混凝土比热 $C = 1.0\ kJ/(kg \cdot K)$，混凝土密度 $\rho = 2\ 400\ kg/m^3$。试计算总降温产生的最大温度拉应力及安全系数。

第五章　高层建筑起重及运输机械

高层建筑施工，每天都有大量的建筑材料、半成品、成品和施工人员要进行垂直运输，因此起重运输机械的正确选择和使用非常重要。

高层建筑施工常用的垂直运输机械有塔式起重机、施工电梯、混凝土搅拌运输车与混凝土泵、高层建筑脚手架。

第一节　塔式起重机

塔式起重机（简称塔机，亦称塔吊）的结构特点是有一个直立的塔身，起重臂安装在垂直塔身的上部，它是高层、超高层建筑施工的主要施工机械。随着现代新工艺、新技术的不断广泛使用，塔式起重机的性能和参数在不断提高。

一、塔式起重机的组成

（一）金属结构部分

塔机的金属结构部分是整台塔机的支撑架，其设计制作的好坏直接关系到整台塔机使用性能的好坏和使用寿命的长短，也关系到建筑工地生命财产是否安全，因而金属结构是塔机的关键组成部分。塔机的金属结构主要包括底架、塔身、爬升套架、附着架、回转下支座、回转上支座、工作平台、回转塔身、起重臂、起重臂拉杆、平衡臂、平衡臂拉杆、塔顶、驾驶室、变幅小车等部件。

（二）机械传动部分

机械传动部分包括起升机构、行走机构、变幅机构、回转机构、液压顶升机构、电梯卷扬机构以及电缆卷筒等。

（三）电器控制与安全保护部分

电器控制与安全保护部分包括电动机、控制器、动力线、照明灯、各安全保护装置以及中央集电环等。外部支承设施包括轨道基础及附着支撑等。

二、塔式起重机的分类

（一）按行走机构划分

按行走机构，塔式起重机可分为自行式塔式起重机、固定式塔式起重机。自行式塔式起重机能够在固定的轨道上、地面上开行，其特点是能靠近工作点、转移方便、机动性强，常见的自行式塔式起重机有轨道行走式、轮胎行走式、履带行走式等。固定式塔式起重机没有行走机构，能够附着在固定的建筑物或建筑物的基础上，随着建筑物或构筑物的上升不断地上升。

（二）按起重臂变幅方法划分

按起重臂变幅方法，塔式起重机可分为起重臂变幅式塔式起重机和起重小车变幅式塔式起重机。前者起重臂与塔身铰接，变幅时可调整起重臂的仰角，常见的变幅结构有电动和手动两种；后者起重臂是不变（或可变）横梁，下弦装有起重小车，变幅简单，操作方便，并能负载变幅。

（三）按回转方式划分

按回转方式，塔式起重机可分为上塔回转塔式起重机和下塔回转塔式起重机。前者塔尖回转，塔身不动，回转机构在顶部，结构简单，但起重机重心偏高，塔身下部要加配重，操作室位置较低，不利于高层建筑施工；后者塔身与起重臂同时旋转，回转机构在塔身下部，便于维修，操作室位置较高，便于施工观测，但回转机构较复杂。

（四）按起重能力划分

按起重能力，塔式起重机可分为轻型塔式起重机、中型塔式起重机和重型塔式起重机。一般情况下，以起重量 0.5 ~ 3.0 t 为轻型塔式起重机，以起重量 3.0 ~ 15 t 为中型塔式起重机，以起重量 15 ~ 40 t 为重型塔式起重机。

（五）按塔式起重机使用架设的要求划分

按塔式起重机使用架设的要求可分为固定式、轨道式、附着式和内爬式四种。固定式塔式起重机将塔身基础固定在地基基础或结构物上，塔身不能行走。轨道式塔式起重机又称轨道行走式塔式起重机，简称轨行式塔式起重机，在轨道上可以负荷行驶。附着式塔式起重机每隔一定间距通过支撑将塔身锚固在构筑物上。内爬式塔式起重机设置在建筑物内部（如电梯井、楼梯间等），通过支撑在结构物上的爬升装置，使整机随着建筑物的升高而升高。

1. 附着式塔式起重机

附着式塔式起重机是固定在建筑物近旁钢筋混凝土基础上的起重机，它也是一种自升式塔式起重机。随建筑物的升高，利用液压自升系统逐步将塔顶顶升，塔身接高。为了保证塔身的稳定，每隔一定距离将塔身与建筑物用锚固装置水平联结起来，使起重机依附在建筑物上。

1）基础

塔式起重机上部荷载传递到底座的力，大致由中心受压、在 x 轴或 y 轴向的弯矩和起重臂旋转所引起的扭转惯性力等组成。随着塔式起重机的类型不同，底座力传递对象也有所不同：行走式为轨道基础，自升式、内爬式为支承架，附着固定式为钢筋混凝土基础。在设计计算中应根据具体作业特点分别计算。

高层建筑施工用的附着式塔式起重机大都采用小车变幅的水平臂架，幅度亦多在 50 m 以上，无须移动作业即可覆盖整个施工范围，因此多采用钢筋混凝土基础。

A. 塔式起重机基础类型

钢筋混凝土基础有多种形式可供选用。对于有底架的固定自升式塔式起重机，可视工程地质条件、周围环境以及施工现场情况选用 X 形整体式钢筋混凝土基础、条块分隔式钢筋混凝土基础、分块式钢筋混凝土基础或独立式整体钢筋混凝土基础。对于无底架的固定自升式塔式起重机，则采用整体式方块基础。

(1)图 5-1 所示 X 形整体式钢筋混凝土基础的形状及平面尺寸，大致与塔式起重机 X 形底架相似，塔式起重机的 X 形底架通过预埋地脚螺栓固定在混凝土基础上。此种形式多用于轻型自升式塔式起重机。

(2)条块分隔式钢筋混凝土基础如图 5-2 所示，由两条或四条并列平行的钢筋混凝土底梁组成，分别支承底架的四个支座和由底架支座传来的上部荷载。当塔式起重机安装在混凝土砌块人行道上或原有混凝土地面上时，均可采用此种形式的钢筋混凝土基础。

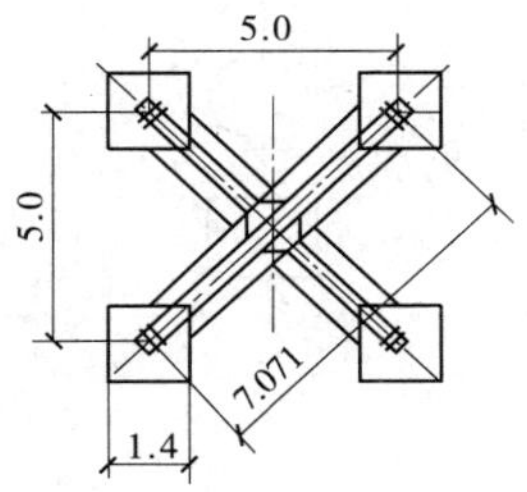

图 5-1　X 形整体式钢筋混凝土基础　(单位：m)

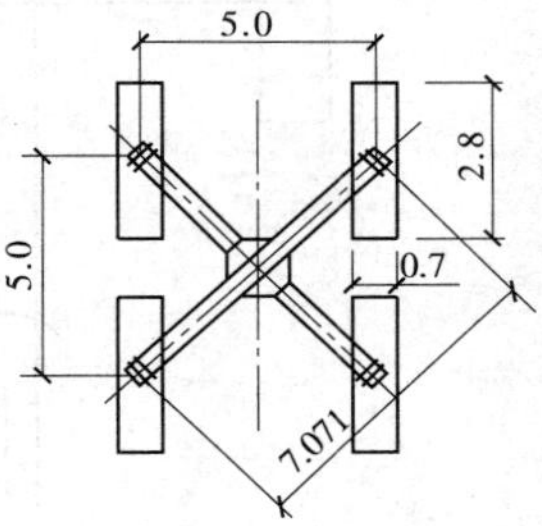

图 5-2　条块分隔式钢筋混凝土基础　(单位：m)

(3)分块式钢筋混凝土基础如图 5-3 所示，由四个独立的钢筋混凝土块体组成，分别承受由底架结构传来的上部荷载，块体的构造尺寸视塔式起重机支反力大小及地耐力而定。由于基础仅承受底架传递的垂直力，故可作为中心负荷独立柱基础处理。其优点是：构造比较简单，混凝土及钢筋用量都较少，造价便宜。

(4)独立式整体钢筋混凝土基础如图 5-4 所示，适用于无底架固定自升式塔式起重机。其构造特点是：塔式起重机的塔身结构通过塔身基础节、预埋塔身框架或预埋塔身主角钢等固定在钢筋混凝土基础上，从而使塔身结构与混凝土基础连成一体，并将起重机上部荷载全部传递到地基。由于整体钢筋混凝土基础的体形尺寸是考虑塔式起重机的最大支反力、地基承载力以及压重的需求而选定的，因此能确保塔式起重机在最不利工况下均可安全工作，不会产生倾翻事故。

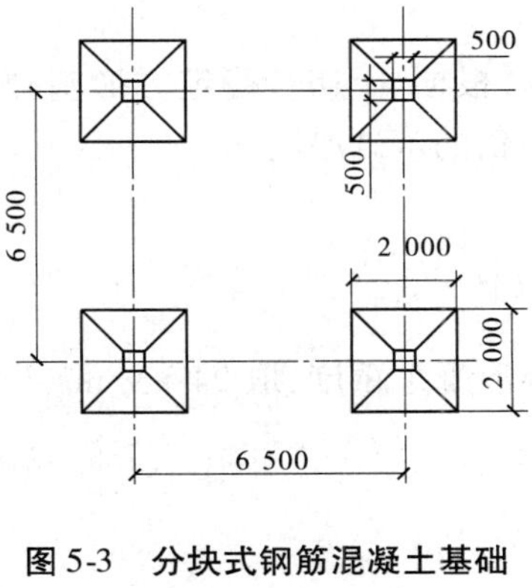

图 5-3　分块式钢筋混凝土基础

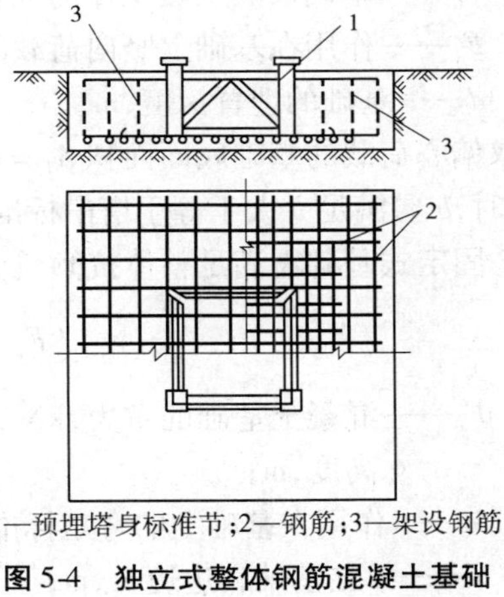

1—预埋塔身标准节；2—钢筋；3—架设钢筋

图 5-4　独立式整体钢筋混凝土基础

B. 塔式起重机固定式基础的计算

(1)基础几何尺寸的确定。

塔式起重机基础受偏心荷载作用(见图5-5),按如下方法确定方形基础的几何尺寸:

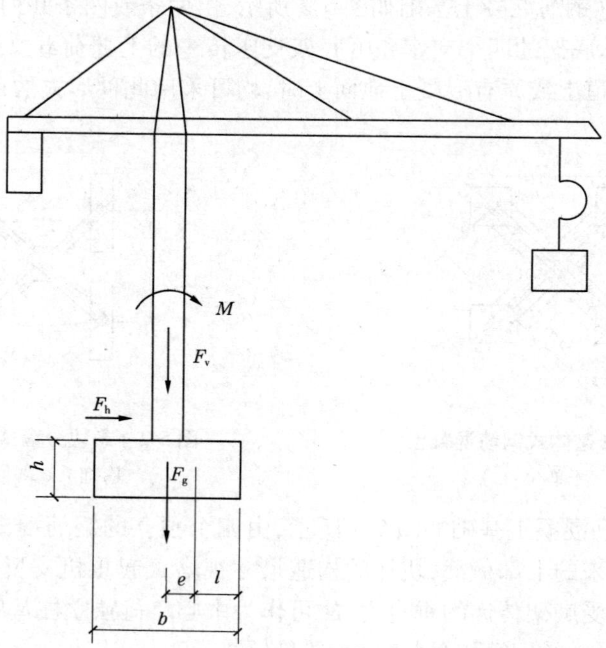

图5-5　塔式起重机抗倾覆稳定性计算简图

①按照轴心受压,用下式估算接触底面面积 A_0:

$$A_0 \geqslant \frac{F_v}{f_a - \gamma_G d} \tag{5-1}$$

式中　A_0——基础底面面积,m^2;

f_a——地基承载力,由实地勘探和基础处情况确定,kPa;

γ_G——基础及其上覆土体的混合重度,kN/m^3;

F_v——作用在基础上竖向荷载的标准值,kN;

d——基础的埋置深度,m。

取偏心荷载的基础底面面积 $A_1=(1.1\sim1.4)A_0$,根据 A_1 初步确定方形基础的边长 b。同时,b 要满足 b 大于等于塔吊标准节宽度乘以2倍的基础厚度 h。

②固定式基础需满足整体抗倾覆要求:

$$(F_v + F_g)\cdot\frac{b}{2} \geqslant kM \tag{5-2}$$

式中　F_g——混凝土基础的重力,kN,$F_g=\gamma b^2 h$,γ 为混凝土重度,取24 kN/m^3,h 为基础高度,m;

M——作用在基础上的弯矩标准值,kN·m;

b——独立基础底边边长,m;

k——安全系数，一般取 2。

可由式(5-2)初步确定基础高度 h。

③由式(5-1)和式(5-2)确定的基础边长 b 和基础高度 h 需满足地基承载力要求：

当偏心距 $e < \frac{b}{6}$ 时

$$p_{max} = \frac{F_v + F_g}{A} + \frac{M}{W} \leqslant 1.2f_a \tag{5-3}$$

式中 p_{max}——相应于荷载效应标准组合时，基础底面边缘的最大压力值，kPa；

W——基础底面的抵抗矩，kN · m；

A——基础底面面积，m^2。

当偏心距 $\frac{b}{6} < e < \frac{b}{3}$ 时

$$p_{max} = \frac{2(F_v + F_g)}{3bl} \leqslant 1.2f_a \tag{5-4}$$

式中 l——合力作用点处至基础底面最大压力边缘的距离，m，此处偏安全的取 $l = \frac{b}{6}$。

$$e = \frac{M + F_h h}{F_v + F_g} \leqslant \frac{b}{3} \tag{5-5}$$

式中 F_h——作用在基础上的水平力，kN。

若不满足式(5-3)或式(5-4)，需反复调整 b 和 h 的尺寸直至满足。

(2)地基承载力验算与整体抗倾覆验算。

①塔式起重机独立基础应满足整体抗倾覆稳定性。混凝土基础的抗倾覆稳定性按式(5-5)计算。

②塔式起重机独立基础应满足强度要求。塔式起重机基础强度应满足式(5-3)或式(5-4)。

(3)基础底板的配筋，应按抗弯计算确定，本部分荷载均取基本组合值。

①在荷载基本组合下，重新计算偏心距 e：

$$e = \frac{1.4(M + F_h h)}{1.2(F_v + F_g)} \tag{5-6}$$

式中 e——偏心距，底面反力的合力至基础中心的距离，m。

②计算底板弯矩：

当偏心距 $e < \frac{b}{6}$ 时，底板受弯可用下式计算

$$M_1 = \frac{1}{12}a^2\left[(2b + b')\left(p_{max} + p - \frac{2G}{A}\right) + (p_{max} - p)b\right] \tag{5-7}$$

式中 M_1——截面 1—1 处弯矩(见图 5-6)，kN · m；

p——基础底面 1—1 处的应力，kPa；

a——截面 1—1 至基底边缘最大应力处的距离，m；

b、b'——基础底边长和塔身边长，m；

G——考虑荷载分项系数的基础自重及其上的土自重，kN。

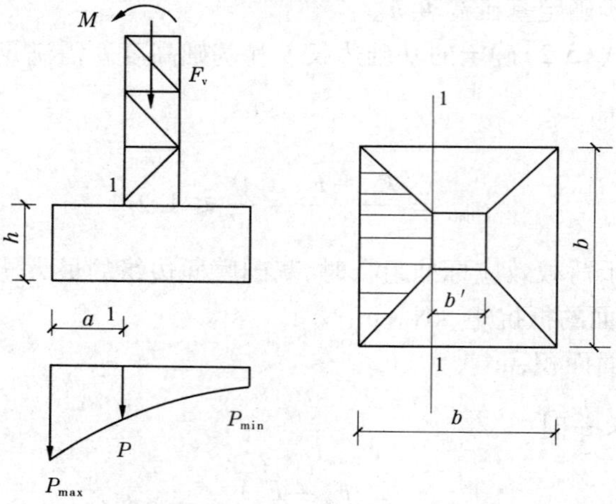

图 5-6　混凝土基础计算简图

当 $e \geqslant \frac{b}{6}$ 时，底板受弯可用下式计算

$$M = p_F d \frac{d}{2} + (p_{max} - p_F) \frac{d}{2} \frac{2d}{3} \tag{5-8}$$

$$d = \frac{b - b'}{2}$$

$$p_F = \frac{3C - \frac{b - b'}{2}}{3C} p_{max}$$

$$C = \frac{b}{2} - e$$

式中　p_F——基底应力。

③底板计算截面所需要的钢筋面积为

$$A_s = \frac{kM}{0.9 h_0 f_y} \tag{5-9}$$

式中　M——配筋截面处的设计弯矩，kN · m；

k——安全系数，取 1.2 ~ 1.4；

f_y——钢筋的抗拉强度设计值，MPa；

h_0——基础截面有效高度，m。

④由于塔式起重机 360°旋转，故基础底板需双向配筋。

2) 附着装置

A. 附着装置形式

附着式塔式起重机在塔身高度超过限定自由高度(一般为 30 ~ 40 m)时，即应加附着装置与建筑结构拉结。装设第一道附着装置后，每增高塔身 14 ~ 20 m 应再加设一道，最上一道附着装置以上的塔身自由高度不应超过规定限值。

附着装置由锚固环、附着杆组成。锚固环由型钢、钢板拼焊成方形截面，用连接板与塔身腹杆相连,并与塔身主弦杆卡固。附着拉杆有多种布置形式,可以使用三根或四根拉杆,根据施工现场情况而定。三根拉杆附着杆结点如图 5-7 所示。

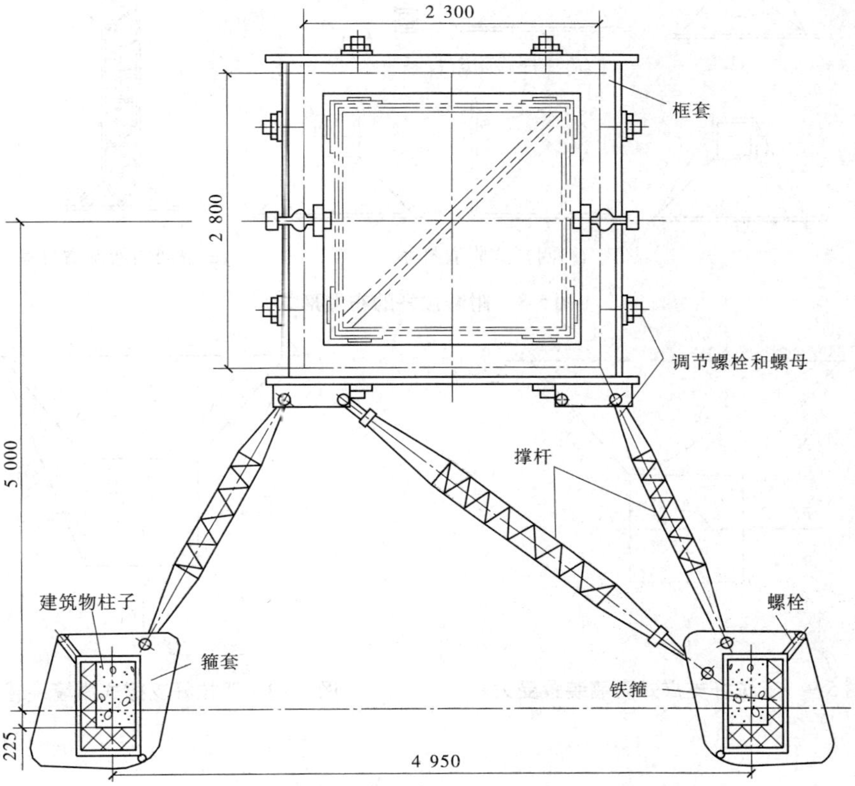

图 5-7 Q4 – 10 型塔式起重机附着装置

常用的塔机塔身与建筑物墙(柱)之间连接的附着杆(杆系)形式有图 5-8(a)所示的几种,附着距离一般为 4.1 ~ 6.5 m,距离大的可达 10 m,个别情况也有达 15 m 的。附着距离为 6.5 ~ 10 m 的,也可采用图 5-8(b)所示的布置形式,附着拉杆可借用标准附着件适当加长和加固,必要时在一附着点上、下各设置一道附着拉杆。对于 15 m 或超过 15 m 的附着拉杆,可采用三角截面空间桁架式附着杆系,如图 5-8(c)所示,并可用作桁架,供司机登机操作之用。

B. 附着装置的计算

附着拉杆的受力大小取决于锚固点以上塔身的荷载以及附着装置的尺寸及形式。

三拉杆支撑式附墙装置受力如图 5-9 所示。塔身受力为水平力 F_x、F_y 及扭矩 M,三根拉杆为轴心受力构件,根据静力平衡条件方程,可求得各杆件内力。

四拉杆支撑式附墙装置受力如图 5-10 所示。杆系是超静定结构,可以用力法方程求解。将杆件 1 视为多余约束,此时杆系成为静定结构,则在外荷载作用下各杆件内力 N_{iP} 由以下力平衡方程解出:$\sum X = 0$, $\sum Y = 0$, $\sum M = 0$。再求得在沿杆件 1 方向的单位多余约束力作用下的各杆件内力$\overline{N_i}$。单位力引起杆件 1 的位移 δ_{11} 为

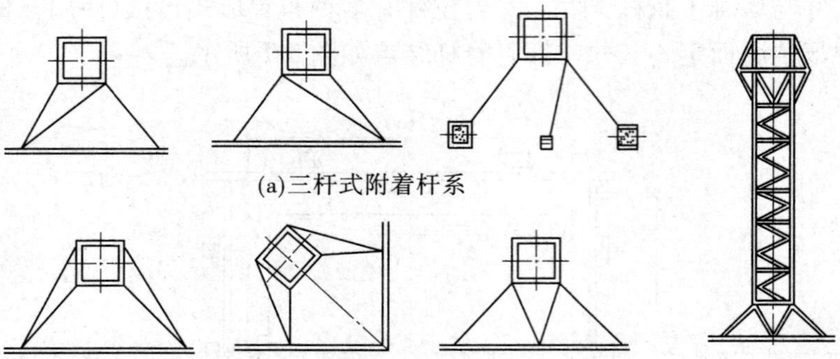

(a)三杆式附着杆系

(b)四杆式附着杆系

(c)空间桁架附着杆系

图 5-8　附着拉杆的布置形式

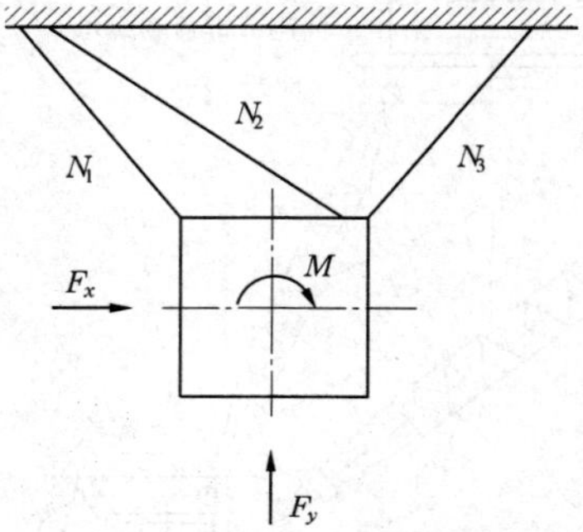

图 5-9　三拉杆支撑式附墙装置受力

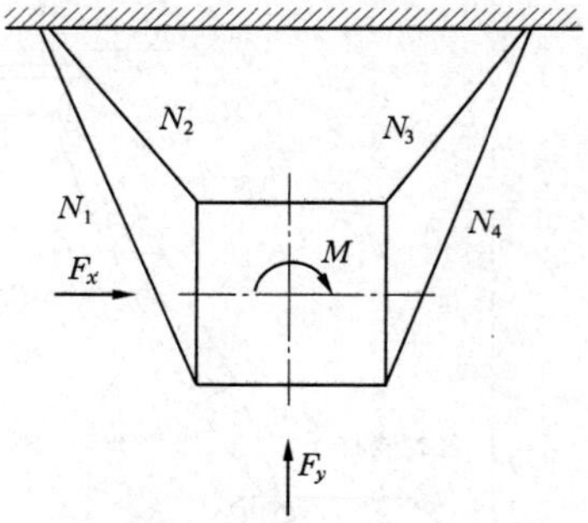

图 5-10　四拉杆支撑式附墙装置受力

$$\delta_{11} = \sum \frac{\overline{N}_i l_i}{EA} \tag{5-10}$$

式中　l_i——各杆件的长度；

A——各杆件截面面积；

E——杆件材料的弹性模量。

外荷载引起的杆件 1 的位移 Δ_{1P} 为

$$\Delta_{1P} = \sum \frac{N_i \overline{N}_{iP} l_i}{EA} \tag{5-11}$$

根据力法方程 $\delta_{11}x_1 + \Delta_{1P} = 0$ 可解出多余约束力 x_1(即 N_1)为

$$x_1 = \frac{\Delta_{1P}}{\delta_{11}}$$

各杆件内力为

$$N_i = N_{iP} + \overline{N}_i x_1 \tag{5-12}$$

然后按受压构件计算各杆件稳定性，以及附墙预埋件强度。

计算塔吊基础、附壁的外力时，对于独立塔身，可取上端自由、下端固定的计算简图；对于附着式塔身，可取带悬臂多跨连续梁的计算简图。

3）附着自升式塔式起重机的接高爬升方法

附着自升式塔式起重机的加节接高一般分为上加节和中加节两种接高方式。Z80 型折臂自升式塔式起重机属于上加节，液压缸布置在塔身侧边，如图 5-11 所示。这种液压缸设计成单节，一次行程 1 m 多，可连续多次顶升，液压缸及套架简化，但顶升时液压缸侧面顶升单向受力，尚不完善。

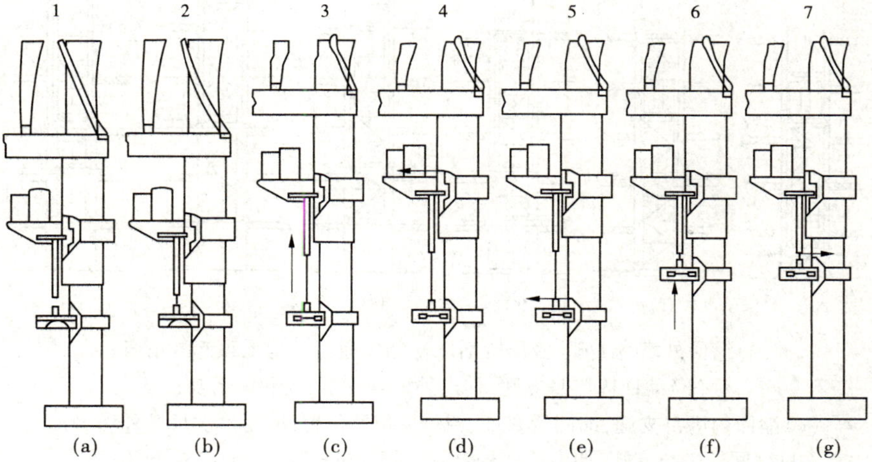

（a）塔身标准节从转台顶部装入；（b）上销轴从承座拔出；（c）液压缸顶升；
（d）上销轴从承座插入；（e）下销轴从下套架拔出；（f）液压缸收缩定位；
（g）下销轴从下套架插入

图 5-11　上加节自升式塔式起重机接高爬升方向

2. 内爬式塔式起重机

1）内爬式塔式起重机的优缺点

内爬式塔式起重机将塔身支撑在建筑结构的梁、板上或电梯井壁的预留孔洞内，利用自身装备的液压顶升系统随建筑结构的升高而向上爬升。对于高度在 100 m 以上的超高层建筑，可优先考虑用内爬式塔式起重机。

与外部附着式塔式起重机相比，优点是：内爬式一般布置在建筑物内部，所以其塔吊的幅度可以做得小一些，即吊臂可以做短，不占用建筑物外围空间；由于是利用建筑物向上爬升，爬升高度不受限制，塔身也短不少。因此，整体结构轻，造价低。其缺点是：塔吊要全部压在建筑物上，建筑结构需要加强，增加了建筑物造价；爬升必须与施工进度互相协调，并且只能在施工间歇进行；司机不能直接看到吊装过程；更为麻烦的是，施工结束后，需要用屋面起重机或其他设备将塔吊各部件一个一个拆下来，放在竣工的建筑物顶部，然后放到地面，屋顶为了支承这些设备又需要加强。

2）内爬式塔式起重机爬升与拆除

内爬式塔式起重机的三个爬升框架分别安置在三个不同的楼层上，最下面的框架用作支承底架，承受塔式起重机全部荷载并传递给建筑结构。上面两套框架用作爬升导向架和交替用作定位及支承底架。爬升时，必须使塔式起重机上部保持前后平衡。爬升前，应将爬升框架、支承梁及爬梯等安置好，有关的楼层结构应进行支承加固；爬升后，塔式起重机下面的楼板开孔应及时封闭。

内爬式塔式起重机露出结构外的自由高度一般为三个楼层高度,每次爬升 1 ~ 2 个楼层高度,在建筑物内的嵌固长度与露出结构的自由高度和其重量有关,但最小不得小于 8 m。图 5-12 所示为内爬式塔式起重机的爬升过程。

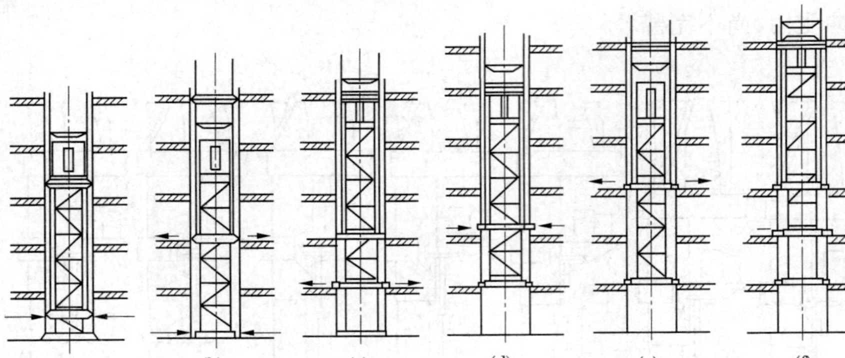

(a)缩回外塔身支腿,液压缸活塞杆伸出通过扁担梁顶起外塔身;
(b)缩回内塔身支腿,伸出外塔身支腿,提起内塔身;
(c)缩回内塔身支腿,缩回活塞杆,调整扁担梁位置,准备再次顶升外塔身;
(d)缩回外塔身支腿,伸出活塞杆,再次顶升外塔身;(e)伸出外塔身支腿;
(f)缩回内塔身支腿,再次提起内塔身

图 5-12　内爬式塔式起重机的爬升过程

内爬式塔式起重机的拆除工序复杂且是高空作业,困难较多,必须周密布置和细致安排。拆除所采用的设备主要有附着式重型塔式起重机,或屋面吊,或人字拔杆,视具体情况选用。内爬式塔式起重机的拆除顺序与安装相反,拆除过程一般是:①开动液压顶升机组,降落塔吊,使起重臂落至屋顶层;②拆卸平衡重并逐块下放到地面运走;③拆卸起重臂,将臂架解体并分节下放到地面运走;④拆卸平衡臂,解体并分节下放到地面运走;⑤拆卸塔帽并下放到地面运走;⑥拆卸转台、司机室并下放到地面运走;⑦拆卸支承回转装置及承座并下放到地面运走;⑧逐节顶升塔身标准节,拆卸、下放到地面并运走。

三、塔式起重机的特点

(1)起重量、工作幅度和起升高度较大。

(2)360°全回转,并能同时进行垂直、水平运输作业。

(3)工作速度高。塔式起重机的操作速度快,可以大大地提高生产率。国产塔式起重机的起升速度最快为 120 m/min,变幅小车的运行速度最快可达 45 m/min;某些进口塔式起重机的起升速度已超过 200 m/min,变幅小车的运行速度可达 90 m/min。另外,现代塔式起重机具有良好的调速性和安装微动性,可以满足构件安装就位的需要。

(4)一机多用。为了充分发挥起重机的性能,在装置方面,配备有抓斗、拉铲等装置,做到一机多用。

(5)起重高度能随安装高度的升高而增高。

(6)机动性好,不需其他辅助稳定设施(如缆风绳),能自行或自升。

(7)驾驶室(操纵室)位置较高,操纵人员能直接(或间接)看到作业全过程,有利于安全生产。

四、塔式起重机的主要性能参数

塔式起重机的主要性能参数包括幅度、起重量、起重力矩、起升高度等参数。选用塔式起重机进行高层建筑施工时,首先应根据施工对象确定所要求的参数。

(一)幅度

幅度又称回转半径或工作半径,即塔吊回转中心线至吊钩中心线的水平距离。幅度又包括最大幅度与最小幅度两个参数。高层建筑施工选择塔式起重机时,首先应考察该塔吊的最大幅度能否满足施工需要。

(二)起重量

起重量是指塔式起重机在各种工况下安全作业所容许的起吊重物的最大重量。起重量包括所吊重物和吊具的重量。它是随着工作半径的加大而减小的。

(三)起重力矩

初步确定起重量和幅度参数后,还必须根据塔吊技术说明书中给出的资料,核查是否超过额定起重力矩。所谓起重力矩,是指塔式起重机的幅度与相应于此幅度下的起重量的乘积,能比较全面和确切地反映塔式起重机的工作能力。

(四)起升高度

起升高度是指自轨面或混凝土基础顶面至吊钩中心的垂直距离,其大小与塔身高度及臂架构造形式有关。一般应根据构筑物的总高度、预制构件或部件的最大高度、脚手架构造尺寸及施工方法等综合确定起升高度。

第二节　施工电梯

施工电梯又称外用施工电梯或施工升降机,是一种很重要的高层建筑施工用垂直运输机械设备,它多数是人货两用,少数仅供货用或人用。

一、施工电梯的分类

施工电梯按施工电梯的动力装置可分为电动与电动－液压两种,电动－液压驱动电梯工作速度比电机驱动电梯工作速度快,可达 96 m/min。

施工电梯按用途可划分为载货电梯、载人电梯和人货两用电梯。载货电梯一般起重能力较大,起升速度快,而载人电梯或人货两用电梯对安全装置要求高一些。目前,在实际工程中用得比较多的是人货两用电梯。

施工电梯按施工电梯的驱动形式可分为齿轮齿条驱动施工电梯和绳轮驱动施工电梯。

施工电梯按吊厢数量可分为单吊厢式和双吊厢式。

施工电梯按承载能力可分为两级:一级载重量为 1 t 或载人 11 ~12 名,另一级载重量为 2 t 或载人 24 名。我国施工电梯用得比较多的是前者。

施工电梯按塔架多少分为单塔架式和双塔架式。目前,双塔架式施工电梯很少用。

(一)齿轮齿条驱动施工电梯

施工电梯的主要部件为立柱导轨架、带底笼的安全栅、吊笼、驱动装置、安全装置、平衡重、电气控制与操纵系统等。

1. 立柱导轨架

一般立柱由无缝钢管焊接成桁架结构并带有齿条的标准节组成,标准节长为1.5 m,标准节之间采用套柱螺栓连接,并在立柱杆内装有导向楔。

2. 带底笼的安全栅

电梯的底部有一个便于安装立柱段的平面主框架,在主框架上立有带镀锌铁网状护围的底笼。底笼的高度约为2 m,其作用是在地面把电梯整个围起来,以防止电梯升降时闲人进出而发生事故。底笼入门口的一端有一个带机械和电气的连锁装置,当吊笼在上方运行时即锁住,安全栅上的门无法打开,直至吊厢降至地面后,连锁装置才能解脱,以保证安全。

3. 吊笼

吊笼又称吊厢,不仅是乘人载物的容器,而且是安装驱动装置和架设或拆卸支柱的场所。吊笼内的尺寸一般为长×宽×高=3 m×1.3 m×2.7 m左右。吊笼底部由浸过桐油的硬木或钢板铺成,结构主要由型钢焊接骨架、顶部和周壁由方眼编织网围护结构组成。

一般国产电梯,在吊笼的外沿都装有司机专用的驾驶室,内有电气操纵开关和控制仪表盘,或在吊笼一侧设有电梯司机专座,负责操纵电梯。

4. 驱动装置

驱动装置是使吊笼上下运行的一组动力装置,其齿轮齿条驱动机构可为单驱动、双驱动,甚至三驱动。

5. 安全装置

1)限速制动器

国产的施工外用载人电梯大多配用两套制动装置,其中一套就是限速制动器。它能在紧急的情况下(如电磁制动器失灵,机械损坏或严重过载和吊笼在超过规定的速度约15%时)使电梯马上停止工作。常见的限速器是锥鼓式限速器,根据功能不同,分为单作用和双作用两种形式。单作用限速器只能沿工作吊厢下降方向起制动作用。

2)制动装置

(1)限位装置。设在立柱顶部的为最高限位装置,可防止冒顶,主要由限位碰铁和限位开关构成。设在楼层的为分层停车限位装置,可实现准确停层。设在立柱下部的限位器可不使吊笼超越下部极限位置。

(2)电机制动器,有内抱制动器和外抱电磁制动器等。

(3)紧急制动器,有手动楔块制动器和脚踏液压紧急刹车等,在紧急情况下若限速和传动机构都发生故障,可实现安全制动。

3)缓冲弹簧

底笼的底盘上装有缓冲弹簧,在下限位装置失灵时,可以减小吊笼落地震动。

6. 平衡重

平衡重的重量约等于吊笼自重加1/2的额定载重量,用来平衡吊笼的一部分重量,平衡重通过绕过主柱顶部天轮的钢丝绳与吊笼连接，并装有松绳限位开关。每个吊笼可配用平衡重，也可不配平衡重。与不配平衡重的吊笼相比，配用平衡重的吊笼可以保持荷载的平衡和立柱的稳定，并且在电动机功率不变的情况下，提高了承载能力，从而达到了节能的目的。

7. 电气控制与操纵系统

电梯的电器装置（接触器、过载保护、电磁制动器或晶闸管等电器组件）装在吊笼内壁的箱内，为了保证电梯运行安全，所有电气装置都重复接地。一般在地面、楼层和吊厢内的三处设置了上升、下降和停止的按钮开关箱，以防万一。在楼层上开关箱放在靠近平台栏栅或入门口处。在吊笼内的传动机械座板上，除有上升与下降的限位开关外，在中间装有一个主限位开关，当吊笼超速运行，该开关可切断所有的三相电源，下次在电梯重新运行之前，应将限位开关手动复位。利用电缆可使控制信号和电动机的电力传送到电梯吊笼内，电缆卷绕在底部的电缆筒上，高度很大时，为了避免电缆易受风的作用而绕在主柱导轨上，为此应设立专用的电缆导向装置。吊笼上升时，电缆随之被提起；吊笼下降时，电缆经由导向装置落入电缆筒。

（二）绳轮驱动施工电梯

绳轮驱动施工电梯常称为施工升降机或升降机，其构造特点是：采用三角断面钢管焊接立柱，单吊笼，无平衡重，设有限速和机电联锁安全装置，附着装置简单。能自升接高，可在狭窄场地作业，转场方便，吊笼平面尺寸为 $1.2\times(2\sim2.6)\ m^2$，结构较简单，用钢量少。有人货两用的，可载货 1 t 或载人 8 ~ 10 名；有的只用于运货的，载重亦达 1 t。造价仅为齿轮齿条施工电梯的 2/5 ~ 1/2，因而在高层建筑中的应用范围逐渐扩大。

二、施工电梯的选择和使用

（一）选择

现场施工经验表明，为减少施工成本，20 层以下的高层建筑，选用绳轮驱动施工电梯；25 ~ 30 层以上的高层建筑，选用齿轮齿条驱动施工电梯。高层建筑施工电梯的机型选择，应根据建筑体型、建筑面积、运输总量、工期要求以及施工电梯的造价与供货条件确定。

（二）使用

（1）确定施工电梯位置。施工电梯安装的位置应尽可能满足：①有利于人员和物料的集散；②各种运输距离最短；③方便附着装置安装和设置；④接近电源，有良好的夜间照明，便于司机观察。

（2）加强施工电梯的管理。施工电梯全部运转时间中，输送物料的时间只占运送时间的 30% ~ 40%，在高峰期，特别在上下班时间，人流集中，施工电梯运量达到高峰。如何解决好施工电梯人货矛盾，是一个关键问题。

三、施工电梯的安全操作规程

（1）物料提升机操作人员必须经过安全技术培训取得操作证，方可独立操作。

（2）卷扬机应安装在平整坚实的基础上，机身和地锚必须牢固；操作棚里视野良好。

（3）每日作业前，应检查钢丝绳、离合器、制动器、保险齿轮、传动滑轮和安全保险装置等，确认安全可靠、有效后，方准操作。发现安全保险装置失效时，应立即停机修复。钢丝绳变形或断丝断股超过规定的，必须按规定及时更换。

（4）钢丝绳卷筒必须设置防钢丝绳滑脱的保险装置。钢丝绳在卷筒上必须排列整齐，作业中最少需保留3圈。作业中发现钢丝绳缠绕时必须暂停使用，重新排列整齐。

（5）物料在吊笼里应均匀分布，不得超出吊笼。当长料在吊笼中立放时，应采取防滚落措施；散料应装箱或装笼。严禁超载使用。

（6）严禁人员攀登、穿越提升机和乘吊笼上下。

（7）操作中或吊笼尚悬空吊挂时，操作工不得离开驾驶座位。

（8）当支承安全装置没有支承好吊笼时，严禁人员进入吊笼。吊笼安全门未关好或人未走出吊笼时，不得升降吊笼。

（9）闭合电源前或作业中突然停电时，应将所有开关扳回零位。在重新恢复作业前，应确认提升机动作正常后方可继续使用。

（10）物料提升机经验收合格后，方可投入使用。不得擅自使用未经验收或不符合要求的物料提升机。

第三节　混凝土搅拌运输车与混凝土泵

在混凝土结构的高层建筑中，混凝土的运输量非常大，因此在施工中正确地选择混凝土运输机械尤为重要。现在高层建筑中普遍应用的有混凝土搅拌运输车、混凝土泵和混凝土泵车。

一、混凝土搅拌运输车

混凝土搅拌运输车由混凝土集中搅拌站将商品混凝土装运到施工现场，并卸入预先准备好的料斗里，再由混凝土泵或塔式起重机输送到浇筑部位。混凝土搅拌运输车运输过程中，同时对混凝土进行不停地搅动，使混凝土免于在运输途中产生离析和初凝，并进一步改善混凝土拌和物的和易性和均匀性，从而提高混凝土的浇筑质量。

混凝土搅拌运输车按公称容量的大小，分为2 m^3、2.5 m^3、4 m^3、5 m^3、6 m^3、7 m^3、8 m^3、9 m^3、10 m^3、12 m^3 等几种，搅拌筒的充盈率为5 500～6 000。公称容量在2.5 m^3 以下者属轻型搅拌运输车，搅拌筒安装在普通卡车底盘上制成；公称容量为4～6 m^3 者，属于中型混凝土搅拌运输车，用重型卡车底盘改装而成；公称容量在8 m^3 以上者，为大型混凝土搅拌运输车，用三轴式重型载重卡车底盘制成。

实践表明，公称容量为6 m^3 的搅拌运输车技术经济效果最佳，目前国内制造和应用的以及国外引进的大多属这类档次的混凝土搅拌运输车。

混凝土搅拌运输车主要由底架、搅拌筒、发动机、静液驱动系统、加水系统、装料及进料系统、卸料溜槽、卸料振动器、操作平台、操纵系统及防护设备组成。

混凝土搅拌运输车可按汽车底盘、搅拌筒的驱动力及其传动形式进行分类。

按汽车底盘的结构形式可分成普通汽车底盘和专用挂式底盘两类，按搅拌筒的驱动力可分为从汽车发动机引出动力与单独设发动机供给动力两类，按搅拌车的传动形式可分为液压式与机械式。

选择混凝土搅拌运输车时，应特别注意以下几点技术性能：

(1)装、卸料快，有利于提高生产率。6 m^3 搅拌运输车的装料时间一般需 40 ~ 60 s，卸料时间为 90 ~ 180 s。

(2)注意搅拌筒的质量。搅拌筒的造价约占混凝土搅拌运输车整车造价的 1/2，搅拌筒的筒壁及搅拌叶片必须用耐磨、耐锈蚀的优质钢材制作，并应有适当厚度。

(3)安全防护装置齐全。

(4)操作简单，性能可靠。

(5)便于清理，保养量小。

使用混凝土搅拌运输车时，应注意下列事项：

(1)混凝土搅拌运输车在装料前，应先排净筒内的积水及杂物。

(2)应事先对混凝土搅拌运输车行经路线情况，如桥涵、洞口、架空管线及库门口的净高和净宽等设施进行详细了解，以利通行。

(3)混凝土搅拌运输车在运输途中，搅拌筒应以低速转动，到达工地后，应使搅拌筒全速(14 ~ 18 r/min)转动 1 ~ 2 min，并待搅拌筒完全停稳不转后，再进行反转出料。

(4)一般情况下，混凝土搅拌运输车运送混凝土的时间不得超过 1 h，具体情况随天气的变化采取不同的措施进行处理，如添加缓凝剂可适当增加混凝土的运输时间。

(5)工作结束后，应按要求用高压水冲洗搅拌筒内外及车身表面，并高速转动搅拌筒 5 ~ 10 min，然后排放干净搅拌筒里的水分。

(6)注意安全，不得将手伸入正在转动中的搅拌筒内，也不得将手伸入主卸料溜槽与接长卸料溜槽的连接部位，以免发生安全事故。

(7)当环境温度高于 25 ℃时，混凝土搅拌运输车从装料到卸料包括途中运输的全部延续时间不得超过 60 min；当环境温度低于 25 ℃时，全部延续时间不得超过 90 min。

(8)搅拌筒由正转变为反转时，必须先将操纵手柄放至中间位置，待搅拌筒停转后，再将操纵手柄放至反转位置。

(9)冬期施工，搅拌运输车开机前，应检查水泵是否冻结；每日工作结束时，应按以下程序将积水排放干净：开启所有阀门→打开管道的排水龙头→打开水泵排水阀门→使水泵作短时间运行(5 min)→将控制手柄转至“搅拌出料”位置。

二、混凝土泵

混凝土泵是在压力推动下沿管道输送混凝土的一种设备。它能连续完成高层建筑混凝土的水平运输和垂直运输，配以布料杆还可以进行较低位置的混凝土的浇筑。近几年来，在高层建筑施工中泵送商品混凝土应用日益广泛，主要原因是泵送商品混凝土的效率高，质量好，劳动强度低。

(一)混凝土泵的分类

1. 按混凝土泵的驱动方法分类

按混凝土泵的驱动方法分类：有活塞式和挤压式，目前大部分是活塞式。另外，还有水压隔膜式和气罐式等。

2. 按混凝土泵的传动方式分类

按混凝土泵的传动方式分类：在活塞式混凝土泵中，分为机械活塞式混凝土泵和液压活塞式混凝土泵，目前大都是液压活塞式混凝土泵。而液压活塞式混凝土泵按推动活塞的介质不同，又可以分为水压式和油压式两种，大多为油压式。

1）液压活塞式混凝土泵的工作原理

液压活塞式混凝土泵是一种较为先进的混凝土泵，主要由料斗、液压缸、活塞、混凝土缸、分配阀、Y 形管、冲洗设备、液压系统和动力系统等部分组成，如图 5-13 所示。

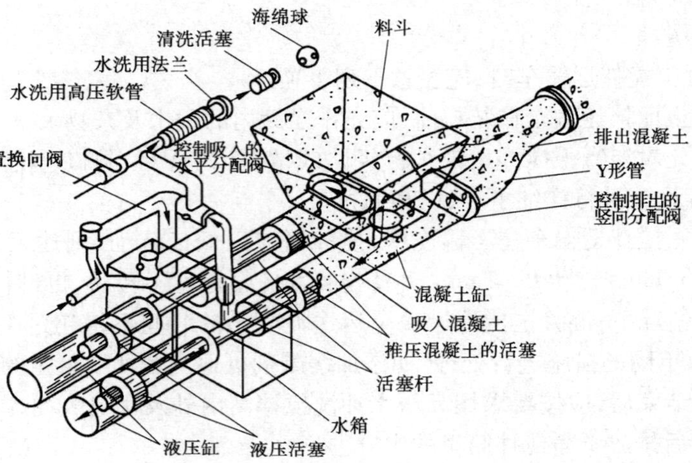

图 5-13　液压活塞式混凝土泵的工作原理图

活塞式混凝土泵工作时，利用活塞的往复运动，将混凝土吸入或压出。将搅拌好的混凝土倒入料斗，一分配阀开启，另一分配阀关闭，液压活塞在液压作用下通过活塞杆带动活塞后移，料斗内的混凝土在重力和吸力作用下进入混凝土缸。然后，液压系统中压力油的进出方向相反，活塞右移，同时分配阀关闭，而另一分配阀开启，混凝土缸中的混凝土拌和物被压入输送管，送至浇筑地点。由于有两个缸体交替进料和出料，因而能连续稳定地排料。

在混凝土泵的料斗内，一般都装有带叶片的、由电动机驱动的搅拌器，以便对进入料斗的混凝土进行二次搅拌以增加其和易性。

2）液压活塞式混凝土泵的主要特点

（1）运距远。液压活塞式混凝土泵的工作压力一般可达 5 MPa，最大可达 19 MPa，水平运距达 600 m，垂直运距最大可达 250 m，排量为 10 ~ 80 m^3/h。活塞式混凝土泵可排送坍落度为 5 ~ 20 cm 的混凝土，骨料最大粒径为 50 mm，混凝土缸筒的使用寿命达 50 000 m^3。

（2）结构简单。泵的输送冲击小而稳定，排量可以自由调节，但是此类泵使用的关键是混凝土缸的活塞与缸体的磨损以及阀体的工作可靠性。

3. 按泵体能否移动分类

按泵体能否移动分类：固定式、拖挂式和汽车式三种。其中拖挂式泵与汽车式泵应用较多。

（二）混凝土泵的选择

采用泵送混凝土施工时，应根据工程结构特点、施工组织设计要求、不同泵型的技术参数以及技术经济比较等进行选用。

一般浇筑基础或高度为7层以下的结构工程，以采用汽车式混凝土泵进行混凝土浇筑为宜；在垂直输送高度为80～100 m的情况下，可以采用一台高压泵到顶，亦可采用两台固定式中压混凝土泵进行接力输送。

（三）泵送混凝土时应注意事项

混凝土的可泵性一般与单位水泥含量、坍落度、骨料品种与粒径、含砂率和粒度有关。一般来讲，水泥含量越多，管道泵送阻力越小，混凝土的可泵性越好，我国规定泵送混凝土最低水泥含量为300 kg/m^3；坍落度越大，混凝土通过泵体时管道阻力就越小，相反则会影响到泵送能力，在一般建筑工程中泵送混凝土的坍落度宜控制在80～180 mm；泵送混凝土最好以卵石和河砂为骨料，一般要求要控制骨料最大粒径：碎石的直径不得超过输送管道直径的1/4，卵石不超过管径的1/3；含砂率对泵送能力的影响也很大，一般情况下，含砂率为40%～50%的泵送效果较好，骨料的粒度对泵送能力也有很大的影响，如骨料偏离标准粒度太大，会使泵送能力降低。

当排量增大时，输出的压力下降，即输出的距离减小；反之，若排量减小，则输送压力增加，输送距离也增大。

泵送混凝土时应注意下列事项：

（1）确定混凝土泵的合理位置。尽可能使管道总的线路最短，尽可能减少迁移次数，便于用清水冲洗泵机。

（2）混凝土泵机的基础应坚实可靠，无坍塌，不得有不均匀沉降。泵机就位后应固定牢靠。

（3）发现有骨料卡住料斗中的搅拌器或有堵塞现象（泵机停止工作，液压系统压力达到安全极限）时，应立即进行短时间的反泵。若反泵不能消除堵塞，则应立即停泵，查找堵塞部位并加以排除。在泵送作业期间，应不时用软管喷水冲刷泵机表面，以防溅落在泵机表面上的混凝土结硬面不易铲除。

（4）泵送后的清洗。泵送作业行将结束时，应提前一段时间停止向混凝土泵料斗内进料，以便使管道中的混凝土能完全得到利用。泵送作业完毕后，缸筒、水箱、料斗、搅拌器、闸板阀外壳、格管阀摆动机构等均应用清水冲洗干净。

（四）混凝土布料杆

布料杆是混凝土泵常用的重要附属设备，又称混凝土布料杆（臂）。混凝土布料杆是完成输送、布料、摊铺混凝土浇筑入模的一种设备。

混凝土布料杆大致可分为汽车式布料杆（亦称混凝土泵车布料杆）和独立式布料杆两大类。

汽车式布料杆由折叠式臂架与泵送管道组成。施工时通过布料杆各节臂架的俯、仰、屈、伸，能将混凝土泵送到臂架有效幅度范围内的任意一点。泵车的臂架形式主要有连接式、伸缩式和折叠式三种。连接式臂架由2～3节组合安置在汽车上，当到达施工现场时再进行组装。伸缩式臂架不需要另行安装，可由液压力一节节顶出，这种布料杆的优点是特别适应在狭窄施工场地上施工，缺点是只能作回转和上下调幅运动。折叠式臂架最大的特点是运动幅度和作业范围大，使用方便，应用最广泛，但成本较高。

独立式布料杆按它的支承结构形式划分，大致形式有：移置式布料杆（见图5-14）、管柱式机动布料杆、装在塔式起重机上的布料杆（见图5-15）。

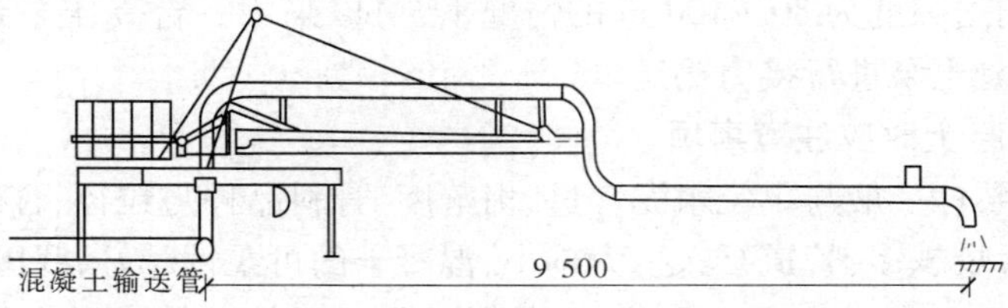

图5-14　移置式布料杆

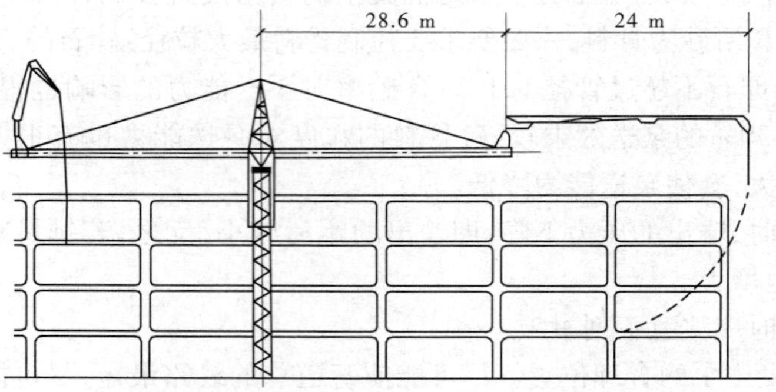

图5-15　装在塔式起重机上的布料杆

移置式布料杆由底架支腿、转台、平衡臂、平衡重、臂架、水平管、弯管等组成。泵送混凝土主要是通过两根水平管送到浇筑地点的，整个布料杆可用人力推动围绕回转中心转动360°，而且第二节泵管还可用人力推动，以第一节管端弯管为轴心回转300°。这种移置式布料杆的优点是：构造简单、加工容易、安装方便、操作灵活、造价低、维修简便；转移迅速，甚至可用塔吊随着楼层施工升运和转移，可自由地在施工楼面上流水作业段转移；独立性强，无须依赖其他的构件。缺点是：工作幅度、有效作业面积较小；上楼要借助于塔式起重机，给施工带来不便。

管柱式机动布料杆由多节钢管组成的立柱、三节式臂架、泵管、转台、回转机构、操作平台、爬梯、底座等构成。在钢管立柱的下部设有液压爬升机构，借助爬升套架梁可在楼层电梯井、楼梯间或预留孔筒中逐层向上爬升。管柱式机动布料杆可作360°回转，最大工作幅度为17 m，最大垂直输送高度为16 m，有效作业面积为900 m^2。一般情况下，这种布料杆适合于塔形高层建筑和筒仓式建筑施工，受高度限制较少，但由于立管固定依附在构筑物上，水平距离受到一定的限制。

装在塔式起重机上的布料杆，最大特点是借助于塔式起重机。按照塔式起重机的形式不同可分为装在行走式塔式起重机上的布料杆和装在爬升式塔式起重机上的布料杆。前者机动性好，布料作业范围较大，但输送高度受限制；后者可随塔式起重机的自升而不断升高，因而输送高度较大，但由于塔身是固定的，故使用的幅度受到限制。

三、混凝土输送管路布置

（一）混凝土泵或泵车位置的选择

在泵送混凝土施工过程中，混凝土泵或泵车的停放位置不仅影响输送管的配置，而且影响能否顺利进行泵送施工。混凝土泵车的布置应考虑下列条件：

（1）力求距离浇筑地点近，使所浇筑的基础结构在布料杆的工作范围内，尽量少移动泵车即能完成浇筑任务。

（2）多台混凝土泵或泵车同时浇筑时，选定的位置要使其各自承担的浇筑量接近，最好能同时浇筑完毕。

（3）混凝土泵或泵车的停放地点要有足够的场地，以保证运输商品混凝土的搅拌运输供料方便，最好能有供 3 台搅拌运输车同时停放和卸料的场地条件。

（4）停放位置最好接近供水和排水设施，以便清洗混凝土泵或泵车。

（二）混凝土输送管

常用的混凝土输送管组成如图 5-16 所示。

1. 混凝土输送管的使用要求

（1）配管壁厚磨损快的部位，要注意安全。对于 125A 高压管来说，高压施工时，位于泵出口附近的输送管的壁厚使用极限为 4.3 mm，至浇灌现场与布料管连接部位的壁厚亦不能低于 3.5 mm。

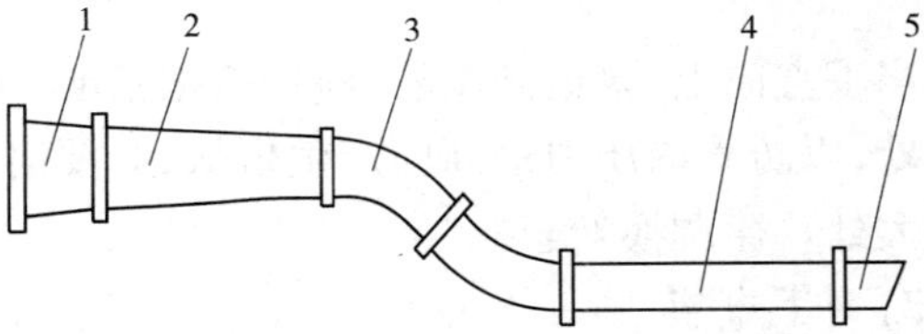

1—出料口；2—锥形管；3—45°弯管；4—插管；5—125A 直管

图 5-16　混凝土输送管组成

（2）管路布置应保证顺利泵送和正常输送的前提下，尽量缩短距离，减少弯管，以达到减小输送距离的目的。

（3）前端浇筑处软管宜垂直安放，若确需水平放置的忌过分弯曲。

（4）各管路必须保证连接牢固，弯管处加设牢固的固定装置，水平管路铺设不应悬空，必须有牢固支撑固定。

（5）各管卡一定要紧到位，保证接头密封严密、不漏浆，尤其要保证泵水时各管卡处不能有任何渗水现象。

（6）各管卡位置不应与地面或支撑物接触，应留有一定的间隙以便拆装。

（7）夏季要用湿草袋等盖上输送管，以防坍落度损失造成堵管。

2. 混凝土输送管布管

1）垂直向上布管

垂直向上布管时，混凝土泵分配阀换向吸入混凝土（或停止泵送）时，垂直管中的混凝土重力将对混凝土泵产生逆流压力（简称背压），垂直管的高度越高则逆流压力越大。该逆流力会使混凝土容积效率降低，影响混凝土泵的排量，造成混凝土离析而堵管。

弯管的固定、垂直管与墙壁或墙身固定见图 5-17。弯管要有牢固的基础，尽量不使混凝土泵的振动传递给垂直管，垂直管亦需固定牢固，以免产生振动。

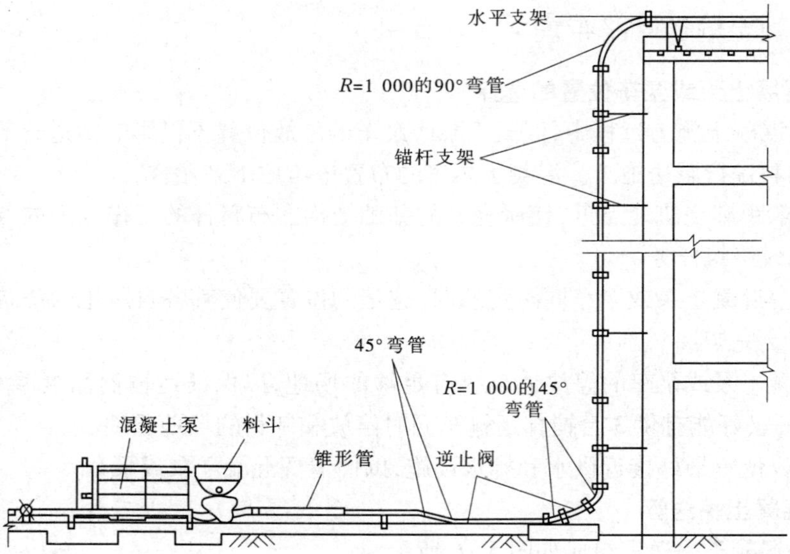

图 5-17　垂直配管示意图

当垂直向上、泵送高度较高时,应把新的、无磨损的管子或管壁厚的管子配置在管路开始处,以防管内压力过高而产生事故,必要时检验壁厚。若管子长期使用磨损较大,在压力大处一律调换新管。

2)向下布管

当配管的倾斜度大于4°~7°时,在倾斜的管段内大流动度的混凝土就可能因自重而产生向下自流的现象,使输送管内出现空洞或自流产生混凝土离析而使输送管堵塞。为此,应在向下倾斜配管的前端设置相当于落差(H)5倍以上的水平管段($3H$加一段软管),利用其摩擦阻力阻止混凝土的自流,当配管倾斜度大于7°~12°时,除倾斜配管前端设置的$5H$的水平管(或$3H$加一段软管)外,尚应在下斜管的上端设置排气阀。在泵送过程中,若倾斜管段内存在空洞,应先打开排气阀泵送排气,当倾斜段内充满混凝土,开始从排气阀溢出砂浆时,再关闭排气阀,进行正常泵送。

若受场地条件限制,在向下倾斜管段的前端无足够场地布置水平管时,可用软管、弯管或环形配管代替以增大摩擦阻力,阻止向下倾斜管段内的混凝土自流。

由于向下泵送混凝土时,混凝土的自流与其坍落度关系密切,为防止产生向下自流、混凝土离析,大角度向下输送时,应在泵送开始时,在管路中装入海绵橡胶球。

第四节　高层建筑脚手架

一、附着升降式脚手架

附着升降式脚手架是20世纪80年代末90年代初在挑、吊、挂脚手架的基础上发展起来的,是适应高层建筑,特别是超高层建筑施工需要的新型脚手架。发展至今,已经得到市场的认可,并作为一种先进的辅助施工技术被越来越多的建筑企业接受并广泛在建筑工程中应用,尤其是近年来随着我国经济飞速发展,城市建设用地资源的限制,使得建筑结构高层、超高层成为发展趋势,附着升降式脚手架得到迅速推广。

(一)附着升降式脚手架的原理

附着升降式脚手架是搭设一定高度并通过附着支撑结构附着于高层、超高层工程结构上,具有防倾、防坠装置,依靠自身的升降设备和装置,随工程结构施工逐层爬升直至结构封顶,可继而满足外墙装饰作业要求,实现逐层下降的辅助施工外脚手架。由于它具有沿工程结构爬升(降)的状态属性,因此也可称为爬升脚手架,或简称爬架。它可以满足结构施工、安装施工、装修施工等施工阶段中工人在建筑物外侧进行操作时的施工工艺及安全防护需要。

(二)附着升降式脚手架的优点

(1)节约材料费用:爬架架体搭设不超过五层楼高,根据施工进度逐层升降,比双排脚手架从地面一直搭设到结构顶层,节约大量的钢管、扣件、脚手板及安全网。

(2)节约人工费用:爬架架体搭设好后,只需少量人员就可对架体进行升降,节约大量的人工;节约塔吊台班费用:爬架搭设好后,利用自身升降系统就可对爬架进行升降,比挂架节约大量塔吊台班费用。

(3)提高工作效率:采用爬架施工,4 d 左右可以施工一层,节约工期,减少成本支出;爬架一次分摊费用少,爬架作为周转用设备,购买成本低,可多次使用,摊销费用少。

(三)附着升降式脚手架的分类

按支承方式,附着升降式脚手架可分为导轨式附着升降脚手架、套轨式附着升降脚手架、吊轨式附着升降脚手架、吊套式附着升降脚手架、套管式附着升降脚手架、挑梁式附着升降脚手架。

按升降方式,附着升降式脚手架可分为分体式附着升降脚手架、整体式附着升降脚手架、互爬式附着升降脚手架。

按升降设备,附着升降式脚手架可分为电动(葫芦)提升式附着升降脚手架、手动(葫芦)提升式附着升降脚手架、液压提升式附着升降脚手架、卷扬提升式附着升降脚手架。

1. 套管式附着升降脚手架

套管式附着升降脚手架即由交替附着墙体结构的固定框架和滑动框架(可沿固定框架滑动)构成的附着升降式脚手架。固定框竖杆为ϕ48 mm×3.5 mm 焊接钢管,活动框立管为ϕ63.5 mm×4 mm 无缝钢管。脚手架单元长度不宜大于 4 m,以使单元具有足够刚度。每个单元由 2 个升降框和连接 2 个升降框的纵横向水平杆、剪刀撑、脚手板、安全网等组成。

爬升一个楼层需要 2 个爬升过程,如图 5-18 所示,每个爬升过程分两步:活动架爬升 1.4 m、固定架爬升 1.4 m;也可用 1 个爬升过程。下降为反向操作。每个提升单元的操作人数见表 5-1。

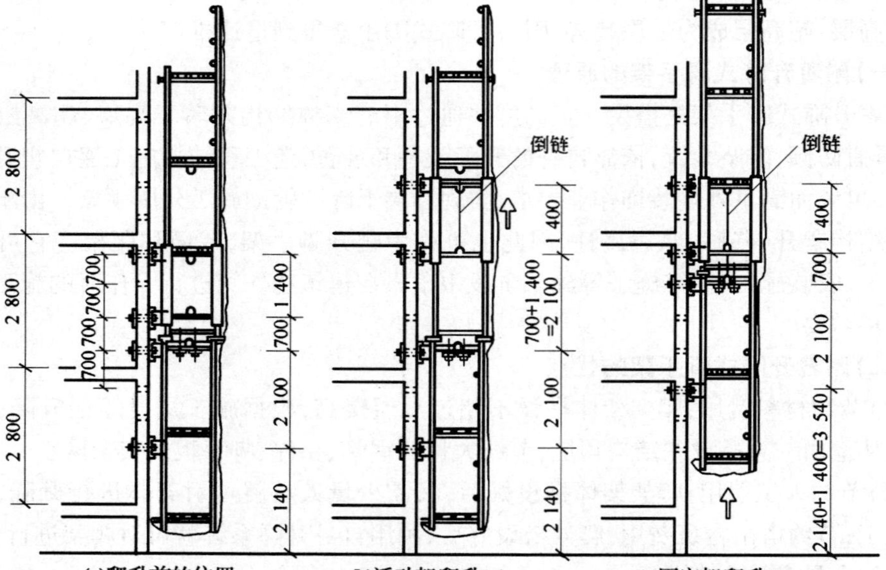

(a)爬升前的位置　(b)活动架爬升1.4 m　(c)固定架爬升1.4 m

图 5-18　套管式附着升降脚手架的爬升

表 5-1　提升单元的操作人数

工种	工作阶段		
	安装	升降	拆除
指挥	1	1	1
架子工	4	$2n$	4
起重工	1		1

注：n 为提升单元的提升点数。

操作人员位于活动架上，必须等倒链受力后，方能卸去活动架附墙支座的穿墙螺栓。

2. 挑梁式附着升降脚手架

挑梁式附着升降脚手架上，即架体悬吊于带防倾导轨的挑梁带（固定于工程结构）下并沿导轨升降的脚手架，其特点是脚手架的固定、升降依靠从柱或边梁伸出来的挑梁实现，如图 5-19 所示。

挑梁由型钢制作，通过穿墙螺栓或预埋件与结构相连，同时用斜拉杆或钢丝绳（长度通过花篮螺栓调节）与结构拉结。提升设备直接作用于承力托盘，托盘上搭设脚手架。挑梁式附着升降脚手架高为 3.5 ~ 4.5 楼层高度，架宽 0.8 ~ 1.2 m，其结构与普通脚手架相同；但位于挑梁两侧的脚手架内排立杆之间的横杆在升降时会碰到挑梁或斜拉杆，应用短横杆，以便升降时拆除、升降后安装。导向轮可沿外墙或柱子滚动。导向杆固定于脚手架上部，在套环内升降；套环固定在房屋结构上。

3. 导轨式附着升降脚手架

导轨式附着升降脚手架，即架体沿附着于墙体结构的导座升降的脚手架。其特点是脚手架的固定、升降、防坠、防倾等靠导轨实现，如图 5-20 所示。

导轨由槽钢制作，下部滑出的导轨可以拆除，装到上部。固定提升设备的提升挂座固定于导轨上，提升设备下连防坠装置，立杆上固定导轮，防止脚手架内、外倾覆。

4. 互爬式附着升降脚手架

互爬式附着升降脚手架有甲、乙两类架体，甲与墙体固定后提升乙，乙与墙体固定后再提升甲，即相互提升，下降原理相同，如图 5-21 所示。一次升降幅度不受限制。升降时 1 人指挥，2 人拉葫芦，2 人拆、安固定装置，共 5 人操作。相邻脚手架单元在不升降时用脚手板等连接。

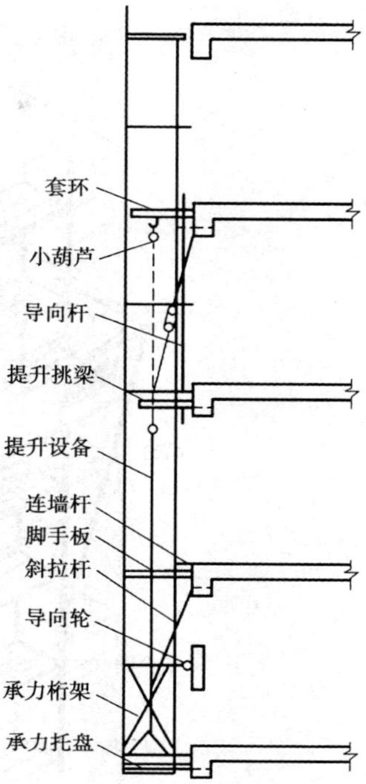

图 5-19　挑梁式附着升降脚手架

（四）附着升降式脚手架的基本构成

1. 架体结构

架体由竖向主框架、水平梁架和架体构架构成。

附着升降式脚手架对架体的要求如下：

（1）架体结构是爬架的主体，它具有足够的强度和适当的刚度，可承受架体的自重、施工荷载。

（2）架体结构应沿建筑物施工层外围形成一个封闭的空间，并通过设置有效的安全防护，确保架体上操作人员的安全，以及防止高空坠物伤人事故的发生。

（3）架体上应有适当的操作平台提供给施工人员操作和防护使用。

2. 附着装置

为了确保架体在升降过程中处于稳定状态，避免晃动和抵抗倾覆作用，满足各种工况下的支承、防倾和防坠的承载力要求，附着装置一般有连接架体与建筑物的传力构件和承力构件。

3. 提升设备

提升设备包括提升块、提升吊钩以及动力设备（电动葫芦等），主要功能是为爬架的升降提供有效的动力。

4. 安全和控制装置

1）防倾装置

防倾装置应用螺栓同竖向主框架或附着支撑结构连接，不得采用钢管扣件或碗扣方式；在升降和适用两种工况下，位于同一竖向平面的防倾装置均不得少于两处，并且其最上和最下一个防倾覆支承点之间的最小间距不得小于架全高的 1/3；防倾装置的导向间隙应小于 5 mm。

2）防坠装置

防坠装置应设置在竖向主框架部位，且第一竖向主框架提升设备处必须设置一个；防坠装置必须灵敏、可靠，其制动距离对于整体式附着升降脚手架不得大于 80 mm，对于单

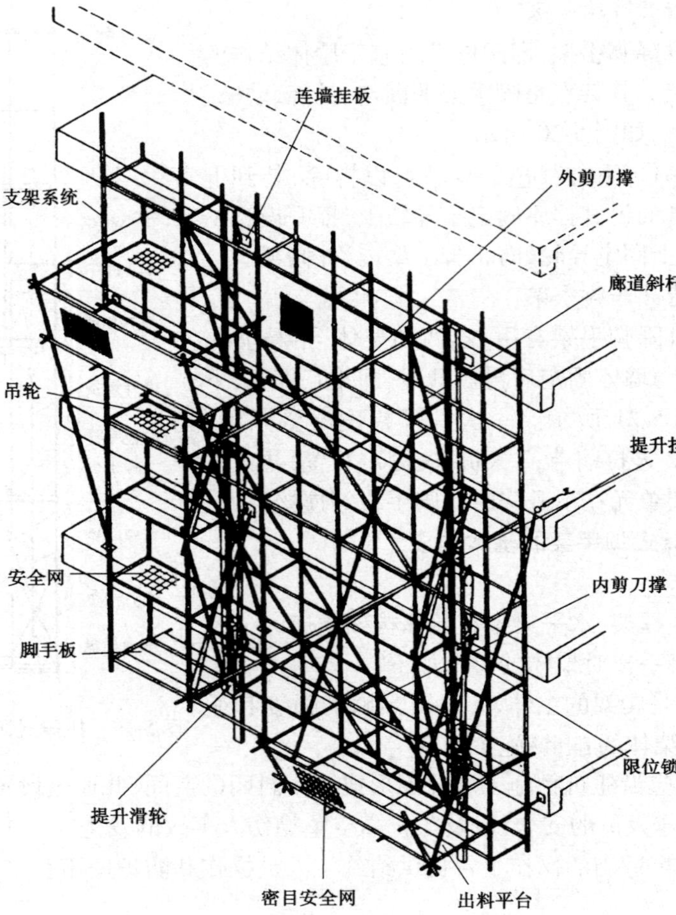

图 5-20　导轨式附着升降脚手架

片式附着升降脚手架不得大于 150 mm；防坠装置应用专门详细的检查方法和管理措施，以确保其工作可靠、有效；防坠装置与提升设备必须分别设置在两套附着支承结构上，若有一套失效，另一套必须能独立承担全部坠落荷载。

3）安全防护

架体外侧必须用密目安全网（≥800 目/100 cm^2）围挡；密目安全网必须可靠地固定在架体上；架体底层的脚手架必须铺设严密，且应用平网及密目安全网兜底；应设置架体升降时底层脚手板可折起的翻板构造，保持架体底层脚手板与建筑物表面在升降和正常使用中的间隙，防止物料坠落；在每一作业层架体外侧必须设置上、下两道防护栏杆和挡脚板；单片式和中间断开的整体式附着升降脚手架，在使用工况下，其断开处必须封闭并加设栏杆；在升降工况下，架体开口处必须有可靠的防止人员及物料坠落的措施。

附着升降式脚手架在升降过程中，必须确保升降平稳。升降吊点超过两点时，不能使用手拉葫芦。同步及荷载控制系统应通过控制各提升设备间的升降差和控制各提升设备

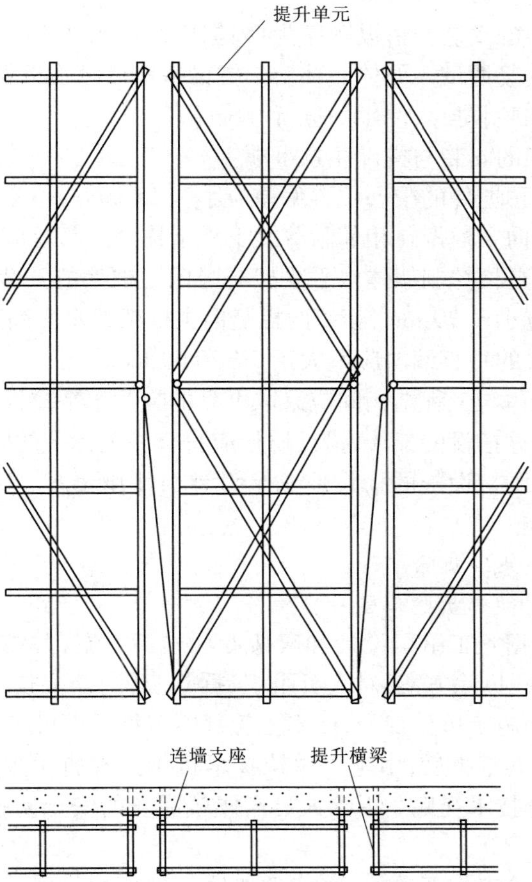

图 5-21　互爬式附着升降脚手架

的荷载来控制各提升设备的同步性，且应具备超载报警停机、欠载报警等功能。

遇 5 级（含 5 级）以上大风、大雨、大雪、浓雾和雷雨等恶劣天气时，禁止进行升降和拆卸作业，并应预先对架体采取加固措施。夜间禁止进行升降作业。当附着升降式脚手架预计停用超过一个月时，停用前采取加固措施。当附着升降式脚手架停用超过一个月或遇 6 级以上大风后复工时，必须进行安全检查。

（五）附着升降式脚手架的施工工艺

1. 附着升降式脚手架的搭设与安装前的准备工作

（1）根据工程特点与使用要求编制专项施工方案。对特殊尺寸的架体应进行专门设计，架体在使用过程中因工程结构的变化而需要局部变动时，应制订专门的处理方案。

（2）根据施工方案设计的要求，落实现场施工人员及组织机构，并进行安全技术交底。

（3）核对脚手架搭设材料与设备的数量、规格，查验产品质量合格证、材质检验报告等文件资料，必要时进行抽样检验。

（4）脚手管外观质量平直光滑，没有裂纹、分层、压痕、硬弯等缺陷，并应进行防锈处理。

（5）安装需要施工塔吊配合时，应核验塔吊的施工技术参数是否满足需要。

2. 附着升降式脚手架的安装与搭设

附着升降式脚手架的安装与搭设顺序为：根据图纸进行留孔→搭设安装平台→主框架整体组装→主框架安装调试→架体底部桁架搭设→铺设脚手板安全网封闭→安装提升装置和防坠器→检查和验收投入使用→进行升降循环。

附着升降式脚手架的安装与搭设注意事项：

(1)预留螺栓孔或预埋件的中心位置偏差应小于 15 mm。

(2)水平梁架及竖向主框架在相邻附着式支承结构处的高差应不大于 20 mm。

(3)安装过程中应严格控制架体水平梁架与竖向主框架的安装偏差。架体水平梁架相邻两吊点处的高差应小于 20 mm，相邻两榀竖向主框架的水平高差应小于 20 mm，竖向主框架和防倾导向装置的垂直偏差应不大于 5‰和 60 mm。

(4)安装过程中架体与工程结构间应采取可靠的临时水平拉撑措施，确保架体稳定。

(5)扣件式脚手杆件搭设的架体，搭设质量应符合相关标准的要求。

(6)作业层与安全围护设施的搭设应满足设计与使用要求。脚手架邻近高压线时，必须有相应的防护措施。

3. 附着升降式脚手架的拆除

1)附着升降式脚手架的拆除步骤

(1)制订方案。根据施工组织设计和爬架专项施工方案，并结合拆除现场的实际情况，有针对性地编制爬架拆除方案，对人员组织、拆除步骤、安全技术措施提出详细要求。拆除方案必须经脚手架施工单位安全、技术主管部门审批后方可实施。

(2)方案交底。方案审批后，由施工单位技术负责人和脚手架项目负责人对操作人员进行拆除工作的安全技术交底。拆除人员需佩戴完备的安全防护用具，在拆除区域设立标志、警戒线及安检员。

(3)清理现场。拆除工作开始前，应清理架体上堆放的材料、工具和杂物，清理拆除现场周围的障碍物。

(4)人员组织。施工单位应组织足够的操作人员参加架体拆除工作。

2)附着升降式脚手架拆除的原则

(1)架体拆除顺序为先搭后拆，后搭先拆，严禁按搭设程序拆除架体。

(2)拆除架体各步时应一步一清，不得两步或两步以上同时拆除。每步上铺设的脚手板以及架体外侧的安全网应随架体逐层拆除，是操作人员又一个相对安全的作业条件。

(3)各杆件或零部件拆除时，应用绳索捆扎牢固，缓慢放至地面、裙楼顶或楼面，不得抛掷脚手架上的各种材料及工具。

(4)拆下的结构件和杆件应分类堆放，并及时运出施工现场，集中清理保养，以备重复使用。

(5)拆除作业应在白天进行，遇五级及以上大风、大雨、大雪、浓雾和雷雨等恶劣天气时，不得进行拆除作业。

二、悬挑式脚手架

悬挑式脚手架是一种利用悬挑在建筑物上的支承结构搭设的施工用脚手架，架体的垂直方向荷载通过悬挑支承结构传递到主体结构上。悬挑式脚手架由型钢支承架、扣件式钢管脚手架及连墙件等组合而成。国内建筑业大力发展的同时,高层建筑及超高层建筑越来越多,建筑外脚手架的选择成为施工组织设计中的头等大事。施工员除考虑施工工艺以及安全防护外,脚手架的经济效益成为重要的考虑指标。悬挑式外脚手架,具有构造简单、操作方便、减少钢管的投入量、节约施工员施工费用等优点,现在应用越来越广泛。

按型钢支承架与主体结构的连接方式可分为:

(1)搁置固定于主体结构层上的形式,如图 5-22 所示。

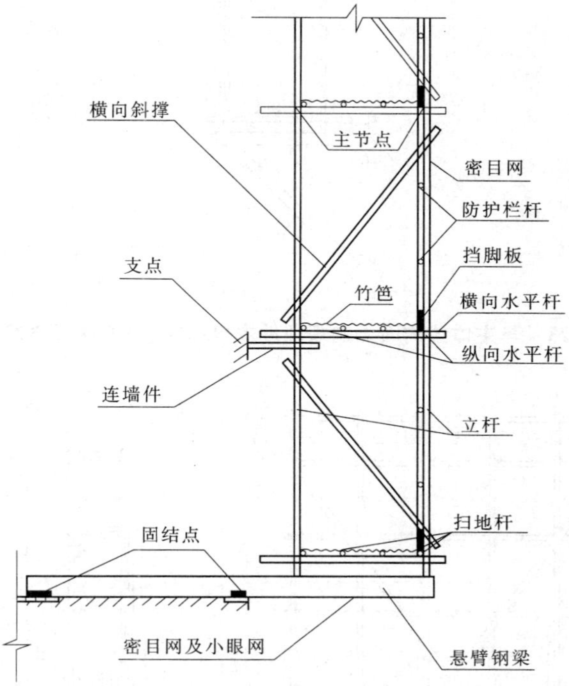

图 5-22　搁置固定于主体结构层上的形式(悬臂钢梁式)

(2)与主体结构面上的预埋件焊接形式,如图 5-23 所示。

(3)搁置加斜支撑或加上张拉与预埋件连接。

中央电视台彩电中心主楼施工用悬挑式脚手架如图 5-24 所示。定型架子质量约3 t,由塔吊移位。三角架由槽钢、角钢焊接而成,用挂钩固定于柱子上的环箍上。为了保险,用钢丝绳把三角架系于柱子上。环箍由 2 根 10 号槽钢、2 根 ϕ 30 mm 的长杆螺栓组成。该架子在本工程使用近 1 年,证明其安全、经济、使用迅速。

(4)用槽钢悬挑的脚手架,构造如图 5-25所示。

(5)用钢管悬挑的脚手架,如图 5-26、图 5-27 所示。

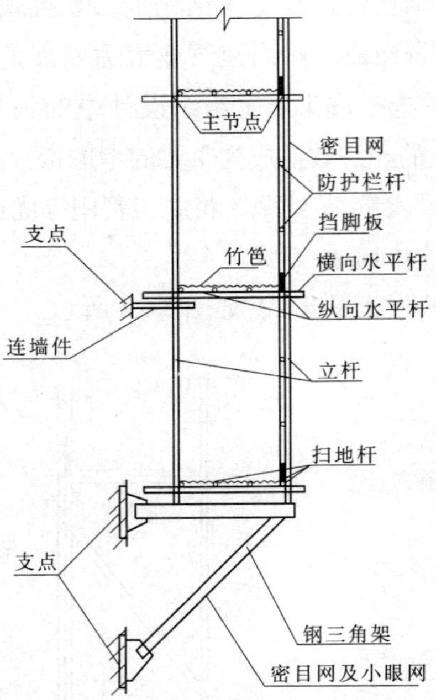

图 5-23　与主体结构面上的预埋件焊接形式(附着钢三角架式)

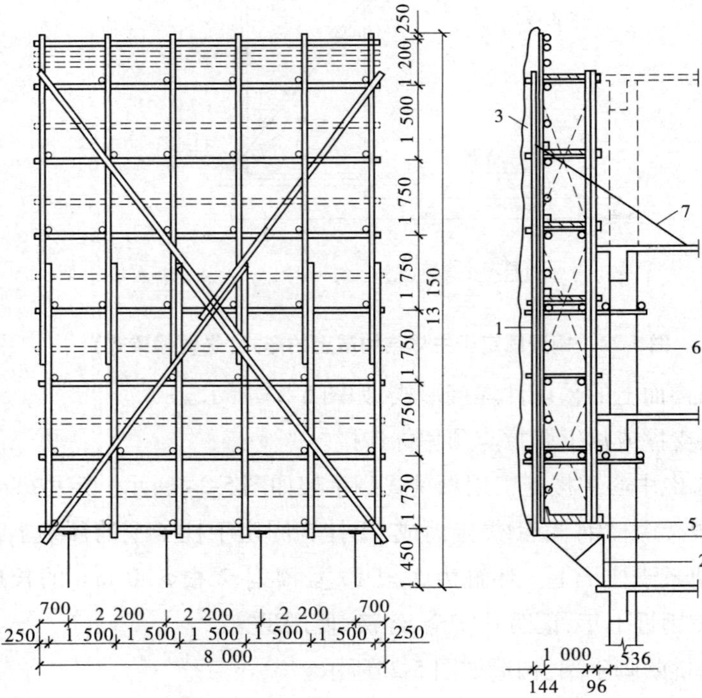

1—定型架子;2—三角架;3—网;4—环箍;5—12 号槽钢;6—护身栏杆;7—钢丝绳及顶杆

图 5-24　支撑于三角架的悬挑式脚手架

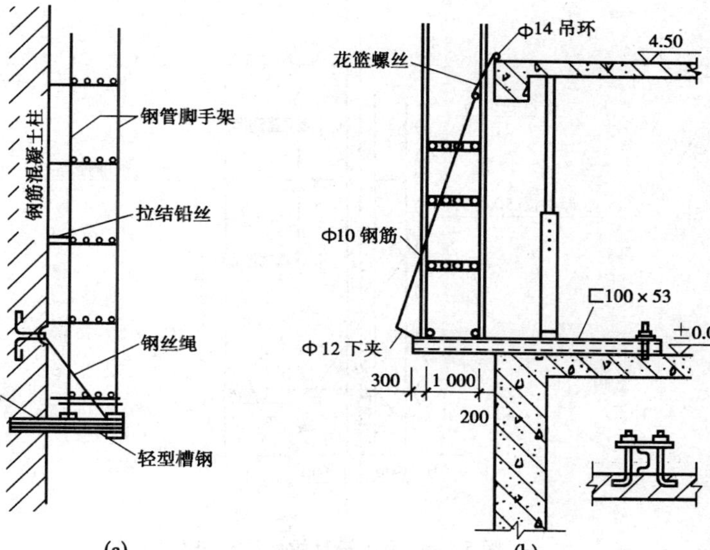

图 5-25　用槽钢悬挑的脚手架

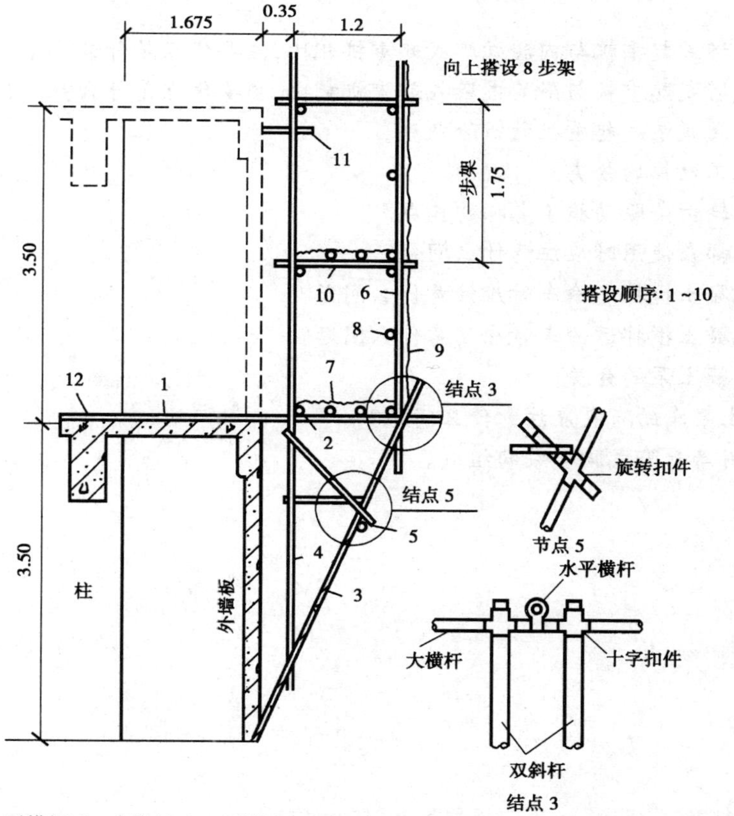

1—水平横杆；2—大横杆；3—双斜杆；4—内立杆；5—加强短杆；6—外立杆；7—竹笆脚手板；8—栏杆；9—安全网；10—小横杆；11—用短钢管与结构拉结；12—水平横杆与预埋环焊接

图 5-26　用钢管悬挑的脚手架(一)　(单位：m)

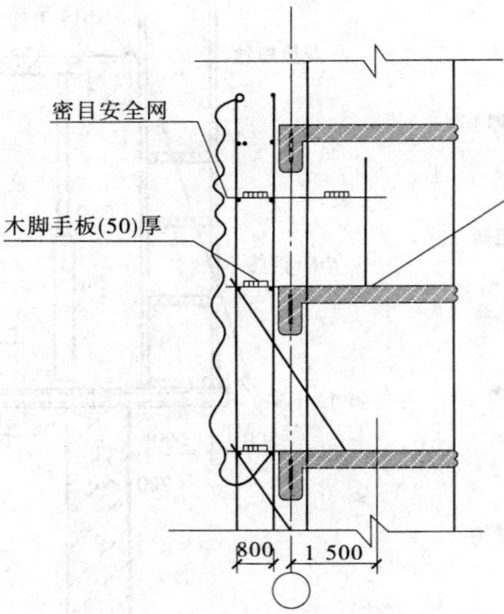

图 5-27　用钢管悬挑的脚手架(二)

习　题

1. 附着式塔式起重机与内爬式塔式起重机相比,主要优点是什么?
2. 内爬式塔式起重机与附着式塔式起重机相比,主要优点是什么?
3. 简述内爬式塔式起重机的拆除顺序。
4. 简述施工电梯的分类。
5. 简述齿轮齿条驱动施工电梯的构成。
6. 施工电梯在使用时应注意什么问题?
7. 选择混凝土搅拌运输车时应注意什么问题?
8. 使用混凝土搅拌运输车时应注意什么问题?
9. 简述混凝土泵的分类。
10. 混凝土泵车的布置应注意什么问题?
11. 简述附着升降式脚手架的组成。

第六章　高层建筑现浇混凝土结构施工

高层建筑现浇混凝土结构施工与一般多层现浇混凝土结构施工一样,涉及模板、钢筋及混凝土三个分项工程。本章介绍高层建筑施工中常用的组合模板、大模板、滑模、爬模及滑框倒模等模板工艺,介绍高层建筑中粗钢筋连接技术,并对当前高层建筑中应用广泛的高强混凝土的配制和施工进行介绍。

第一节　高层建筑模板施工

模板是混凝土结构构件施工的重要工具之一,现浇混凝土结构施工所用的模板工程造价约占混凝土结构工程总造价的1/3,约占总用工量的1/2。因此,采用先进的模板技术,对于提高工程质量、加快施工速度、提高劳动生产率、降低工程成本和文明施工等均有重要意义。

模板系统由模板和支撑两部分组成。高层建筑对模板系统的基本要求是:

(1)模板及其支撑应具有足够的强度、刚度和稳定性,能可靠地承受浇筑混凝土的重量、侧压力及施工荷载。

(2)要保证工程结构及构件各部分形状尺寸和相互位置正确。

(3)构造简单,装拆方便,便于钢筋绑扎和安装,满足混凝土浇筑及养护等工艺的要求。

(4)模板拼(接)缝应严密,不得漏浆。

一、组合式模板

组合式模板是一种适用性和通用性强、装拆方便、周转率高的模板。施工时可事先按设计要求组拼成梁、柱、墙、楼板的大型模板,整体吊装就位,亦可采用散装散拆的施工方法。常见组合式模板主要有组合钢模板、组合钢框木(竹)胶合板模板和胶合板模板等。

(一)组合钢模板

组合钢模板常见的类型有定型小钢模(55型)和中型(G-70型)组合钢模板,它是一种工具式模板,由钢模板、连接件和支撑件组成。通过各种连接件和支撑件组合成多种几何尺寸和形状的模板,可满足施工各种类型建筑结构构件的需要。

1.钢模板

钢模板包括平面模板、阴角模板、阳角模板、连接角模等,分别用字母P、Y、E、J表示。在代号后面的4位数表示模板规格,前两位是宽度的厘米数,后两位是长度的整分米数。如P4515就表示宽为450 mm、长为1 500 mm的平模板。

2. 连接件和支撑件

连接件由 U 形卡、L 形插销、钩头螺栓、紧固螺栓、扣件、对拉螺栓等组成。

支撑件主要包括钢楞、柱箍、梁卡具、钢支柱、早拆柱头、斜撑、组合支架、扣件式钢管支架、门式支架等。

3. 组合钢模的施工要求

施工前，应根据结构施工图及施工现场实际条件，编制模板工程施工组织设计，作为工程项目施工组织设计的一部分，并从以下几个方面对其进行强度计算和刚度验算：

(1) 模板承受的荷载参见《混凝土结构工程施工及验收规范(2011 年版)》(GB 50204—2002)的有关规定进行计算。

(2) 组成模板结构的钢模板、钢楞和支柱应采用组合荷载验算其刚度，其容许挠度应符合表 6-1 的规定。

表 6-1　钢模板及配件的容许挠度　(单位:mm)

部件名称	容许挠度	部件名称	容许挠度
钢模板的面积	1.5	柱箍	$b/500$
单块钢模板	1.5	桁架	$L/1\ 000$
钢楞	$L/500$	支承系统累计	4.0

注：L 为计算跨度，b 为柱宽。

(3) 模板所用材料的强度设计值应按国家现行规范的有关规定取用，并应根据模板的新旧程度、荷载性质和结构的不同部位，乘以系数 1.0 ~ 1.18。

(4) 采用矩形钢管与内卷边槽钢的钢楞，其强度设计值应按现行《冷弯薄壁型钢结构技术规范》(GB 50018—2002)有关规定取用，且强度设计值不应提高。

(5) 当验算模板及支承系统在自重与风荷载作用下的抗倾覆稳定性时，抗倾覆系数不应小于 1.15。风荷载应根据现行国家标准《建筑结构荷载规范》(GB 50009—2012)的有关规定取用。

(二) 组合钢框木(竹)胶合板模板

钢框木(竹)胶合板模板是以热轧异型钢为钢框架，以覆面胶合板做板面，并加焊若干钢肋承托面板的一种组合式模板。面板有木、竹胶合板，单片木面竹芯胶合板等。板面施加的覆面层有热压三聚氰胺浸渍纸、热压薄膜、热压浸涂和涂料等。它具有自重轻、用钢量少、面积大，可以减少模板拼缝，提高结构浇筑后表面的质量，维修方便及面板损伤后可以修补等特点。不同规格的模板除尺寸差异外，均由平面模板块、连接模板(阴角模、连接角钢与调缝角钢三种)、配件(连接件、支承架两部分)几项组成。

(三) 胶合板模板

1981 年在南京金陵饭店高层现浇平板结构施工中首次采用胶合板模板，胶合板模板的优越性开始被认识。目前，在全国各地大中城市的高层现浇混凝土结构施工中，胶合板模板已有相当大的使用量。常见的胶合板有木胶合板和竹胶合板。

木胶合板从材种分类可分为软木胶合板(材种为马尾松、黄花松、落叶松、红松等)及硬木胶合板(材种为锻木、桦木、水曲柳、黄杨木、泡桐木等)。我国竹材资源丰富，且竹材具有生长快、生长周期短（一般 2 ~ 3 年成材）的特点。一般竹材顺纹抗拉强度为 18 N/mm^2，为松木的 2.5 倍，红松的 1.5 倍；横纹抗压强度为 6 ~ 8 N/mm^2，是杉木的 1.5 倍，红松的 2.5 倍；静弯曲强度为 15 ~ 16 N/mm^2。因此，在我国木材资源短缺的情况下，以竹材为原料，制作混凝土模板用竹胶合板，具有收缩率小、膨胀率和吸水率低，且承载能力大的特点，是一种具有发展前途的新型建筑模板。

竹胶合板的厚度常为 9 mm、12 mm、15 mm。竹胶合板断面示意图见图 6-1。

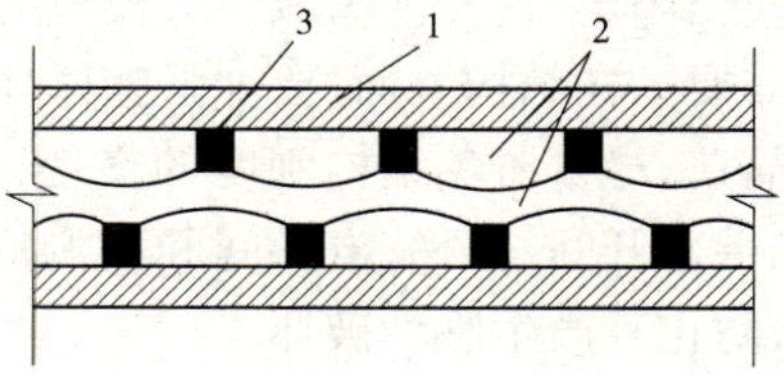

1—竹席或薄木片面板；2—竹帘芯板；3—胶粘剂

图 6-1　竹胶合板断面示意图

1. 胶合板模板的优点

（1）板幅大，自重轻，板面平整。既可减少安装工作量，节省现场人工费用，又可减少混凝土外露表面的装饰及磨去接缝的费用。

（2）承载能力大，特别是经表面处理后耐磨性好，能多次重复使用。

（3）材质轻，厚 18 mm 的木胶合板，单位面积质量为 50 kg，模板的运输、堆放、使用和管理等都较为方便。

（4）保温性能好，能防止温度变化过快，冬期施工有助于混凝土的保温。

（5）锯截方便，易加工成各种形状的模板。

（6）便于按工程的需要弯曲成型，用作曲面模板。

（7）可作为理想的清水混凝土模板。

2. 胶合板模板施工

木胶合板常用厚度一般为 12 mm 或 18 mm，竹胶合板常用厚度一般为 12 mm，内、外楞的间距可随胶合板的厚度通过设计计算进行调整。配制好的模板应在反面编号并写明规格，分别堆放保管，以免错用。具体的配制方法如下：

（1）按设计图纸尺寸直接配制模板：形体简单的结构构件可根据结构施工图纸直接按尺寸列出模板规格和数量进行配制。

（2）采用放大样方法配制模板：形体复杂的结构构件，如楼梯、圆形水池等，可在平整的地坪上，按结构图的尺寸画出结构构件的实样，量出各部分模板的准确尺寸或套制样板，同时确定模板及其安装的结点构造，进行模板的制作。

（3）用计算方法配制模板：形体复杂不易采用放大样方法，但有一定几何形体规律的构件可用计算方法结合放大样的方法进行模板的配制。

（4）采用结构表面展开法配制模板：一些形体复杂且又由各种不同形体组成的结构构件，如设备基础，其模板的配制可采用先画出模板平面图和展开图，再进行配模设计和模板制作。

二、大模板施工

（一）大模板概述

大模板是进行现浇剪力墙结构施工的一种工具式模板，一般配以相应的起重吊装机械，通过合理的施工组织安排，以机械化施工方式在现场浇筑竖向（主要是墙、壁）混凝土。其特点是以建筑物的开间、进深、层高为标准化基础，以大模板为主要手段，以现浇混凝土墙体为主导工序,组织有节奏的均衡施工。同时要求建筑和结构设计能做到标准化,以使模板能做到周转通用。

大模板施工对设计方面提出了相应的要求。在建筑设计方面,要求设计参数简化,开间和进深尺寸的种类要减少,而且应符合一定的模数,层高要固定,在一个地区内的墙厚也应当固定,这样就为减少大模板的类型创造了条件,或利用一套组合式大模板就可以满足需要。在结构方面,要加强整体性和提高建筑物的抗震能力。为此,要求建筑物体型力求简单,尽量避免结构刚度的突变,以减少扭转、振动及应力集中。同时要加强顶层、底层、端部开间、楼梯、电梯间和门洞周围等重点部位剪力墙的配筋,使剪力墙有一定的延性,防止其产生脆性破坏。

(二)大模板构造与类型

大模板由板面结构(钢板、木(竹)胶合板以及化学合成材料面板等)、支撑系统(由支撑架和地脚螺栓组成)和操作平台(由脚手板和三角架构成,附有铁爬梯及护身栏)以及附件(穿墙螺栓、上口铁卡子、楼梯间支模平台)组成。

大模板按形状划分有平模、小角模、大角模、筒形模等。

平模是以一个整面墙面制作成一块模板,能较好地保证墙面的平整度。虽结构简单、装拆灵活,但模板通用性差,并需用小角模解决纵、横墙角部位模板的拼接处理,仅适用于大面积标准住宅的施工。

小角模是为适应纵横墙一起浇筑而在纵横墙相交处附加的一种模板,通常用∟100×10的角钢制成。小角模设置在平模转角处,可使内模形成封闭的支撑体系,模板整体性好,组拆方便,墙面平整。小角模可以将扁钢焊在角钢内,拆模后会在墙面形成突出的棱,如图6-2(a)所示;另一种是将扁钢焊在角钢外面,拆模后会在墙面留下扁钢的凹印,如图6-2(b)所示。

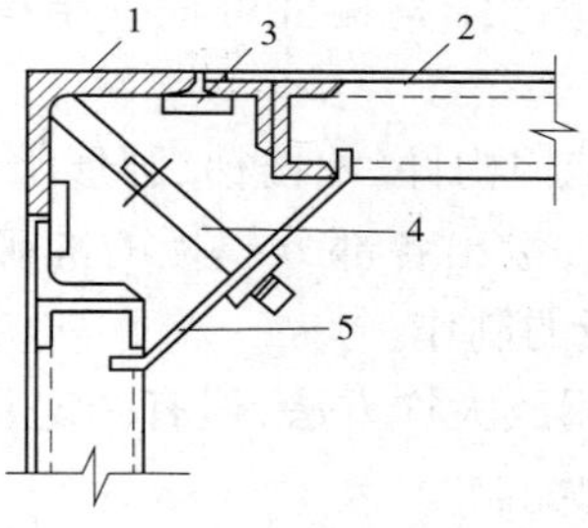

(a)扁钢焊在角钢内侧

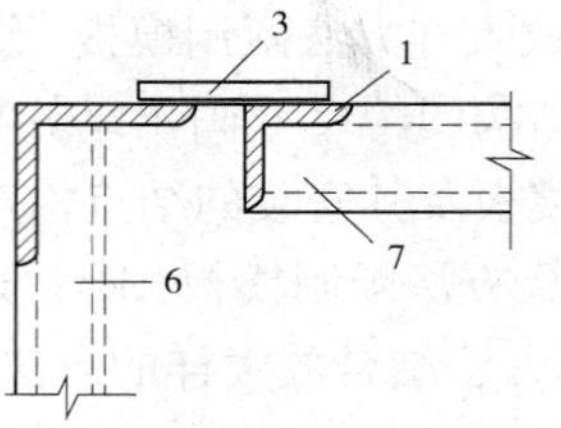

(b)扁钢焊在角钢外侧

1—小角模;2—平模;3—扁钢;4—转动拉杆;5—压板;6—横墙平模;7—纵墙平模

图6-2 小角模

大角模(见图6-3)是由上、下四个大合页连接起来的两块平模,并由三道活动支承和地脚螺栓等组成。采用大角模布置时,房间的纵横墙体混凝土可以同时浇筑,房屋的整体性好,且具有稳定、拆装方便、墙体阴角方整、施工质量好等特点。大角模也存在加工要求精细、运转麻烦、墙面平整度差、接缝在墙的中部等缺点。

筒形模由平模、角模和紧伸器(脱模器)等组成,是将一个房间的3面或4面现浇墙

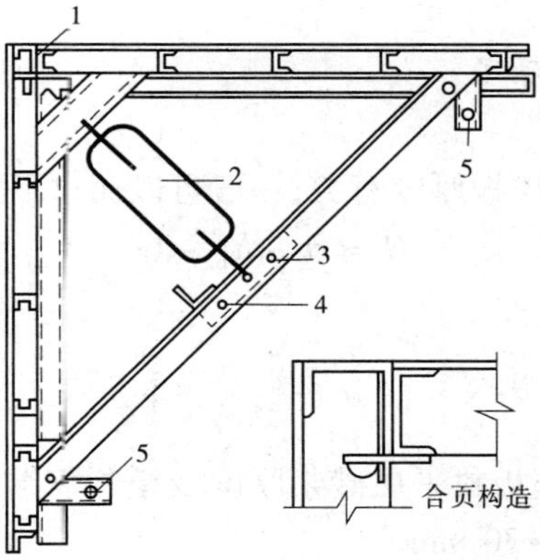

1—合页;2—花篮螺栓;3—固定销子;4—活动销子;5—调整螺栓

图 6-3　大角模

体的大模板通过挂轴悬挂在同一钢架上,墙角用小角模封闭而形成一个筒形单元体,主要用于电梯井和管道井内模的支设。采用筒形模布置时,纵横墙体混凝土能同时浇筑,故结构整体性好,施工简单快速,减少了模板的吊装次数,操作安全,劳动效率高;缺点是模板每次都要落地,且模板自重大,需要大吨位的起重设备,模板加工精度要求高,灵活性差,安装时必须按房间弹出十字中线就位。

筒形模的平模采用大型钢模板或钢框胶合板模板拼装而成。角模有固定角模和活动角模两种,固定角模即一般的阴角钢模板,活动角模是铰链角模。紧伸器有集中操作式和分散操作式等多种形式,如图 6-4 所示。

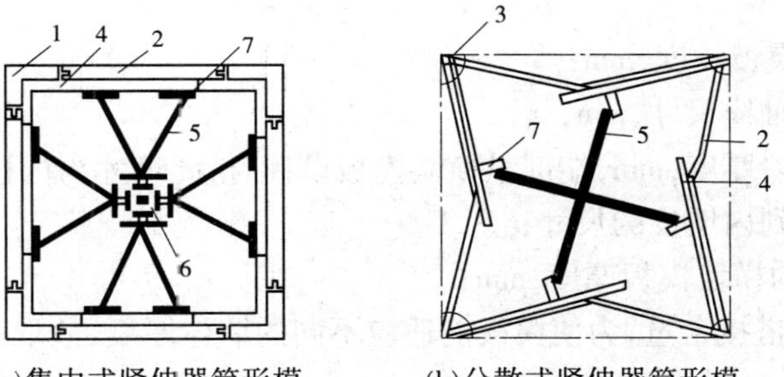

(a)集中式紧伸器筒形模　　(b)分散式紧伸器筒形模

1—固定角模;2—平面模板;3—活动角模;4—肋板;5—紧伸器;6—调节螺杆;7—连接板

图 6-4　筒形模构造示意图

(三)大模板设计

1. 设计原则

大模板的设计首先要满足刚度要求,确保大模板在堆放、组装、拆除时的自身稳定,以增强其周转使用次数。同时应采用合理的结构和恰当地选用钢材规格,以减少一次投资量,并遵循如下原则:

(1)模板的设计应与建筑设计配套。

(2)力求构造简单合理,装拆灵活方便。

(3)模板组合,尽量做到纵、横墙体能同时浇筑混凝土。

(4)坚固耐用,经济合理。

2. 大模板外形几何尺寸确定

1)模板高度

模板高度与楼层高度和楼板厚度有关,一般可以通过下式确定:

$$H = h - h_1 - C_1 \tag{6-1}$$

式中 H——模板高度,mm;

h——楼层高度,mm;

h_1——楼板厚度,mm;

C_1——余量,考虑到模板找平层砂浆厚度及模板安装不平等因素而采用的一个常数,通常取 20 ~ 30 mm。

2)横墙模板长度

横墙模板长度与进深轴线、墙体厚度以及模板的搭接方法有关,按下式计算:

$$L = L_1 - L_2 - L_3 - C_2 \tag{6-2}$$

式中 L——内横墙模板长度,mm;

L_1——进深轴线尺寸,mm;

L_2——外墙轴线至外墙内表面的尺寸,mm;

L_3——内墙轴线至墙面的尺寸,mm;

C_2——为拆模方便,外端设置一角模,其宽度通常取 50 mm。

3)纵墙模板长度

纵墙模板长度与开间轴线尺寸、内横墙厚度、横墙模板厚度有关,按下式确定:

$$B = b_1 - b_2 - b_3 - C_3 \tag{6-3}$$

式中 B——纵墙模板长度,mm;

b_1——开间轴线尺寸,mm;

b_2——内横墙厚度,mm,端部纵横墙模板设计时,此尺寸为内横墙厚度的 1/2 加外轴线到内墙皮的尺寸;

b_3——2 倍的横墙模板厚度,mm;

C_3——模板搭接余量,为使模板能适应不同的墙体厚度,故取一个常数,通常取 20 mm。

3. 大模板结构计算

大模板的计算包括验算模板在新浇混凝土侧压力作用下的强度和刚度、验算穿墙螺栓的强度、计算模板存放时在风力作用下的自稳角等。

模板用于混凝土成型,由刚度要求控制,要限制模板的挠度,以满足墙面平整度的要求,一般模板各构建的挠度要求控制在≤l/500。

大模板承受的荷载主要是混凝土侧压力,大模板的面板、横肋、竖肋、穿墙螺栓等皆根据其支撑情况按相应的钢结构进行计算。

(四)大模板施工

1. 内外墙全现浇结构体系

大模板全现浇结构体系的施工工艺流程如下:抄平放线→墙体扎筋→组装内模→组

装外模→浇筑墙体混凝土→养护拆模(拆下模板清理后周转使用)→安装预制室内分隔板→吊入门窗、卫生设备等配件→楼板施工。

1)内墙模板组装

内墙模板的支承如图 6-5 所示。内墙组装时须注意墙厚的控制。模板之间的间距控制下部用混凝土导墙控制,上部月上夹具控制。中部安两套对拉螺栓,承受混凝土的侧压力。每道横墙模板上部都与另一道横墙模板用拉杆连接,使墙体形成稳定的整体。

2)外墙外模板组装

内外墙全现浇结构体系的施工中,重点是做好外模的支模工作,它关系到工程质量与施工安全。内墙模板及外墙内模板支撑在楼板上,外墙外模板根据形式不同,分为悬挑式外模和外承式外模。

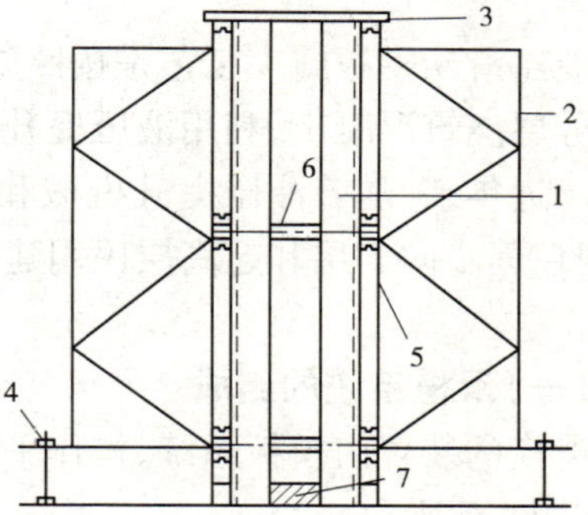

1—内墙模板;2—桁架;3—上夹具;4—校正螺栓;5—穿墙螺栓;6—套管;7—混凝土导墙

图 6-5　内墙大模板安装

2. 内浇外挂结构体系

内浇外挂结构体系施工工艺流程与内外墙全现浇结构体系相比,增加了外挂墙板的工序,其余相同。内浇外挂大模板高层建筑的施工程序是:抄平放线→绑扎钢筋→支门窗洞口模板→安装大模板→安装外墙板→浇筑混凝土→拆模、修整混凝土墙面、养护→安装预制楼板→浇筑圈梁、板缝。

1)抄平放线操作要点

抄平放线包括弹轴线、墙身线、模板就位线及门口、隔墙、阳台位置线和抄平水准线等。在每幢建筑物的四角和流水段分段处,应设置标准轴线控制,再根据标准轴线桩引出各层控制轴线。由控制轴线放出其他轴线和墙身线以及门口、窗口位置线。为了便于支模,在放墙身线的同时放出模板就位线。采用筒子模时,还应放出十字线。每幢建筑物均应设水准点,在底层墙上确定控制水平线,并用钢尺引测各层标高。

2)钢筋敷设施工要点

墙体钢筋应尽量预先在加工厂按图样点焊成网片再运至现场。在运输、堆放和吊装过程中,要采取措施防止钢筋网片产生变形或焊点脱开。在安装外墙板前,应剔出并理直两侧的预埋钢筋套环,内外墙的钢筋套环要重合,按设计要求插入竖向钢筋。

3)模板安装

大模板进场后要核对型号,清点数量,清除表面锈蚀,用醒目的字体在模板背面注明标号。模板就位前还应认真涂刷脱模剂,将安装处楼面清理干净,检查墙体中心线及边线,准确无误后方可安装模板。安装模板时,应按顺序吊装,按墙身线就位,反复检查校正模板的垂直度。模板合模前,还要进行隐蔽工程验收。

4)混凝土的浇筑

混凝土浇筑前对组装的大模板及预埋件、结点钢筋等进行一次全面的检查,如发现问题,应及时校正。为防止底部出现质量缺陷,确保新浇混凝土与下层混凝土结合良好,宜先浇一层 5 ~ 10 cm 厚与原混凝土内砂浆成分相同的砂浆。

5)拆模与养护

在常温条件下,墙体混凝土强度超过 1.2 N/mm² 时方准拆模。拆模顺序为先拆内纵墙模板,再拆横墙模板,最后拆除角模和门洞口模板。单片模板拆除顺序为:拆除穿墙螺栓、拉杆及上口卡具→升起模板底脚螺栓→升起支撑架底脚螺栓→使模板自动倾斜脱离墙面并将模板吊起。清理后还应涂刷隔离剂。

三、滑模施工

液压滑动模板施工工艺是按照施工对象的平面尺寸和形状,在地面组装好滑模系统,然后分层浇筑混凝土,利用液压提升设备不断竖向提升模板,完成混凝土构件施工的一种方法。近年来,随着液压提升机械和施工精度调整技术的改进及提高,滑模工艺发展迅速,现在逐步向高层和超高层民用建筑发展,成为了高层建筑施工可供选择的模板技术之一。

(一)滑模系统的组成

滑模的装置由模板系统、操作平台系统和液压提升系统以及施工精度控制系统等组成,如图 6-6 所示。

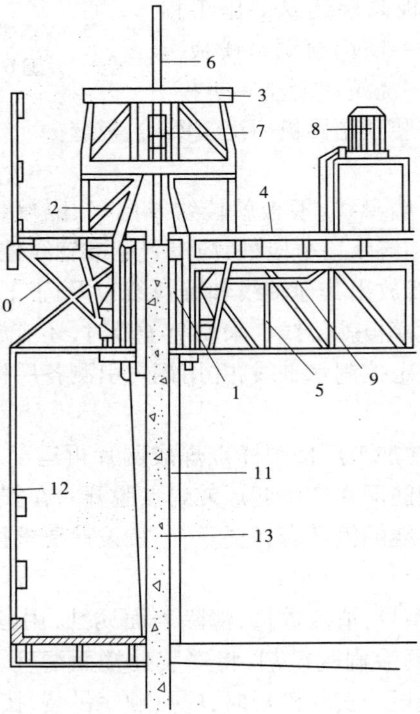

1—模板;2—围圈;3—提升架;4—操作平台;5—操作平台桁架;6—支承杆;
7—液压千斤顶;8—高压油泵;9—油管;10—外挑三角架;
11—内吊脚手架;12—外吊脚手架;13—混凝土墙体

图 6-6 滑模系统示意图

模板系统由模板、围圈、提升架及其附属配件组成。其作用是根据滑模工程的结构特点组成成型结构，使混凝土能按照设计的几何形状和尺寸准确成形，并保证表面质量符合要求；其在滑升施工过程中，主要承受浇筑混凝土时的侧压力以及滑动时的摩阻力和模板滑空、纠偏等情况下的外加荷载。

操作平台系统主要包括操作平台，外挑脚手架，内、外吊脚手架，如果施工需要，还可设置辅助平台，以供材料、工具、设备的堆放。

液压提升系统包括支承杆、液压千斤顶、液压控制系统和油路等，是液压滑模系统的重要组成部分，也是整套滑模施工装置中的提升动力和荷载传递系统。

滑模施工的精度控制系统由水平度、垂直度观测与控制装置以及通信联络设施组成，主要起到控制滑模施工的水平度和垂直度的作用。

1. 滑模施工水平度控制

在模板滑升过程中，由于千斤顶的不同步，数值的累积就会使模板系统产生很大的升差，若不及时加以控制，不仅建筑物的垂直度难以保证，也会使模板结构产生变形，影响工程质量。水平度的观测，可采用水准仪、自动安平激光测量仪等设备，精度不应低于1/10 000。对千斤顶升差的控制，可以根据不同的控制方法选择不同的水平度控制系统。常用的方法有用激光控制仪控制的自动调平控制法、用限位仪控制的限位调平法、限位阀控制法、截止阀控制法等。

2. 滑模施工垂直度控制

在滑模施工中，影响建筑物垂直度的因素很多，如千斤顶的升差、滑模装置变形、操作平台荷载、混凝土的浇筑方向以及风力、日照的影响等。为了解决上述问题，除采取一些有针对性的预防措施外，在施工中还应经常加强观测，并及时采取纠偏、纠扭措施，以使建筑物的垂直度始终得到控制。

（二）滑模施工工艺

滑模的施工由滑模设备的组装、钢筋绑扎和预埋件埋设、混凝土施工、门窗口及孔洞的留设、模板装置的拆除等几个部分组成。

1. 滑模设备的组装

滑模设备的组装是个重要环节，直接影响到施工进度和质量，因此要合理组织、严格施工。在组装前，要做好拼装场地的平整工作，检查起滑线以下已经施工好的基础或结构的标高和平面尺寸，并标出建筑物的结构轴线、墙体边线和提升架的位置线等。滑模的组装顺序如图 6-7 所示。

2. 钢筋绑扎和预埋件埋设

钢筋绑扎应与混凝土浇筑速度、模板的滑升速度相配合。根据每个浇筑层的混凝土浇筑量、浇筑时间和钢筋量的大小，合理安排绑扎人员，划分操作区段，保证钢筋的绑扎速度。由于水平钢筋在提升架横梁以下进行绑扎，故其长度一般不宜大于 6 m。竖向钢筋的加工长度一般应与楼层高度一致，不宜大于 5 m。竖向钢筋绑扎时，应在提升架上部设置钢筋定位架，以保证钢筋位置正确。对于双层钢筋的墙体结构，钢筋绑扎后，双层钢筋之间应有拉结筋定位。钢筋弯钩均应背向模板，以防模板滑升时被弯钩挂住。支承杆作为结构受力筋时，其接头处的焊接质量必须满足有关钢筋焊接规范的要求。

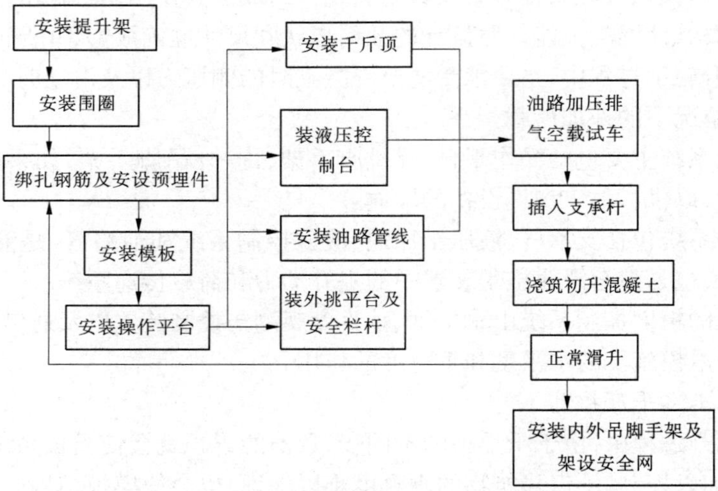

图 6-7　滑模的组装顺序

预埋件的留设位置与型号必须准确。滑模施工前,应有专人负责绘制预埋件平面图,详细注明预埋件的标高、位置、型号及数量,施工中要加强检查以防遗漏。预埋件一般可采用短钢筋与结构主筋焊接或绑扎等方法连接牢固,但不得突出模板表面。模板滑过预埋件后,应立即清除预埋件表面的混凝土,使其外露,其位置偏差应符合规范要求。

3. 混凝土施工

滑模施工的混凝土除必须满足设计强度外,还必须满足滑模施工的特殊要求,如出模强度、凝结时间、和易性等。混凝土配比的设计应该根据滑升速度、气候条件和材料品种等因素试配出不同的级配,以便施工中根据实际情况选用。出模的混凝土表面易于抹光,后期强度损失小,并能承受上部混凝土的自重,不坍塌、开裂或变形。

混凝土必须分层均匀交圈浇筑,每一浇筑层的混凝土厚度以 200 ~ 300 mm 为宜,表面应在同一水平面上,并有计划地变换浇筑方向,以保证模板各处的摩擦阻力相近,防止模板产生扭转和结构倾斜。各层浇筑的间隔时间应不大于混凝土的凝结时间,当间隔时间超过凝结时间时,对接槎处应按施工缝的要求处理。每个浇筑区段中混凝土的布料,一般从中间部分开始,各层浇筑方向要交错进行,并经常交换方向,尽量使布料均匀。混凝土浇筑宜用人工均匀倒入,不得用料斗直接向模板倾倒,以免对模板造成过大的侧压力。预留孔洞、门窗口等两侧的混凝土,应对称均衡浇筑,以免门窗模移位。对于因停滑造成的水平施工缝,应认真处理混凝土表面,保证后浇混凝土与已硬化的混凝土之间有良好的黏结;继续施工前,应对液压系统进行全面检查。

4. 门窗口及孔洞的留设

门窗口及孔洞的留设可采用以下几种方法。

1) 框模法

事先按照设计要求的尺寸制成孔洞框模,框模可用钢材、木材或钢筋混凝土预制件制作。其尺寸宜比设计尺寸大 20 ~ 30 mm,厚度应比内外模板的上口尺寸小 5 ~ 10 mm。框模应按设计要求位置与标高留设,安装时,同墙体中的钢筋或支承杆连接固定。也可利用门、窗框直接作为框模使用，在滑升的同时埋在设计要求的位置上。

2）堵头模板法

当预留孔洞尺寸较大或孔洞处不设门框时，在孔洞两侧的内外模板之间设置堵头模板，并通过活动角钢与内外模连接，与模板一起滑升。

3）孔洞胎模法

对于较小的预留孔洞及接线盒等，可事先按孔洞具体形状制作空心或实心的孔洞胎模，尺寸应比设计要求大 50 ~ 100 mm，厚度应比内外模上口小 10 ~ 20 mm，四边应稍有倾斜，便于模板滑过后取出胎模。其材料可以用钢材、木材及聚苯乙烯泡沫塑料制成。

5. 模板装置的拆除

滑模装置拆除应制订可靠的措施，拆除顺序为：拆除油路系统及控制台→拆除操作平台→拆除内模板→拆除安全网和脚手架→用木块垫住内模板桁架→拆除外模板桁架系统→拆除内模板桁架的支撑→拆除内模板桁架。

四、滑框倒模

滑框倒模施工工艺是在滑模施工工艺的基础上发展而成的。由于操作上多了模板拆除上运的过程，人工消耗大，速度略低于滑模。

（一）滑框倒模的组成

滑框倒模装置的提升设备和模板系统与一般滑模基本相同，亦由液压控制台、油路、千斤顶及支承杆和操作平台、围圈、提升架、模板等组成。滑框倒模的模板不与围圈直接挂钩，而是通过在模板与围圈之间增设竖向滑道连接，滑道固定于围圈内侧，可随围圈滑升。

模板在施工时与混凝土之间不产生滑动，而与滑道之间相对滑动，即只滑框，不滑模。当滑道随围圈滑升时，模板附着于新浇筑的混凝土表面留在原位，待滑道滑升一层模板高度后，即可拆除最下一层模板，清理后，倒至上层使用。

采用滑框倒模工艺施工高层建筑时，其楼板等横向结构的施工以及水平度、垂直度的控制与滑模工程基本相同。

（二）滑框倒模施工工艺

施工墙体结构的程序为：绑一层横向钢筋→安装上一层模板→浇灌一层混凝土→提升一层模板高度→拆除脱出的下层模板，清理后，倒至上层使用，如此循环进行，层层上升（见图 6-8）。

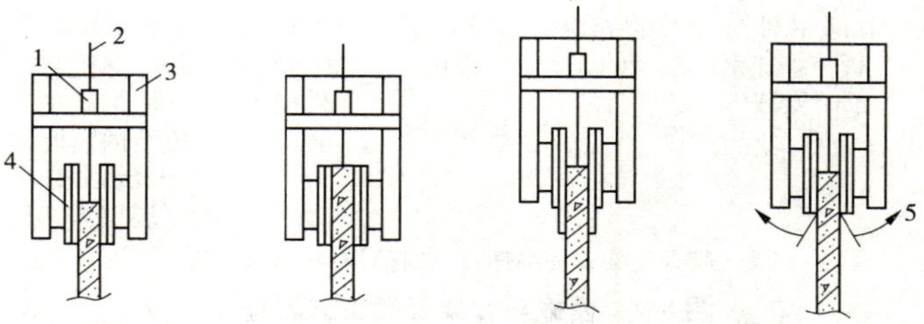

(a)插模板　(b)浇混凝土　(c)提升　(d)拆倒模板

1—千斤顶；2—支撑杆；3—提升架；4—滑道；5—向上倒模

图 6-8　滑框倒模示意图

五、爬升模板

爬升模板简称爬模，是一种自行爬升、不需起重机吊运的模板。它可以一次成型一个墙面，且可以自行升降，是综合大模板与滑模工艺特点形成的一种成套模板技术，同时具有大模板施工和滑模施工的优点。它适用于高层建筑外墙外侧和电梯井筒内侧无楼板阻隔的现浇混凝土竖向结构施工，特别是一些外墙立面形态复杂，采用艺术混凝土或不抹灰饰面混凝土、垂直偏差控制较严的高层建筑。

爬模常见的有模板与爬架互爬、模板与模板互爬、爬架与爬架互爬及整体爬模四种类型。

（一）模板与爬架互爬

模板与爬架互爬由大模板、爬升支架和爬升设备三部分组成。它是以建筑物的钢筋混凝土墙体为支承主体，通过附着于已完成的墙体上的爬升支架或大模板，利用连接爬升支架与大模板的爬升设备，使一方固定，另一方作相对运动，交替向上爬升，以完成模板的爬升、下降、就位和校正等工作。该技术是最早采用且应用广泛的一种爬模工艺。

模板与爬架互爬工艺流程如下：弹线找平→安装爬架→安装爬升设备→安装外模板→绑扎钢筋→安装内模板→浇筑混凝土→拆除内模板→施工楼板→爬升外模板→固定外模板→绑扎上一层钢筋并安装内模板→浇筑上一层墙体→爬升爬架……如此模板与爬架互爬直至完成整幢建筑的施工，如图 6-9 所示。

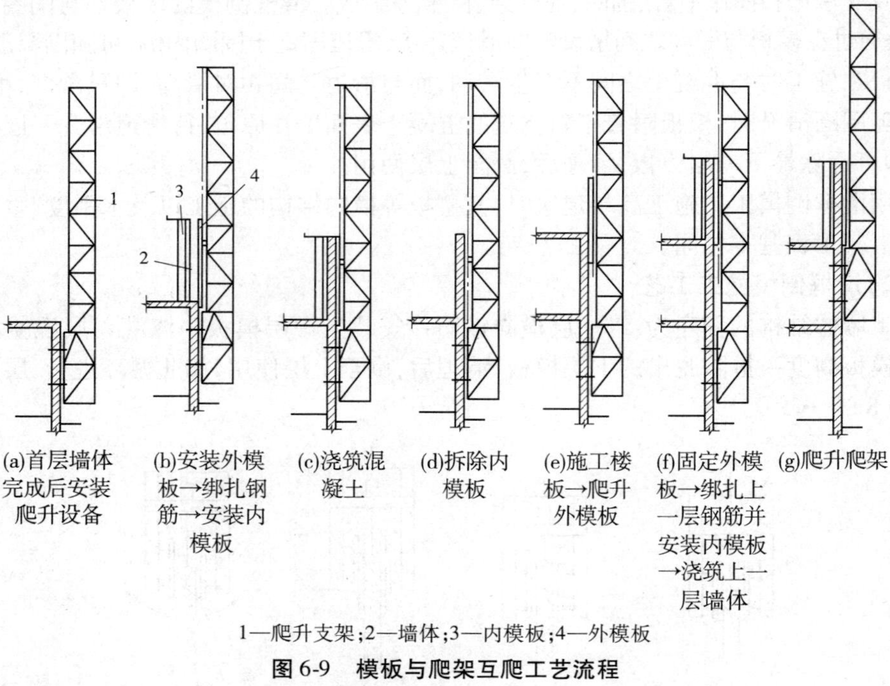

(a)首层墙体完成后安装爬升设备　(b)安装外模板→绑扎钢筋→安装内模板　(c)浇筑混凝土　(d)拆除内模板　(e)施工楼板→爬升外模板　(f)固定外模板→绑扎上一层钢筋并安装内模板→浇筑上一层墙体　(g)爬升爬架

1—爬升支架；2—墙体；3—内模板；4—外模板

图 6-9　模板与爬架互爬工艺流程

（二）模板与模板互爬

模板与模板互爬是一种无架液压爬模工艺，是将外墙外侧模板分成甲、乙两种类型，甲型与乙型模板交替布置，互为支承，由爬升设备和爬杆使相邻模板互相爬升（见图6-10）。爬升前，先松开穿墙螺栓，拆除内模板，并使外墙外侧甲、乙型模板与混凝土墙体脱离，然后将乙型模板上口的穿墙螺栓重新装入并紧固。调整乙型模板三角爬架的角度，装上爬杆，用卡座卡紧。爬杆的下端穿入甲型模板中部的千斤顶中。拆除甲型模板底部的穿墙螺栓，利用乙型模板作为支承，将甲型模板爬至预定高度，随即用穿墙螺栓与墙体固定。甲型模板爬升后，再将甲型模板作为支承，将乙型模板爬至预定高度并加以固定。校正甲、乙型两种模板，安装内模板，装好穿墙螺栓并紧固，即可浇筑混凝土。如此反复，交替爬升，直至完成工程。施工时，应使每个流水段内的乙型模板同时爬升，不得单块模板爬升。模板的爬升可以安排在楼板支模、绑扎钢筋的同时进行，所以这种爬升方法不占用施工工期，有利于加快工程进度。

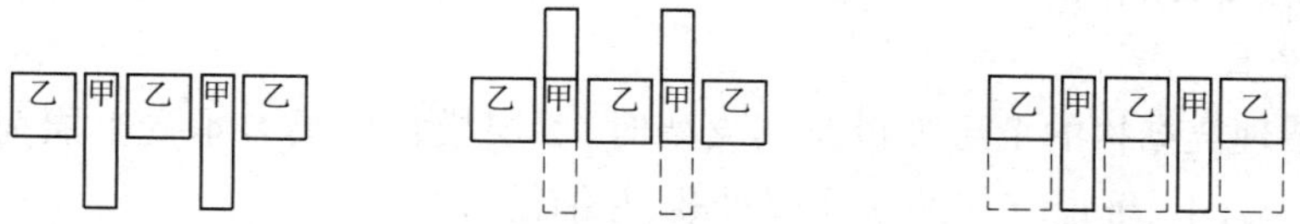

图6-10　模板与模板互爬示意图

（三）爬架与爬架互爬

爬架与爬架互爬系统由爬架、平台、传动装置和模板等组成。该工艺以固定在混凝土外表面的爬升挂靴为支点，以摆线针轮减速机为动力，通过内外爬架的相对运动，使外墙外侧大模板随同外爬架相应爬升。当大模板达到规定高度，借助滑轮滑动就位。爬架与爬架互爬过程中内外架互为支承，交替爬升。

（四）整体爬模

整体爬模主要组成部分有内外爬架和内外模板。它利用内外墙整体爬模技术可以同时施工内外墙体，外墙内模和内墙模板需与外墙外模同时爬升，所以除外爬架外，还要设置内爬架。

内爬架设置在纵、横墙交接处，通过楼板孔洞立在短横扁担上，并用穿墙螺栓将力传给下层的混凝土墙体。内爬架的高度略大于两个楼层高，采用格构式钢构件，截面较小。外爬架将力传给下层混凝土外墙体。内外爬架与内外模板相互依靠、交替爬升。整体爬模施工工艺分为环链手拉葫芦提升整体爬模施工、电动整体爬模施工、液压整体爬模施工三种类型。

爬模组装示意图如图6-11所示。

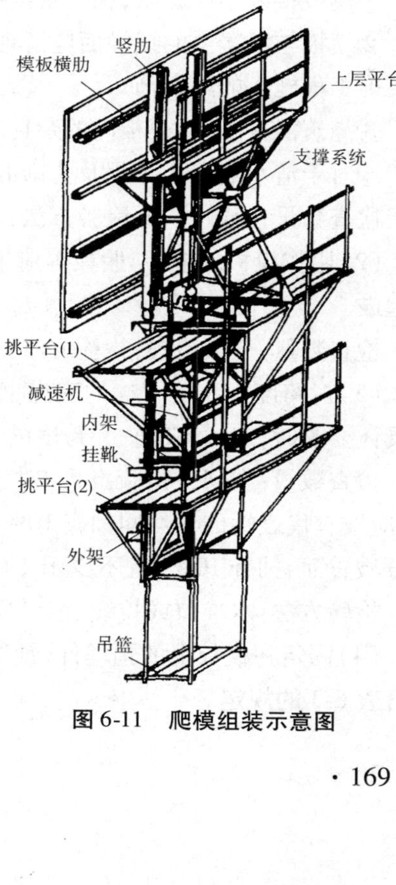

图6-11　爬模组装示意图

六、模板工程施工质量及验收要求

(一)基本规定

(1)模板及其支架应根据工程结构形式、荷载大小、地基土类别、施工设备和材料供应等条件进行设计。模板及其支架应具有足够的承载能力、刚度和稳定性,能可靠地承受浇筑混凝土的重量、侧压力以及施工荷载。

(2)在浇筑混凝土之前,应对模板工程进行验收。模板安装和浇筑混凝土时,应对模板及其支架进行观察和维护。发生异常情况时,应按施工技术方案及时进行处理。

(3)模板及其支架拆除的顺序和安全措施应按施工技术方案执行。

(二)模板安装验收

1. 主控项目

(1)安装现浇结构的上层模板及其支架时,下层模板应具有承受上层荷载的承载能力,或加设支架;上、下层支架的立柱应对准,并铺设垫板。

检查数量:全数检查。检验方法:对照模板设计文件和施工技术方案观察。

(2)在涂刷模板隔离剂时,不得沾污钢筋和混凝土接槎处。

检查数量:全数检查;检验方法:观察。

2. 一般项目

(1)模板安装应满足下列要求:

①模板接缝不应漏浆;在浇筑混凝土前,木模板应浇水湿润,但模板内不应有积水。

②模板与混凝土的接触面应清理干净并涂刷隔离剂,但不得采用影响结构性能或妨碍装饰工程施工的隔离剂。

③浇筑混凝土前,模板内的杂物应清理干净。

④对于清水混凝土工程及装饰混凝土工程,应使用能达到设计效果的模板。

检查数量:全数检查;检验方法:观察。

(2)用作模板的地坪、胎模等应平整光洁,不得产生影响构件质量的下沉、裂缝、起砂或起鼓。

检查数量:全数检查;检验方法:观察。

(3)对跨度不小于 4 m 的现浇钢筋混凝土梁、板,其模板应按设计要求起拱;当设计无具体要求时,起拱高度宜为跨度的 1/1 000 ~ 3/1 000。

检查数量:在同一检验批内,对于梁,应抽查构件数量的 10%,且不少于 3 件;对于板,应按有代表性的自然间抽查 10%,且不少于 3 间;对于大空间结构,板可按纵、横轴线划分检查面,抽查 10%,且不少于 3 面。

检验方法:水准仪或拉线、钢尺检查。

(4)固定在模板上的预埋件、预留孔和预留洞均不得遗漏,且应安装牢固,其偏差应符合表 6-2 的规定。

表 6-2　预埋件和预留孔洞的允许偏差

项目		允许偏差(mm)
预埋钢板中心线位置		3
预埋管、预留孔中心线位置		3
插筋	中心线位置	5
	外露长度	+10,0
预埋螺栓	中心线位置	2
	外露长度	+10,0
预留洞	中心线位置	10
	尺寸	+10,0

注:检查中心线位置时,应沿纵、横两个方向量测,并取其中的较大值。

检查数量:在同一检验批内,对于梁、柱和独立基础,应抽查构件数量的 10%,且不少于 3 件;对于墙和板,应按有代表性的自然间抽查 10%,且不少于 3 间;对于大空间结构,墙可按相邻轴线间高度 5 m 左右划分检查面,板可按纵、横轴线划分检查面,抽查 10%,且均不少于 3 面。

检验方法:钢尺检查。

(5)现浇结构模板安装的偏差应符合表 6-3 的规定。

检查数量:在同一检验批内,对于梁、柱和独立基础,应抽查构件数量的 10%,且不少于 3 件;对于墙和板,应按有代表性的自然间抽查 10%,且不少于 3 间;对于大空间结构,墙可按相邻轴线间高度 5 m 左右划分检查面,板可按纵、横轴线划分检查面,抽查 10%,且均不少于 3 面。

表 6-3　现浇结构模板安装的允许偏差及检验方法

项目		允许偏差(mm)	检验方法
轴线位置		5	钢尺检查
底模上表面标高		±5	水准仪或拉线、钢尺检查
截面内部尺寸	基础	±10	钢尺检查
	柱、墙、梁	+4,-5	钢尺检查
层高垂直度	不大于 5 m	6	经纬仪或吊线、钢尺检查
	大于 5 m	8	经纬仪或吊线、钢尺检查
相邻两板表面高低差		2	钢尺检查
表面平整度		5	2 m 靠尺和塞尺检查

注:检查轴线位置时,应沿纵、横两个方向量测,并取其中的较大值。

(6)预制构件模板安装的偏差应符合表 6-4 的规定。

表 6-4　预制构件模板安装的允许偏差及检验方法

项目		允许偏差(mm)	检验方法
长度	板、梁	±5	钢尺量两角边,取其中较大值
	薄腹梁、桁架	±10	
	柱	0, -10	
	墙板	0, -5	
宽度	板、墙板	0, -5	钢尺量一端及中部,取其中较大值
	梁、薄腹梁、桁架、柱	+2, -5	
高(厚)度	板	+2, -3	钢尺量一端及中部,取其中较大值
	墙板	0, -5	
	梁、薄腹板、桁架、柱	+2, -5	
侧向弯曲	梁、板、柱	l/1 000 且≤15	拉线、钢尺量最大弯曲处
	墙板、薄腹梁、桁架	l/1 500 且≤15	
	板的表面平整度	3	2 m 靠尺和塞尺检查
	相邻两板表面高低差	1	钢尺检查
对角线差	板	7	钢尺量两个对角线
	墙板	5	
翘曲	板、墙板	l/1 500	调平尺在两端量测
设计起拱	薄腹梁、桁架、梁	±3	拉线、钢尺量跨中

注:l 为构件长度,mm。

检查数量:首次使用及大修后的模板应全数检查;使用中的模板应定期检查,并根据使用情况不定期抽查。

(三)模板拆除

1. 主控项目

(1)底模及其支架拆除时的混凝土强度应符合设计要求;当设计无具体要求时,混凝土强度应符合表 6-5 的规定。

表 6-5　底模拆除时的混凝土强度要求

构件类型	构件跨度(m)	达到设计的混凝土立方体抗压强度标准值的百分率(%)
板	≤2	≥50
	>2,≤8	≥75
	>8	≥100
梁、拱、壳	≤8	≥75
	>8	≥100
悬臂构件	—	≥100

检查数量:全数检查;检验方法:检查同条件养护试件强度试验报告。

(2)对后张法预应力混凝土结构构件,侧模宜在预应力张拉前拆除;底模支架的拆除应按施工技术方案执行,当无具体要求时,不应在结构构件建立预应力前拆除。

检查数量:全数检查;检验方法:观察。

(3)后浇带模板的拆除和支顶应按施工技术方案执行。

检查数量:全数检查;检验方法:观察。

2. 一般项目

(1)侧模拆除时的混凝土强度应能保证其表面及棱角不受损伤。

检查数量:全数检查;检验方法:观察。

(2)模板拆除时,不应对楼层形成冲击荷载。拆除的模板和支架宜分散堆放并及时清运。

检查数量:全数检查;检验方法:观察。

第二节　粗钢筋连接技术

传统的钢筋连接多采用搭接绑扎和电弧焊连接,前者将消耗大量钢材且不利于高层建筑抗震,后者电焊量大、钢材消耗多、劳动强度大,且焊接区域钢筋拥挤,给混凝土浇筑带来困难。在高层建筑现浇混凝土结构施工中,对于水平向和竖向粗直径钢筋的连接,已不能简单地采用传统钢筋连接技术,而是逐渐发展和采用了电渣压力焊、气压焊和机械连接等,大大改进了水平向和竖向粗直径钢筋的连接性能,经济效益良好。

一、焊接

钢筋焊接分为压焊和熔焊两种形式。熔焊过程实质上是利用热源产生的热量,把母材和填充金属熔化,形成焊接熔池,当电源断开后,由于周围冷金属的导热及其介质的散热作用,焊接熔池温度迅速下降,并凝固结晶形成焊缝。如电弧焊、电渣焊、热剂焊。

压焊过程实质上是利用热源,包括外加热源和电流通过母材所产生的热量,使母材加热达到局部熔化,随即施加压力,形成焊接接头,如电阻点焊、闪光对焊、电渣压力焊、气压焊、埋弧压力焊。

(一)电渣压力焊

电渣压力焊是利用电流通过渣池产生的电阻热,将竖向钢筋的端部熔化,待熔化到一定程度后,施加压力使钢筋焊合。这种焊接方法是一种立焊方法,能弥补当钢筋采用搭接或帮条电弧焊时所造成的错位大和焊接时间长的不足,比电弧焊容易掌握,工效高,适用于施工现场竖向钢筋焊接,不适用于水平钢筋的连接及倾斜度超过4:1范围的斜筋连接,也不得在竖向焊接后,在横置于梁、板构件中做水平钢筋之用。

电渣压力焊分为自动电渣压力焊及手工电渣压力焊两种。

1. 焊接设备和材料

1)电渣压力焊机具

自动电渣压力焊设备包括焊接电源、控制箱、操作箱、焊接机头等。焊接机头由电动机、减速器、凸轮、夹具、提升杆、焊剂盒等组成。电渣压力焊焊机示意图如图 6-12 所示。焊接电源有多种型号，如 BX1 - 500 型、BX3 - 500 型、BX3 - 630 型、BX2 - 700 型、BX2 - 1000 型等，可根据不同钢筋直径选择，例如当钢筋直径为 25 mm 时，可采用 BX1 - 500、BX3 - 500 型焊接电源；当钢筋直径为 32 mm 时，应采用 BX3 - 630 型、BX2 - 700 型；钢筋直径为 36 mm 或 40 mm 时，宜采用 BX2 - 1000 型。

自动焊机使用时，由焊工揿电钮，自动接通电源，通过电动机使上钢筋移动，引燃电弧，接着自动完成电弧、电渣及顶压过程，并切断焊接电源。使用这种焊机可以减轻焊工的劳动强度，生产效率高。

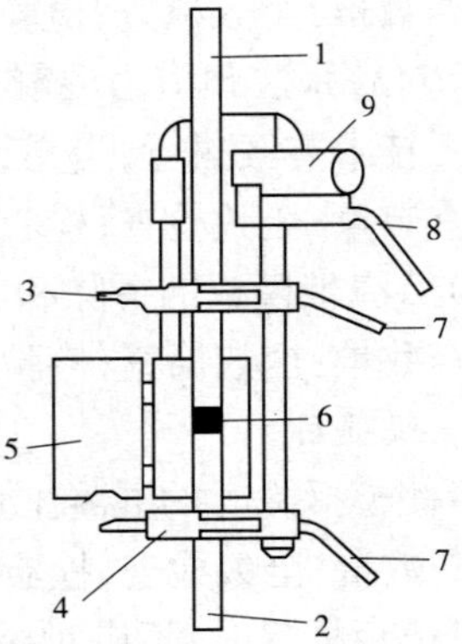

1—上钢筋；2—下钢筋；3—上夹头；4—下夹头；5—焊剂盒；6—铁丝圈；7—焊把线；8—电源线；9—电动机传动部分

图 6-12　电渣压力焊焊机示意图

手工电渣压力焊设备包括焊接电源、控制箱、焊接夹具、焊剂盒等。焊接电源与自动电渣压力焊相同。焊接夹具应具有一定的刚度，使用灵巧，坚固耐用，上、下钳同心。焊剂盒内径为 90 ~ 100 mm，与所焊接钢筋的直径大小相适应。

2）焊剂

焊剂宜采用高锰、高硅、低氟型 HJ431 焊剂。焊剂要妥善保管，防止受潮。焊剂在焊接过程中具有保护熔池，防止氧化和氮化，使焊接过程稳定，获得良好成型接头的作用。

2. 焊接工艺

1）焊接工艺参数

施焊前，应根据钢筋直径确定焊接参数。电渣压力焊的参数主要包括焊接电流、焊接电压、焊接通电时间等，如表 6-6 所示。

表 6-6　电渣压力焊焊接参数

钢筋直径（mm）	焊接电流（A）	焊接电压（V）		焊接通电时间（s）	
		电弧过程	电渣过程	电弧过程	电渣过程
16	200 ~ 250	35 ~ 45	22 ~ 27	14	4
18	250 ~ 300			15	5
20	300 ~ 350			17	5
22	350 ~ 400			18	6
25	400 ~ 450			21	6
28	500 ~ 550			24	6
32	600 ~ 650			27	7
36	700 ~ 750			30	8
40	850 ~ 900			33	9

2)焊接工艺流程

竖向钢筋电渣压力焊工艺流程包括引弧、电弧、电渣和预压过程,如图 6-13 所示。

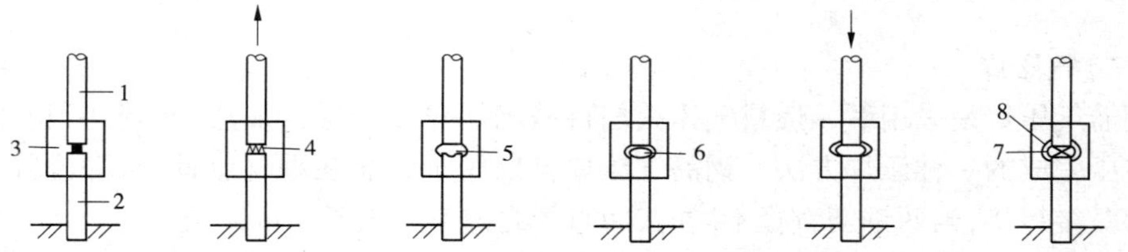

(a)引弧前　(b)引弧过程　(c)电弧过程　(d)电渣过程　(e)顶压过程　(f)凝固后

1—上钢筋;2—下钢筋;3—焊剂盒;4—电弧;5—熔池;6—熔渣;7—焊包;8—渣壳

图 6-13　电渣压力焊工艺流程

首先,将钢筋直径端部 120 mm 范围内铁锈杂质刷净,用电极上的夹具夹紧钢筋(当上部钢筋较长时,搭设架子稳定钢筋)。钢筋端头应在焊剂盒中部,待上、下钢筋轴线对中后,在上、下钢筋间放入一个由 22 号铅丝绕成直径为 10 ~ 15 mm 的铅丝小球,当钢筋直径较大时放入导电剂。在焊剂盒底部垫好石棉垫、合上焊剂盒,放满焊剂。施焊时,接通电路,使导电剂、钢筋端部及焊剂熔化,形成导电的渣池,维持数秒后,借助操纵杆将上钢筋缓缓下送,且使焊接电压稳定在 20 ~ 25 V 范围内。钢筋下送速度不能过快或过慢,以防造成电流短路或断路,要维持好电渣形成过程。待熔化量达到一定数值时,即切断电源,并迅速用力顶锻钢筋,挤出全部熔渣和熔化金属,使其形成坚实接头。过 1 ~ 3 min 冷却后,即可打开焊剂盒,收回焊剂,卸下夹具,敲去熔渣,焊接过程完毕。

钢筋电渣压力焊时,焊接夹具的上、下钳口应夹紧上、下钢筋的合适位置,严防晃动,以免上、下钢筋错位和夹具变形;引弧宜采用导电焊剂或铅丝球引弧法,也可直接引弧。接头完毕,应停歇适当时间才可回收焊剂和卸下夹具,以免接头与空气接触氧化。当两钢筋直径不同时,应采取措施确保上、下两钢筋同轴,并按直径较小钢筋选用焊接电流,焊接通电时间稍延长。

3. 焊接接头质量检验

1)外观检查

电渣压力焊接头应逐个进行外观检查,外观检查结果应符合下列要求:

(1)四周焊包凸出钢筋表面的高度应大于 4 mm。

(2)钢筋与电极接触处,应无烧伤缺陷。

(3)接头处的弯折角不得大于 4°。

(4)接头处的轴线偏移不得大于钢筋直径的 10%,且不得大于 2 mm。

外观检查不合格的接头应切除重焊,或采取补强焊接措施。

2)强度检验

(1)在进行力学性能试验时,每楼层或施工区段中,以 300 个同级别钢筋接头作为一批,不足 300 个亦为一批,每批随机切取 3 个接头进行拉伸试验。同一批中有几个不同钢筋直径时,应抽取直径较大的钢筋接头。

(2)对于电渣压力焊接头拉伸试验结果,3 个试件的抗拉强度均不得小于该级别钢筋规定的抗拉强度。当试验结果有 1 个试件的抗拉强度低于规定值,应再取 6 个试件进行复验。对于复验结果,当仍有 1 个试件的抗拉强度小于规定值,应确认该批接头为不合格品。

(二)气压焊

钢筋气压焊是采用氧－燃料气体火焰将两钢筋对接处进行加热,使其达到一定温度然后加压完成的一种压焊方法。钢筋气压焊可以用于钢筋在垂直位置、水平位置或倾斜位置的对接焊接,当两钢筋直径不同时,两直径之差不得大于 7 mm。

1. 气压焊设备

钢筋气压焊机主要包括多嘴环管加热器、加压器、焊接夹具三部分,另加氧气瓶、乙炔气瓶等供气装置,如图 6-14 所示。加压器有手动和电动两种。当采用手动式时,需要一名焊工、一名辅助工加压,合作施工;当采用电动式时,只需一名焊工。

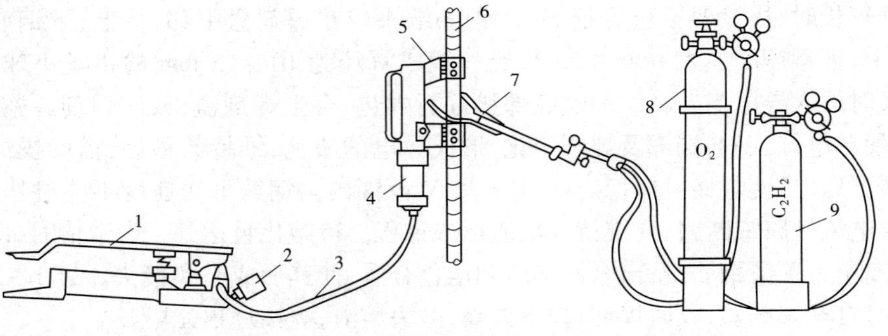

1—脚踏液压泵;2—压力表;3—液压胶管;4—油缸;5—钢筋卡具;
6—被焊接钢筋;7—多火口烤枪;8—氧气瓶;9—乙炔气瓶

图 6-14　钢筋气压焊设备

2. 气压焊施工工艺

钢筋气压焊施工工艺有熔化压力焊和固态气压焊两种。

熔化压力焊是将两钢筋端面稍加分开,加热到熔化温度后再加压完成的一种方法,加压前应将钢筋端面上的熔化金属吹流出来。固态气压焊是将两钢筋端面紧密闭合,局部间隙不大于 3 mm,加热至 1 200 ~ 1 250 ℃再加压完成的方法。

施工过程宜多次加压,顺序如下:第一次加压(预压)→碳化焰对准钢筋接缝处集中加热→二次加压使接缝密合→中性焰反复加热→三次加压,镦粗成形。

3. 焊接接头质量检验

1)外观检查

气压焊接头应逐个进行外观检查,外观检查结果应符合下列要求:偏心量不得大于钢筋直径的 15%,且不得大于 4 mm,超过规定值应切除重焊;两钢筋轴线的弯折角不得大于 4°,超过该值应重新加热矫正;镦粗部分的直径应≥1.4d(d 为钢筋直径),小于该值应重新加热镦粗;镦粗部分的长度应≥1.2d,且凸起部分平缓圆滑,小于该值应重新加热镦粗长度;压焊面偏移不得大于钢筋直径的 20%。外观检查不合格的接头应切除重焊,或采取补强焊接措施。

2）力学性能试验

在进行力学性能试验时，每楼层或施工区段中，以300个同级别钢筋接头作为一批，不足300个亦为一批，每批随机切取3个接头进行拉伸试验。同一批中有几个不同钢筋直径时，应抽取直径较大的钢筋接头。对于气压焊接头拉伸试验结果，3个试件的抗拉强度均不得小于该级别钢筋规定的抗拉强度，并应断于压焊面之外，呈延性断裂。在梁、板的水平钢筋接头中，应另切取3个接头做弯曲试验，要求弯至90°，3个试件均不得在压焊面发生破断。

二、机械连接

钢筋机械连接是指通过连接件的机械咬合作用或钢筋端面的承压作用，将一根钢筋中的力传递至另一根钢筋的连接方法。这类连接方法是我国近20年来陆续发展起来的。

钢筋机械连接具有以下优点：接头质量稳定可靠，不受钢筋化学成分的影响，人为因素的影响也小；操作简便，施工速度快，且不受气候条件影响；无污染、无火灾隐患，施工安全等。在粗直径钢筋连接中，钢筋机械连接方法有广阔的发展前景。

（一）连接方法的分类及接头的性能等级

1. 连接方法分类及适用范围

根据施工工艺和所采用设备条件的差异，钢筋机械连接方法分类及适用范围如表6-7所示。

表6-7　钢筋机械连接方法分类及适用范围

机械连接方法		适用范围	
		钢筋级别	钢筋直径（mm）
钢筋套筒挤压连接		HRB335、HRB400 RRB400、HRB500	16～40 16～40
钢筋锥螺纹套筒连接		HRB335、HRB400 RRB400、HRB500	16～40 16～40
钢筋镦粗直螺纹套筒连接		HRB335、HRB400、HRB500	16～40
钢筋滚压直螺纹套筒连接	直接滚压	HRB335、HRB400、HRB500	16～40
	挤肋滚压		16～40
	剥肋滚压		16～50

2. 连接接头的性能等级及工程应用

钢筋机械连接接头应根据静力单向拉伸性能以及高应力和大变形条件下反复拉、压性能的差异，分为下列三个性能等级。

A级：接头抗拉强度达到或超过母材抗拉强度标准值，并具有高延性及反复拉、压性能。

B级：接头抗拉强度达到或超过母材屈服强度标准值的1.35倍，具有一定的延性及反复拉、压性能。

C 级:接头仅承受压力。

接头性能等级的选定应符合下列规定:

(1)混凝土结构中要求充分发挥钢筋强度或对接头延性要求较高的部位,应采用 A 级接头。

(2)混凝土结构中钢筋受力小或对接头延性要求不高的部位,可采用 B 级接头。

(3)非抗震设防和不承受动力荷载的混凝土结构中钢筋只承受压力的部位,可采用 C 级接头。

(二)钢筋套筒挤压连接

带肋钢筋套筒挤压连接是将两根待接钢筋插入钢套筒,用挤压连接设备沿径向挤压钢套筒,使之产生塑性变形,依靠变形后的钢套筒与被连接钢筋纵、横肋产生的机械咬合成为整体的钢筋连接方法。这种接头质量稳定性好,可与母材等强,但操作工人工作强度大,有时液压油污染钢筋,综合成本较高。钢筋挤压连接,要求钢筋最小中心间距为 90 mm。钢筋套筒挤压连接如图 6-15 所示。

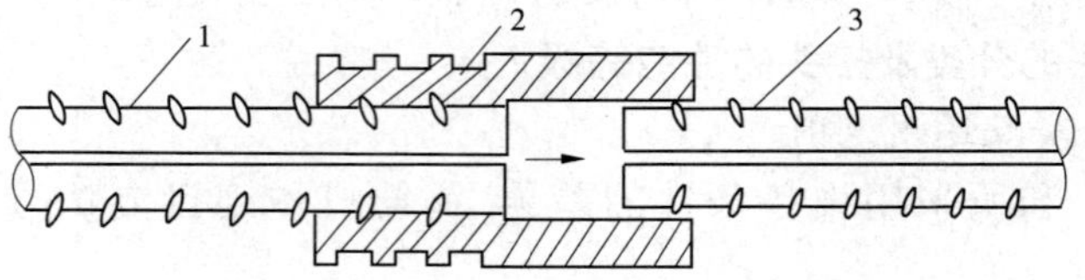

1—已挤压的钢筋;2—钢套筒;3—未挤压的钢筋

图 6-15　钢筋套筒挤压连接

钢筋套筒的材料宜选用强度适中、延性好的优质钢材,钢筋套筒的尺寸与材料应与一定的挤压工艺配套,必须经生产厂型式检验认定。施工单位采用经过形式检验认定的套筒及挤压工艺进行施工,不要求对套筒原材料进行力学性能检验。

1. 挤压工艺

1)准备工作

(1)钢筋端头的锈、泥沙、油污等杂物应清理干净。

(2)钢筋与套筒应进行试套,钢筋有马蹄、弯折或纵肋尺寸过大者,应预先矫正或用砂轮打磨;不同直径钢筋的套筒不得串用。

(3)钢筋端部应划出定位标记与检查标记。定位标记与钢筋端头的距离为钢套筒长度的一半,检查标记与定位标记的距离一般为 20 mm。

(4)检查挤压设备情况,并进行试压,符合要求后方可作业。

2)挤压作业

钢筋挤压连接宜先在地面上挤压一端套筒,在施工作业区插入待接钢筋后再挤压另一端套筒。压接钳就位时,应对正钢套筒压痕位置进行标记,并使压模运动方向与钢筋两纵肋所在的平面相垂直,即保证最大压接面能在钢筋的横肋上。

压接钳施压顺序由钢套筒中部顺次向端部进行。每次施压时,主要控制压痕深度。

2. 套筒挤压接头质量检验

钢套筒进场,必须有原材料试验单与套筒出厂合格证,并由该技术提供单位提交有效的形式检验报告。

钢筋套筒挤压连接开始前及施工过程中,应对每批进场钢筋进行挤压连接工艺检验。工艺检验应符合下列要求:

(1)每种规格钢筋的接头试件不应少于3个。

(2)接头试件的钢筋母材应进行抗拉强度试验。

(3)3个接头试件强度均应符合现行行业标准《钢筋机械连接技术规程》(JGJ 107—2010)中相应等级的强度要求。

对于A级接头,试件抗拉强度尚应大于等于钢筋母材实际抗拉强度的90%(计算实际抗拉强度时,应采用钢筋的实际横截面面积)。

钢筋套筒挤压接头现场检验,一般只进行接头外观检查和单向拉伸试验。

1)取样方法

同批条件为:材料、等级、形式、规格、施工条件相同。批的数量为500个接头,不足此数时也作为一个验收批。

对每一验收批,应随机抽取10%的挤压接头作外观检查;抽取3个试件做单向拉伸试验。

在现场检验合格的基础上,连续10个验收批单向拉伸试验合格率为100%时,可以扩大验收批所代表的接头数量1倍。

2)外观检查

挤压接头的外观检查应符合下列要求:

(1)挤压后套筒长度应为1.10~1.15倍原套筒长度,或压痕处套筒的外径为原套筒外径的80%~90%。

(2)挤压接头的压痕道数应符合形式检验确定的道数。

(3)接头处弯折不得大于4°。

(4)挤压后的套筒不得有肉眼可见的裂缝。

若外观质量合格数大于等于抽检数的90%,则该批为合格。若不合格数超过抽检数的10%,则应逐个进行复验。在外观不合格的接头中抽取6个试件做单向拉伸试验再判别。

3)单向拉伸试验

3个接头试件的抗拉强度均应满足A级或B级抗拉强度的要求。若有一个试件的抗拉强度不符合要求,则加倍抽样复验。复验中若仍有一个试件检验结果不符合要求,则该验收批单向拉伸试验判为不合格。

(三)钢筋镦粗直螺纹套筒连接

钢筋镦粗直螺纹套筒连接是先将钢筋端头镦粗,再切削成直螺纹,然后用带直螺纹的套筒将钢筋两端拧紧的钢筋连接方法(见图6-16)。

钢筋镦粗直螺纹套筒连接接头的特点:钢筋端部经冷镦后不仅直径增大,使套丝后丝扣底部横截面面积不小于钢筋原截面面积,而且冷镦后钢材强度的提高致使接头部位有很高的强度,断裂均发生于母材,达到SA级接头性能的要求。

这种接头的螺纹精度高,接头质量稳定性好,操作简便,连接速度快,价格适中。

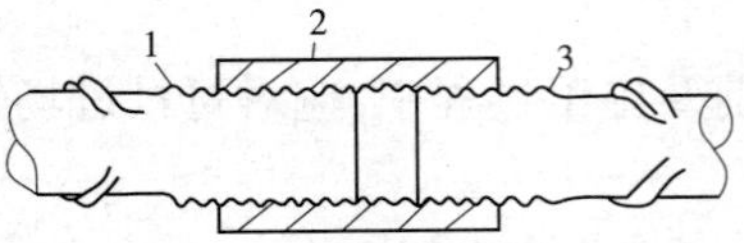

1—已连接的钢筋;2—直螺纹套筒;3—正在拧入的钢筋

图 6-16　钢筋镦粗直螺纹套筒连接

1. 现场连接施工

(1)对于连接钢筋可自由转动的,先将套筒预先部分或全部拧入一个被连接钢筋的螺纹内,而后转动连接钢筋或反拧套筒到预定位置,最后用扳手转动连接钢筋,使其相互对顶锁定连接套筒。

(2)对于连接钢筋完全不能转动的,如弯折钢筋或还要调整钢筋内力的场合(如施工缝、后浇带),可将锁定螺母和连接套筒预先拧入加长的螺纹内,再反拧入另一根钢筋端头螺纹上,最后用锁定螺母锁定连接套筒;或配套应用带有正反螺纹的套筒,以便从一个方向上能松开或拧紧两根钢筋。

(3)钢筋镦粗直螺纹套筒连接时,应采用扭力扳手按表 6-8 规定的力矩值把钢筋接头拧紧。

表 6-8　钢筋镦粗直螺纹套筒连接接头拧紧力矩值

钢筋直径(mm)	16 ~ 18	20 ~ 22	25	28	32	36 ~ 40
拧紧力矩(N · m)	100	200	250	280	320	350

2. 质量检验

(1)钢筋连接开始前及施工过程中,应对每批进场钢筋进行接头连接工艺检验。每种规格钢筋的接头试件不应少于 3 个,做单向拉伸试验。其抗拉强度应能发挥钢筋母材强度或大于 1. 15 倍钢筋抗拉强度标准值。

(2)接头的现场检验按验收批进行。同一施工条件下采用同一批材料的同等级别、同规格接头,以 500 个为 1 个验收批。对接头的每一个验收批,必须在工程结构中随机抽取 3 个试件做单向拉伸试验。当 3 个试件的抗拉强度都能发挥钢筋母材强度或大于 1. 15 倍钢筋抗拉强度标准值时,该验收批达到 SA 级强度指标。若有 1 个试件的抗拉强度不符合要求,则应加倍取样复验。若 3 个试件的抗拉强度仅达到该钢筋的抗拉强度标准值,则该验收批降为 A 级强度指标。

在现场连续检验 10 个验收批,全部单向拉伸试件一次抽样均合格时,验收批接头数量可扩大 1 倍。

(四)钢筋锥螺纹套筒连接

钢筋锥螺纹套筒连接是将两根待接钢筋端头用套丝机做出锥形外丝,然后用带锥形内丝的套筒将钢筋两端拧紧的钢筋连接方法(见图 6-17)。

这种接头质量稳定性一般,施工速度快,综合成本较低。近年来,在普通型锥螺纹接头的基础上,增加钢筋端头预压或锻粗工序,开发出 GK 型钢筋等强锥螺纹接头,可与母材等强。

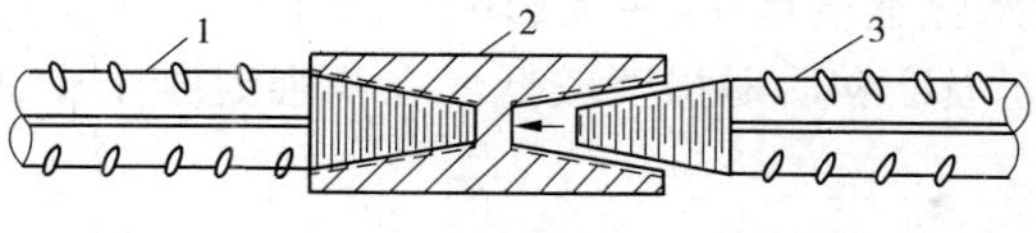

1—已连接的钢筋;2—锥螺纹套筒;3—待连接的钢筋

图 6-17　钢筋锥螺纹套筒连接

第三节　高强混凝土施工

随着高层建筑技术的发展,高强混凝土的应用也越来越广泛。我国《高强混凝土结构技术规程》(CECS104:99)1.0.2 条明确规定:高强混凝土采用水泥、砂、石、高效减水剂等外加剂和粉煤灰,超细矿渣硅灰等矿物掺合料,以常规工艺配制的 C50 ~ C80 级混凝土。高强混凝土具有以下优点:

(1)高强混凝土密实性能好,抗渗、抗冻性能均优于普通混凝土,可以延长工程的使用寿命。

(2)在一般情况下,混凝土等级从 C30 提高到 C60,对受压构件可节省混凝土 30% ~ 40%,受弯构件可节省混凝土 10% ~20%。

(3)高强混凝土变形小,从而使构件的刚度得以提高,大大改善了建筑物的变形性能。

(4)高强混凝土比普通混凝土成本要高些,但由于结构自重减轻,这对自重占荷载主要部分的建筑物具有特别重要的意义。

一、高强混凝土的原材料

高强混凝土所用原材料主要包括水泥、骨料、外加剂、矿物细掺合料及拌和水等。

(一)水泥

水泥是高强混凝土的主要凝结材料,也是决定混凝土强度的首要因素。在选择水泥时,主要考虑以下技术条件:水泥的品种和强度等级;混凝土正常维护条件下,水泥早期强度和后期强度的发展规律;在混凝土使用环境中,水泥的稳定性;水泥的其他特殊要求,如水化热的限制、凝结时间、耐久性等。

1. 水泥的品种和强度等级

由于高强混凝土需要加入优质外加剂与掺合料,因此应选用硅酸盐水泥或普通硅酸盐水泥。按混凝土的设计强度不同,水泥的强度等级不同,但应尽可能采用高的,一般不能低于 42.5 级。所选水泥的质量要稳定,其各项物理性能和化学成分应符合标准要求,并应避免有过大的波动。

2. 水泥的矿物成分

水泥熟料的矿物成分和细度是影响高强混凝土早期强度和后期强度的主要因素。C_3S 对早期强度和后期强度发展都有利,若早期强度要求较高,应使用 C_3S 含量高的水泥。C_2S 的水化速度较慢,但对后期强度影响较大,若对早期强度无特殊要求,应使用 C_2S

含量高的水泥。C_3A 的水化速度最快，主要影响混凝土的早期强度。C_4AF 的水化速度虽较快，但使得混凝土早期强度和后期强度较低。在高强混凝土中，C_3A 和 C_4AF 含量应控制在 8% 以内。

（二）骨料

高强混凝土对骨料的外形、粒径、级配以及物理、化学性能都有一定要求，但砂石又是地方性材料，在满足基本性能的条件下应因地制宜地选择。随着配制混凝土强度等级的提高，骨料性能的影响将更为显著。应选用质地坚硬、级配合格、粒形理想、有害物含量低的骨料；骨料的最大粒径，对于不同级别的混凝土有着不同的要求；针、片状颗粒含量不宜大于 5.0%，含泥量不应大于 0.5%，泥块含量不宜大于 0.2%；其他质量指标应符合现行行业标准的规定。细骨料含泥量不应大于 2.0%，泥块含量不应大于 0.5%，其他质量指标应符合现行行业标准的规定。

1. 粗骨料

天然岩石的强度一般都在 80 ~ 150 MPa，因此对于 C40 ~ C80 高性能混凝土，最重要的不是强度，而是粒形特征、品种、级配、粒径以及碱活性等。

粗骨料品种应选择质地坚硬未风化的岩石，如石灰岩、辉绿岩、玄武岩等。岩石的密度越大，吸水率越低，压碎值越小，其力学性能往往越好。

配制高强混凝土应选用具有良好级配的石子，才能使骨料堆积密度增大，用于填充空隙的砂浆量减少，有利于混凝土体积稳定地提高。在含泥量（包括含粉量）满足要求的前提下，对于中、低强度的混凝土，使用卵石与碎石没有明显差别，但随着强度等级的不断提高，界面黏结性能成为控制因素，使用碎石或碎卵石优于卵石。

2. 细骨料

高性能混凝土的细骨料宜优先选用细度模数为 2.6 ~3.2 的天然河砂，同时应控制砂的级配、粒形、含杂质量和石英含量，以级配曲线平滑、粒形圆、石英含量高、含泥量和含粉细颗粒少为好，避免含有泥块和云母。当采用人工砂时，更应注意控制砂子的级配和含粉量。若砂子中含有超量石子，不再另行筛分，则应及时调整粗、细骨料比。

（三）外加剂

用于高性能混凝土的外加剂主要是高效减水剂。高效减水剂的减水率应该在 20% 以上，有时甚至高达 25%。普通减水剂不仅减水率低（一般在 10% 以下），而且掺量较低（如木钙不能超过 0.3%），超过了反而有害；而高效减水剂则可高比例掺入水泥，除经济因素外，对混凝土并无不利影响。为了改善高效减水剂的性能，降低成本，常常将高效减水剂与缓凝剂一起使用。通过优化各种外加剂的比例和掺量，可以获得改善混凝土强度、增长性质，改善拌和物工作性和减少流动性经时损失。

（四）矿物细掺合料

矿物细掺合料是高性能混凝土的主要组成材料，常用的矿物细掺合料主要有粉煤灰、硅粉、超细沸石粉等，它起着根本改变传统混凝土性能的作用。在高强混凝土中加入较大量的磨细矿物掺合料，可以起到降低温升，改善工作性，增进后期强度，改善混凝土内部结构，提高耐久性，节约资源等作用，其中某些矿物细掺合料还能起到抑制碱 - 骨料反应的作用。不同的矿物细掺合料对改善混凝土的物理、力学性能与耐久性具有不同的效果，应根据混凝土的设计要求与结构的工作环境加以选择。

（五）拌和水

配制高强混凝土的用水，一般饮用水即可，不得使用污水、工业废水、pH 值小于 4 的酸性水、硫酸盐含量大于 1% 的水以及海水，并且水中不得含有影响水泥正常凝结与硬化的有害杂质。

二、高强混凝土配合比设计

（一）配合比设计的参考原则

（1）配合比设计必须满足混凝土的强度要求和施工要求，混凝土强度的保证率不得小于 95%。若无统计数据，可按实际强度的平均值达到设计要求的 1.15 倍进行配合比设计。

（2）配制高强混凝土所用的水胶重量比（水与胶结料的重量比，后者包括水泥基掺合料的重量）宜控制在 0.24 ~ 0.38 范围内，强度等级越高，水胶比及用水量应越低。

（3）配制高强混凝土所用的硅酸盐水泥量不宜超过 450 ~ 500 kg/m^3，水泥与掺合料的胶结材料总量不宜超过 550 ~ 500 kg/m^3。

（4）粉煤灰掺量一般不宜超过胶结材料总量的 30%，天然沸石岩粉掺量一般不宜超过胶结材料总量的 10%。硅粉掺量一般不宜超过胶结材料总量的 8% ~ 10%。

（5）混凝土砂率一般宜控制在 28% ~ 34% 范围内，高效减水剂一般为胶结材料的 0.5% ~ 1.8%。

（二）配合比的设计步骤

1. 确定水灰比

高强混凝土水灰比的确定，可以参照普通混凝土确定水灰比的方法，即计算混凝土的试配强度，然后以试配强度计算水灰比。

同济大学提出的关系式为

对于用卵石配制的高强混凝土：

$$f_{28} = 0.296 f_k (C/W + 0.71) \tag{6-4}$$

对于用碎石配制的高强混凝土：

$$f_{28} = 0.304 f_k (C/W + 0.71) \tag{6-5}$$

式中 f_{28}——高强混凝土的设计强度；

C/W——混凝土的水灰比；

f_k——水泥强度级。

2. 选用单位用水量

根据骨料种类、最大粒径和混凝土拌和料设计，可查表 6-9 选择单位用水量。

3. 计算水泥用量

水泥用量可用下式计算：

$$C = WC_0/W_0 \tag{6-6}$$

4. 选择砂率

根据工程实践经验和统计资料分析，高强混凝土的砂率 S_p 一般应控制在 0.28 ~ 0.32。

表 6-9 高强混凝土用水量参考值 （单位：kg/m^3）

骨料种类	最大粒径	混凝土拌和用水量					
		30～50	60～80	90～120	150～200	250～300	400～600
卵石	$D = 31.5$ mm	164	154	148	138	130	128
	$D = 20.0$ mm	170	160	155	145	140	135
碎石	$D = 31.5$ mm	174	164	154	144	138	134
	$D = 20.0$ mm	180	170	160	150	145	140

5. 计算砂石用量

$$V_{s+g} = 1\,000 - (W/\rho_w + C/\rho_c + 10\alpha) \tag{6-7}$$

式中 V_{s+g}——砂石骨料的总体积；

W、C——混凝土中水和水泥的质量；

ρ_w、ρ_c——水和水泥的密度；

α——混凝土中含气量百分数，在不使用引气型外加剂时，可取为 1。

石子用量可按下式计算：

$$G = V_{s+g} \cdot (1 - S_p) \cdot \rho_g \tag{6-8}$$

式中 ρ_g——石子的表观密度；

其余符号意义同前。

6. 确定初步配合比

根据上述步骤 2、3、4、5 确定水、水泥、砂、石用量。

7. 试配和调整

当坍落度过小时，保持水胶比不变，按每 10 mm 增加 2% 胶浆用量调整，直至符合要求；当坍落度过大时，保持砂率不变，按每 10 mm 增加 3% 砂石用量调整，直至符合要求。

三、高强混凝土拌和要求

高强度混凝土拌和料的特点之一是坍落度随时间损失快。控制坍落度经时损失的方法，除选择与水泥相容性好的高效减水剂外，可在搅拌时延迟加入部分高效减水剂或在浇筑现场搅拌车中调整减水剂掺量。拌制高性能混凝土投料顺序可见图 6-18。

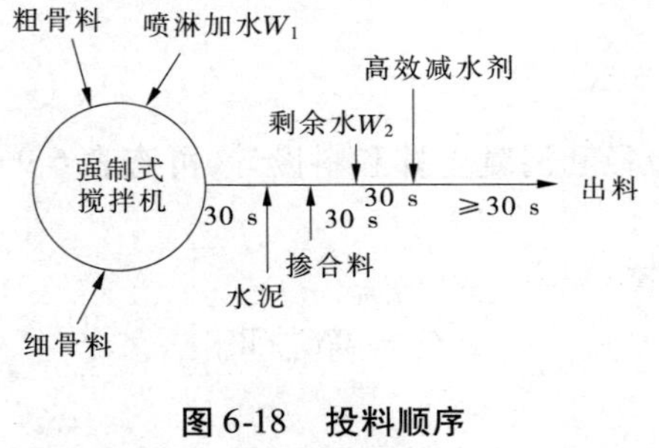

图 6-18 投料顺序

四、高强混凝土施工过程的质量控制

高强混凝土拌和料的长距离运输应使用混凝土搅拌车，短距离运输则可利用现场一般的运送设备，但所有装载设备的接缝必须严密以防漏浆。

混凝土自高处倾落的自由高度一般不宜超过 2 m。浇筑高强混凝土时必须采用振捣器捣实，一般情况宜采用高频振捣器，但混凝土拌和料的坍落度较低时应加密振点。

高强混凝土浇筑完毕初凝后，应尽快加以覆盖并浇水养护，浇水次数应能保持混凝土表面湿润，浇水养护时间以不少于 7 d 为宜。高强混凝土质量检查及验收可参照《混凝土结构工程施工质量验收规范（2011 年版）》（GB 50204—2002）中有关规定来检查，检查内容包括施工过程中的坍落度变化及凝结时间。当环境温度和标准养护条件相差较大时，应同时留取在现场环境下养护的对比试件。留作标准养护的立方体试件数量比普通强度的混凝土所要求的增加 1 ~2 倍，以测定早期及后期强度变化。

习　题

1. 对比高层建筑与多层建筑的特点，试述高层建筑对模板系统的要求。

2. 根据模板工程质量验收要求，结合工程实际简述主控项目和一般项目的差异。

3. 对比钢筋的各种连接方法，并说明各自优缺点与适用条件。

4. 对比高强混凝土与普通混凝土配置过程，简述两者的适用性能及耐久性能方面的差异。

第七章　钢结构高层建筑施工

钢结构建筑具有强度高、自重轻、施工速度快、抗震性能好、节能环保及工业化程度高的特点，是我国“十五”期间重点推广项目之一。随着现在城市建筑的不断发展，高层钢结构工程的应用也越来越多，合理确定高层钢结构安装的施工顺序、采取各种措施提高安装质量是保证整个工程质量和工期的关键。高层建筑钢结构的结构体系主要由框架柱、主梁、次梁及剪力板等组成，一般分为六大类：框架结构体系、剪力墙结构体系、框架－剪力墙结构体系、框－筒结构体系、筒中筒结构体系、束筒结构体系。无论采用哪种体系，主要取决于建筑物的竖向荷载、横向荷载(风力和地震作用)以及建筑物的使用要求。钢结构用于高层建筑，具有强度高、结构轻、层高大、抗震性能好、布置灵活、节约空间、建造周期短、施工速度快等优点，但建筑技术复杂，施工难度较大，防火要求高，工程造价较高，并且在材料选用、设备配置、构件加工、结构安装、质量检验方面都有严格的要求。各类建筑钢结构的发展和技术特点如下：

(1)高层重型钢结构。

高层钢结构建筑是一个国家经济实力和科技水平的反映，又往往被当作一个城市的标志性建筑。如上海环球金融中心(101 层、高 492 m、用钢量 6.5 万 t)、中关村金融中心(建筑面积 11 万 m^2、高度为 150 m、用钢量 1.5 万 t)、LG 大厦(建筑面积 25 万 m^2、高度为 110 m、用钢量 1.0 万 t)等。

(2)大跨度、空间钢结构(包括膜结构)。

近年来，以网架和网壳为代表的空间结构继续大量发展，不仅用于民用建筑，而且用于工业厂房、候机楼、体育馆、大剧院、博物馆等。无论在使用范围、结构形式、安装施工工法等方面均具有中国建筑结构的特色。如杭州、成都、西安、长春、上海、北京、武汉、济南、郑州等地的飞机航站楼、机库、会展中心等建筑，都采用圆钢管、矩形钢管制作成空间桁架、拱架及斜拉网架结构，新颖和富有现代特色的风格使它们成为了所在城市的标志性建筑。

(3)轻钢结构。

我国轻钢结构建筑发展较快、应用广泛，主要用于轻型工业的厂房、仓库、各类交易市场、体育场馆等建筑。

轻钢结构是相对于重钢结构而言的，其类型有门式刚架、拱形波纹钢屋盖结构等，用钢量(不含钢筋用量)一般为每平方米约 30 kg。门式刚架房屋跨度一般不超过 40 m，个别达到 70 多 m，单跨或多跨均用，单层为主，也可用于二层或三层建筑，厂房单体面积已超过 10 万 m^2；拱形波纹钢屋盖结构跨度一般为 8 m，每平方米自重仅为 20 kg，每年增长约 100 万 m^2，用钢量 4 万 t。门式刚架和拱形波纹钢屋盖都有相应的设计施工规程、专用软件和通用图集。

(4)钢－混凝土组合结构。

钢－混凝土组合结构是充分发挥钢材和混凝土两种材料各自优点的合理组合，不但具有优良的静、动力工作性能，而且能大量节约钢材、降低工程造价和加快施工进度，同时对环境污染也较小，符合我国建筑结构发展的方向。

在高层建筑方面，建成了全部采用组合结构的超高层建筑——深圳赛格广场大厦，高291.6 m，属世界最高的钢－混凝土组合结构。

(5)钢结构住宅。

发挥钢结构住宅的自身优势可提高住宅的综合效益：用钢结构建造的住宅重量是钢筋混凝土住宅重量的1/2左右，可满足住宅大开间的需要，使用面积也比钢筋混凝土住宅提高4%左右。抗震性能好，其延性优于钢筋混凝土。从国内外震后调查结果看，钢结构住宅建筑倒塌数量是最少的。钢结构构件、墙板及有关部品都在工厂制作，其质量可靠，尺寸精确，安装方便，易与相关部品配合，因此不仅减少了现场工作量，而且缩短了施工工期。钢结构住宅工地实质上是工厂产品的组装和集成场所，再补充少量无法在工厂进行的工序项目，符合产业化的要求。钢结构住宅在建造和拆除时对环境污染较少，且钢材可以回收，符合推进住宅产业化和发展节能省地型住宅的国家政策。

第一节　钢结构材料与钢结构的连接

一、钢结构材料

（一）结构用钢的分类

钢的品种繁多，性能各异，但在钢结构中采用的钢主要有两个种类：一是碳素结构钢（或称普通碳素钢），二是低合金钢。此外，还有耐候钢（耐大气腐蚀用钢）、桥梁用结构钢、铸钢、高强度钢以及不锈钢。

1. 碳素结构钢

现行国家标准《碳素结构钢》（GB/T 700—2006）按照钢材屈服强度，将碳素结构钢分为Q195、Q215、Q235、Q255和Q275等五种。由于碳素结构钢冶炼容易，成本低廉，并有良好的各种加工性能，所以使用较广泛。其中，Q235在使用、加工和焊接方面的性能都比较好，是钢结构常用钢材品种之一。

碳素结构钢由平炉或氧气顶吹转炉冶炼，交货时供方应提供力学性能和化学成分的质保书，其内容包括屈服强度，极限强度，伸长率以及碳、锰、硅、硫和磷等的含量。碳素结构钢按质量等级分为A、B、C、D四个等级，由A到D表示质量由低到高；按脱氧程度不同分为镇静钢、半镇静钢、沸腾钢和特殊镇静钢。不同的质量等级对冲击韧性和化学成分的要求都有区别。

2. 低合金钢

低合金钢是在普通碳素钢中添加一种或几种少量合金元素，其总量低于5%，主要目的是减轻结构质量、节约钢材和延长使用寿命。现行国家标准《低合金高强度结构钢》（GB/T 1591—2008）规定，低合金高强度结构钢分为Q295、Q345、Q390、Q420、Q460等五种，其中常用的钢种为Q345和Q390。

低合金钢由氧气顶吹转炉、平炉和电炉冶炼,交货时供方应提供力学性能和化学性能的质保书,其内容包括屈服强度,极限强度,伸长率,冷弯试验以及碳、锰、硅、硫、磷、钒、铌和钛等的含量;低合金钢按质量等级分为 A、B、C、D、E 五个等级,由 A 到 E 表示质量由低到高;按脱氧程度分为镇静钢和特殊镇静钢,并以热轧、冷轧、正火及回火状态交货。不同的质量等级对冲击韧性和碳、硫、磷、铝的含量都有不同的要求。

随着低合金钢在钢结构中的推广使用,用于土木工程中的低合金钢除常用的 16 锰钢和 15 锰钒钢外,还有 16 锰铜、166 锰铌半、16 锰稀土、14 锰铌、14 锰铌半、18 铌半、15 锰钛、09 锰等。

低合金钢具有较高的屈服强度和抗拉强度,也有良好的塑性和冲击韧性(尤其是低温冲击韧性),并具有耐腐蚀、耐低温等性能。

3. 优质碳素结构钢

优质碳素结构钢是碳素钢经过热处理(如调质处理和正火处理)得到的优质钢,其与普通碳素钢的主要区别在于钢中含杂质元素较少,硫、磷的含量都不大于 0.035%,并且严格限制其他缺陷,并具有较好的综合性能。优质碳素钢可用于制造高强螺栓。

(二)钢结构材料的品种

钢结构所用的钢材主要为热轧成型的钢板、型钢和圆钢,以及冷弯成型的薄壁型钢,还有热轧成型的钢管和冷弯成型的焊接钢管。另外,还有花纹钢板、钢格栅板和钢网架球接点等。

1. 钢板

根据厚度与长度、宽度的变化,钢板分为薄钢板、厚钢板、特厚钢板和扁钢(带钢)等。薄钢板主要用来制造冷弯薄壁型钢;厚钢板用作梁、柱、实腹式框架等构件的腹板和翼缘,以及桁架中的结点板;特厚钢板用于高层钢结构箱形柱等;扁钢可作为组合梁的翼缘板、各种构件的连接板、桁架结点板和零件等。

2. 型钢

钢结构中常用的型钢是角钢、工字型钢、槽钢、H 型钢和钢管等,除 H 型钢和钢管有热轧和焊接成型外,其余型钢均为热轧成型。型钢的截面形式合理,材料在截面上的分布对受力最为有利。由于其形状较简单,种类和尺寸分级较少,所以便于轧制,构件间相互连接也比较方便,是钢结构中采用的主要钢材。

角钢有等边角钢和不等边角钢两种,可以组成独立的受力构件,或作为受力构件之间的连接零件。

工字型钢有普通工字钢和轻型工字钢两种,主要用于在其腹板平面内受弯的构件,或由几个工字钢组成的组合构件。由于它两个主轴方向的惯性矩和回转半径相差较大,故不宜单独用作轴心受压构件或承受斜弯曲和双向弯曲的构件。

槽钢有普通槽钢和轻型槽钢两种,由于其伸出肢较大,可用于屋盖檩条,承受斜弯曲或双向弯曲。另外,槽钢翼缘内表面的斜度较小,故安装螺栓时比工字型钢容易。但由于槽钢的腹板较厚,所以槽钢组成的构件用钢量较大。相对而言,轻型槽钢的翼缘比普通槽钢的翼缘宽而薄,回转半径大,故质量要轻一些。

H 型钢有热轧和焊接两种,其中热轧 H 型钢又分为宽翼缘 H 型钢、中翼缘 H 型钢、窄翼缘 H 型钢和 H 型钢柱等四类。焊接 H 型钢由平钢板用高频焊接组合而成。由于 H 型钢的两个主轴方向的惯性矩接近,使构件受力更加合理,故已广泛用于高层建筑、轻型工业厂房和大型工业厂房中。T 型钢由 H 型钢剖分而成,可分为宽翼缘剖分 T 型钢、中翼缘剖分 T 型钢和窄翼缘剖分 T 型钢等三类。

钢管有热轧无缝钢管和焊接钢管两种,其中焊接钢管由钢板卷焊而成,又分为直缝焊钢管和螺旋焊钢管两类。钢管常用于网架与网壳结构的受力构件、厂房和高层结构的柱子,有时在钢管内浇筑混凝土而形成铜管混凝土柱。

3. 冷弯薄壁型钢

冷弯薄壁型钢由厚度为 1.5 ~6 m 的钢板或带钢,经冷加工(冷弯、冷压或冷拔)成型,同一截面部分的厚度都相同,截面各角顶处呈圆弧形。在工业民用和农业建筑中,可用薄壁型钢制作各种屋架、刚架、网架、檩条、墙梁、墙柱等结构和构件。

冷弯薄壁型钢与热轧型钢相比,在同样的截面面积下,薄壁型钢截面具有较大的回转半径和惯性矩。冷弯型钢在成型过程中因冷作硬化的影响,钢材屈服点显著提高,即所谓冷弯效应,对构件受力性能有利,从而可节省钢材。冷弯薄壁型钢结构的重量轻、功能多、能工业化生产,是一种有发展前途的结构。

二、钢结构的连接

钢结构连接是钢结构构件或部件之间的互相连接。钢结构连接常用焊缝连接、螺栓连接或铆钉连接。螺栓连接又分普通螺栓连接和高强螺栓连接。

(一)焊缝连接

钢结构中的焊缝连接主要采用电弧焊(即在构件连接处,借电弧产生的高温,将置于焊缝部位的焊条或焊丝金属熔化,而使构件连接在一起)。电弧焊又分手工焊、自动焊和半自动焊。自动焊和半自动焊可采用埋弧焊或气体保护焊。

焊缝的基本形式分为对接焊缝和角焊缝。对接焊缝也称坡口焊缝,构造简单,传力直接简捷;但在施焊之前,焊件边缘需根据不同厚度进行加工,做成各种坡口形式,以保证焊透。角焊缝用于不在同一平面内两个焊件的相连,如两块钢板搭接,焊缝堆成接近三角形的截面,贴附于被连接焊件的交搭边缘处或端头。搭接的贴角焊缝平行于作用力方向的称为侧面角焊缝,垂直于作用力方向的称为正面角焊缝。焊缝的形式有对接、搭接、T 型连接和角型连接。不同连接形式可用不同形式的焊缝,以确保焊缝连接的传力可靠。

焊缝连接受力特点:当对接焊缝采用与主体金属相适应的焊条或焊丝,施焊合理,质量合格时,其强度与主体金属强度相当。角焊缝的截面形状一般为等腰直角三角形,其直角边长称为焊脚(h_f),斜边上的高($0.7h_f$)称为有效厚度。用侧面角焊缝连接承受轴向力时,焊缝主要承受剪切力,计算时,假设剪应力沿着有效厚度的剪切面均匀分布,只验算其抗剪强度。正面角焊缝受力复杂,同时存在弯曲、拉伸(或压缩)和剪切应力,其破坏强度比侧面角焊缝高。关于焊缝的构造要求,施工验收规范均有专门规定。

焊接应力和变形:焊接过程中,由于被连接构件局部受热和焊后不均匀冷却,将产生焊接残余应力和焊接变形,其大小与焊接构件的截面形状、焊缝位置和焊接工艺等有关。焊接残余应力高的可达到钢材屈服点,对构件的稳定和疲劳强度均有显著的影响。焊接变形可使构件产生初始缺陷。设计焊接结构以及施工过程都应采取措施,减少焊接应力和焊接变形。

(二)螺栓连接

1. 普通螺栓连接

普通螺栓连接的连接件包括螺栓杆、螺母和垫圈。普通螺栓用普通碳素结构钢或低合金结构钢制成,分粗制螺栓和精制螺栓两种。粗制螺栓由未经加工的圆杆制成,螺栓孔径比螺栓杆径大 1.0~1.5 mm,制作简单,安装方便,但受剪切时性能较差,只用于次要构件的连接或工地临时固定,或用在借螺栓传递拉力的连接上。精制螺栓由棒钢在车床上切削加工制成,杆径比孔径小 0.3~0.5 mm,其受剪力的性能优于粗制螺栓,但由于制作和安装都比较复杂,很少应用。

普通螺栓连接按受力情况可分为抗剪连接和抗拉连接,也有同时抗剪和抗拉的。抗剪连接又有单面受剪和双面受剪以及多面受剪等不同情况。在普通螺栓抗剪连接中,当拧紧螺母时,螺栓内产生的预拉力不大;连接受力时,被连接的板件之间的摩擦力克服后,产生滑移,栓杆与孔壁接触,此时主要靠螺栓杆剪切和栓杆与孔壁互相挤压传力。当螺栓杆直径相对较小时,螺栓沿受剪面剪断,称剪切破坏。当板件相对较薄时,孔壁被挤压而破坏,或板件端部被螺栓冲开,称承压破坏。当被连接板件截面较小时,也可能在有螺栓的截面处被拉断而破坏。螺栓抗拉连接的受力情况,则随着被连接构件的刚度不同而有较大的区别。当被连接构件的刚度较大且螺栓对称布置时,每个螺栓将平均承担作用在连接处的拉力。当被连接构件的刚度较小时,连接处翼缘将会发生弯曲变形,产生杠杆力。杠杆力比较复杂,一般采用适当降低螺栓的抗拉设计强度加以考虑。螺栓的抗拉连接破坏是在螺纹处拉断。考虑施工方便和受力要求,螺栓要按一定规定排列。

2. 高强螺栓连接

高强螺栓连接件亦由螺栓杆、螺母与垫圈组成,是由强度较高的钢经过热处理制成的,具有承载能力高、受力性能好、施工时劳动强度较低、安装简便、拆换灵活等特点。高强螺栓连接用特殊扳手拧紧高强螺栓,对其施加规定的预拉力。高强螺栓抗剪连接按其传力方式分为摩擦型和剪压型(或称承压型)两类。

高强螺栓摩擦型和承压型连接的区别:高强螺栓连接是通过螺栓杆内很大的拧紧预拉力把连接板的板件夹紧,足以产生很大的摩擦力,从而提高连接的整体性和刚度,当受剪力时,按照设计和受力要求的不同,可分为高强螺栓摩擦型连接和高强螺栓承压型连接两种,两者的本质区别是极限状态不同,虽然是同一种螺栓,但是在计算方法、要求、适用范围等方面都有很大的不同。在抗剪设计时,高强螺栓摩擦型连接是以外剪力达到板件接触面间由螺栓拧紧力所提供的可能最大摩擦力作为极限状态,即保证连接在整个使用期间内外剪力不超过最大摩擦力。板件不会发生相对滑移变形(螺杆和孔壁之间始终保持原有的空隙量),被连接板件按弹性整体受力。在抗剪设计时,高强螺栓承压型连接中允许外剪力超过最大摩擦力,这时被连接板件之间发生相对滑移变形,直到螺栓杆与孔壁接触,此后连接就靠螺栓杆身剪切和孔壁承压以及板件接触面间的摩擦力共同传力,最后以杆身剪切或孔壁承压破坏作为连接受剪的极限状态。总之,摩擦型高强螺栓和承压型高强螺栓实际上是同一种螺栓,只不过是设计是否考虑滑移。摩擦型高强螺栓绝对不能滑动，螺栓不承受剪力，一旦滑移，设计就认为达到破坏状态，在技术上比较成熟；承压型高强螺栓可以滑动，螺栓也承受剪力，最终破坏相当于普通螺栓破坏（螺栓剪坏或钢板压坏）。

3. 高强螺栓与普通螺栓的区别

（1）高强螺栓采用高强度材料制造，普通螺栓常用 Q235 钢制造。

（2）高强螺栓可承受的载荷比同规格的普通螺栓要大。

（3）高强螺栓施加预拉力和靠摩擦力传递外力。普通螺栓连接靠栓杆抗剪和孔壁承压来传递剪力，拧紧螺帽时产生的预拉力很小，其影响可以忽略不计。

（4）普通螺栓可重复使用，高强螺栓不可重复使用。高强螺栓一般用于永久连接。

（三）铆钉连接

铆钉由顶锻性能好的铆钉钢制成。铆钉连接的施工程序是先在被连接的构件上，制成比钉径大 1.0 ~ 1.5 mm 的孔；然后将一端有半圆钉头的铆钉加热到呈樱桃红色，塞入孔内；再用铆钉枪或铆钉机进行铆合，使铆钉填满钉孔，并打成另一铆钉头。铆钉在铆合后冷却收缩，对被连接的板束产生夹紧力，这有利于传力。铆钉连接的韧性和塑性都比较好，但铆接比栓接费工，比焊接费料，目前只用于承受较大的动力荷载的大跨度钢结构，一般情况下较少采用。

第二节　高层钢结构的安装

一、钢结构安装前的准备工作

（一）技术准备

1. 认真进行设计交底和图样会审工作

进行设计交底和图样会审工作即核对图纸中的构件数量、各构件的相对关系、接头的细部尺寸等；审查构件之间各部分尺寸有无矛盾，技术上是否合理，构件分段是否符合制作、运输、安装的要求。一般采月在平整地面上以 1∶1的比例放样的方法进行。若审查过程发现问题，应会同设计单位、安装单位进行协商统一，再进行下一步工作。业主、设计、施工、构件加工厂、监理等各方要充分沟通，确定钢结构各结点、构件分节细节及工厂制作图，分节加工的构件要满足运输和吊装要求。

2. 编制施工组织设计及分项作业指导书

施工组织设计主要包括工程概况、工程量清单、现场平面布置、主要吊装机械选型、主要施工机械和吊装方法、施工技术措施、专项施工方案、工程质量标准、安全及环境保护、主要资源表等。其中，现场平面布置及主要吊装机械选型是钢结构吊装方案设计的重点。分项作业指导书可以细化为作业卡，主要用于作业人员明确相应工序的操作步骤、质量标准、施工工具及检测内容与检测标准。

3. 钢构件进场检验

依据承接工程的具体情况确定的内容与适用标准，以及钢结构安装检验批的划分、检验内容、检验标准、检测方法、检验工具等，在遵循国家标准的基础上，可参照部标或其他权威部门认可的标准，标准明确后即在工程实施中严格执行。

4. 各专项工种施工工艺方案的确定

编制具体的吊装方案、测量监控方案、焊接及无损检测方案、高强螺栓施工方案、塔式起重机装拆方案、临时用电用水方案及质量安全环保方案等。

5. 组织必要的工艺试验

组织必要的工艺试验，如焊接工艺试验、压型钢板施工及栓钉焊接外观质量检验。尤其要做好新工艺、新材料的工艺试验，作为指导生产的依据。对于栓钉焊接工艺试验，需根据栓钉的直径、长度及焊接类型，做好相应的电流大小、通电时间长短的调试。对于高强螺栓，要做好高强螺栓连接副扭矩系数、预拉力和摩擦面抗滑移系数的检测。

6. 完成精确测量定位工作

(1)测量选用通过国家计量部门检测合格的钢尺、经纬仪和水平仪。

(2)对检测用钢尺的截面进行测量。选用对应规格的弹簧拉力计，查表选用对应的测量尺寸修正系数，并在测量中正确使用量具、仪器和修正系数。

(3)选用合适的放线工具进行放线、画线。

7. 与工程所在地的相关部门进行协调

到当地的气象部门了解以往年份的气象资料，做好防台风、防雨、防冻、防寒、防高温等的相关工作。

(二)构件及材料准备

(1)多层及高层钢结构用的钢材和连接材料如焊条、焊丝、焊剂、高强螺栓、普通螺栓、栓钉和涂料等应符合国家标准和设计图的规定，应有产品质量合格证明书，否则不能在工程中使用。首次采用的钢材必须进行焊接工艺试验，符合设计要求后方可采用。对材料的质量有疑义时，应取样检验，取样方法与检验结果应符合国家标准的规定和设计文件的要求。

(2)构件加工时，下料、切坡口、焊接矫正等工序，均应采用不损伤材料组织的方法。根据设计图、加工工艺图算出各种材质、规格的材料净用量，并根据构件的不同类型和供货条件，增加一定的损耗量。目前，国内外都以采用增加加工余量的方法来代替损耗。

(3)成品出厂前应进行外观、尺寸、螺栓、接头角度、焊缝、栓钉、摩擦面等的质量检验。

(4)检验合格的钢材应按品种、牌号、规格分类堆放，其底部应垫平、垫高，防止积水。注意堆放不得造成地基下陷和钢材永久变形。

(三)起重设备的选择与吊装

高层钢结构工程的施工中，钢构件一般在加工厂制作，然后运至现场安装。如此实施工期较短，机械化程度高，但采用的机具设备较多。因此，在施工准备阶段，应根据现场施工要求，编制出施工机具设备需用计划。同时，根据现场施工平面及空间布置、场地情况，确定各机具设备进场日期、安装日期及临时堆放场地等，确保在不影响其他单位施工的前提下，保证机具设备按现场安装施工要求准时到位。

由于高层钢结构工程建筑体量较高、较大，所以吊装机械多以塔式起重机、履带式起重机或汽车式起重机为主。

其他施工机具主要包括千斤顶、手拉葫芦、卷扬机、滑车及滑车组、电焊机、熔焊栓钉机、电动扳手、经纬仪等。

二、钢结构的安装

(一)高层钢结构安装工艺

高层钢结构安装工艺流程的内容包括放线及验线(轴线标高)、预埋螺栓验收及钢筋混凝土基础面处理、构件中心及标高标识等,如图 7-1 所示。

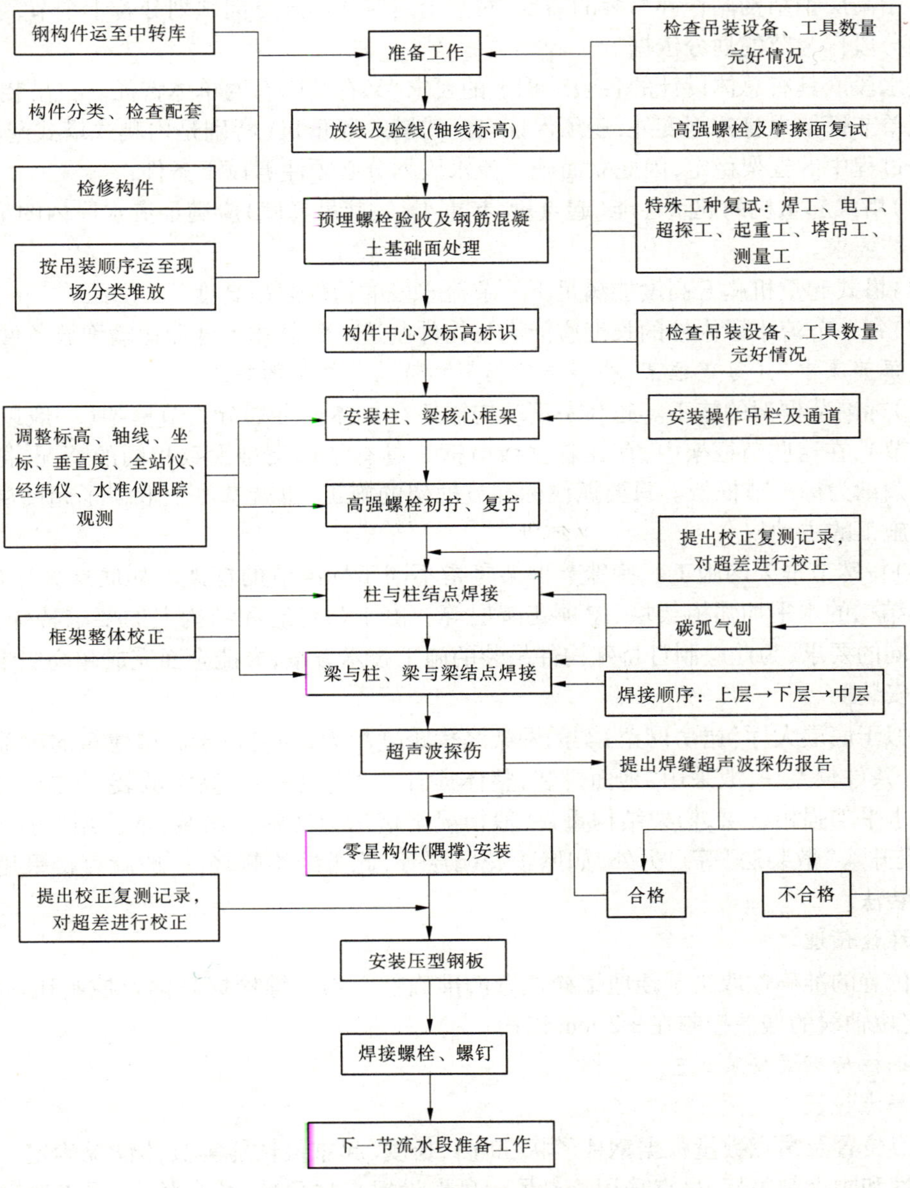

图 7-1　高层钢结构安装工艺流程

(二)安装操作工艺

1. 钢结构吊装顺序

高层钢结构吊装一般需划分吊装作业区域,钢结构吊装按划分的区域,平行顺序同时进行。当一片区吊装完毕后,即进行测量、校正、高强螺栓初拧等工序,待几个片区安装完毕后,对整体再进行测量、校正、高强螺栓终拧、焊接。焊后复测完,接着进行下一节钢柱的吊装,并根据现场实际情况进行本层压型钢板吊放和部分铺设工作。

1)流水段(立面施工流水段)划分

由于高层钢结构制作和吊装的需要,对整个建筑从高度方向须划分若干个节,一般以钢柱的分段作为节的划分依据。

流水段既具有总体设计的各项结构上的要求,又有其固有的单体特征。在吊装时,除须保证单节框架本身的刚度外,还须保证自升式塔式起重机(特别是内爬式塔式起重机)在爬升过程中的框架稳定,因此立面施工流水段划分必须注意以下条件:

(1)塔式起重机的起重性能(起重量、起重半径、起吊高度)应满足流水段内的最重物件的吊装要求。

(2)塔式起重机爬升高度能满足下一节流水段的构件起吊高度。

(3)每一节流水段内柱的长度应能满足构件制造厂的制作条件和运输堆放条件。

2)每节流水段(每节框架)内标准节框架和特殊节框架的施工

(1)标准节框架的施工。超高层钢结构框架在总体上可划分为节框架(一般以3~4层为一节),在这些节框架中,存在着多数节框架具有结构类型大致相同的情况,把这类节框架归纳为标准节框架。只要抓住标准节框架的施工,也就基本上取得了超高层钢结构框架施工的主动权。

(2)特殊节框架的施工。特殊节框架是指不同于标准节的框架。如底层大厅(裙房网架)、结构的水平加强桁架层、屋顶花园层等。由于其建筑和结构上的要求特殊,施工有其不同的要求,为此应制订特殊构件吊装的施工技术方案,方能全面完成超高层钢结构框架的安装。

类似于底层大厅(裙房网架)类的网架结构跨度较大,同时位于高层建筑的内部或旁边,施工条件较差,一般采用“地面拼装,整体提升”、“搭设平台,高空散装”等施工方法。结构的水平加强桁架层,桁架结构重,一般情况下塔吊无法整体吊装,常采用“分段吊”、“整体提升”、“散装法”等。另外,如屋顶花园层等,此类结构较轻,一般就直接采用塔吊进行散装法。

2. 螺栓预埋

柱位置的准确性取决于预埋螺栓位置的准确性。预埋螺栓标高偏差控制在+5 mm以内,定位轴线的偏差控制在±2 mm以内。

3. 钢柱与钢梁安装工艺

1)吊点设置

吊点位置及吊点数量根据钢柱形状、断面、长度、起重机性能等具体情况确定。一般钢柱弹性和刚性都很好,吊点采用一点吊。吊点设置在柱顶处,柱身竖直,吊点通过柱重心位置,易于起吊、对线、校正。当多个构件在地面组装成扩大单元进行安装时,吊点应计算确定。

2)起吊方法

(1)多层与高层钢结构工程中,钢柱一般采用单机起吊,对于特殊或超重的构件,也可采取双机抬吊。

(2)起吊时钢柱必须垂直,尽量做到回转扶直,根部不拖。起吊回转过程中应注意避免与其他已吊好的构件相碰撞,吊索应有一定的有效高度。在吊装第一节钢柱时,应在预埋的地脚螺栓上加设保护套,以免钢柱就位时碰坏地脚螺栓的丝牙。

(3)第一节钢柱是安装在柱基上的,钢柱安装前应将登高爬梯和挂篮等挂设在钢柱预定位置并绑扎牢固,起吊就位后临时固定地脚螺栓,校正垂直度。钢柱两侧装有临时固定用的连接板,上节钢柱对准下节钢柱柱顶中心线后,即用螺栓固定连接板做临时固定。

(4)必须待地脚螺栓固定后才能松开吊索。

3)钢柱校正

钢柱校正要做以下三项工作:柱基标高调整、柱基轴线调整、柱身垂直度校正。

(1)柱基标高调整。

放下钢柱后,利用柱底板下的螺母或标高调整块控制钢柱的标高(因为有些钢柱过重,螺栓和螺母无法承受其重量,故柱底板下需加设标高调整块——钢板调整标高),精度可控制在 ±1 mm 以内,柱底板下预留的空隙可以用高强度、微膨胀、无收缩砂浆以捻浆法填实。当使用螺母作为调整柱底板标高时,应对地脚螺栓的强度和刚度进行计算。

(2)第一节柱底轴线调整。

对线方法:在起重机不松钩的情况下,将柱底板上的四个点与钢柱的控制轴线对齐并缓慢降落至设计标高位置。

(3)第一节柱身垂直度校正。

用两台成 90°的经纬仪校正垂直度。在校正过程中,不断微调柱底板下螺母,直到校正完毕,将柱底板上面的两个螺母拧上,缆风绳松开不受力,柱身呈自由状态,再用经纬仪复核,若有微小偏差,再重复上述过程,直至无误,将上螺母拧紧,地脚螺栓上螺母一般用双螺母,可在螺母拧紧后,将螺母与螺杆焊实。

(4)柱顶标高调整和其他框架钢柱标高控制。

柱顶标高调整和其他框架钢柱标高控制可以用两种方法:一种是按相对标高安装,另一种是按设计标高安装。一般采用相对标高安装。钢柱吊装就位后,用大六角头高强螺栓固定连接上下钢柱的连接耳板,但不能拧得太紧,通过起重机起吊,撬棍可微调柱间间隙。量取上下柱顶预先标定的标高值,符合要求后打入钢楔、点焊限制,钢柱下落,考虑到焊缝及压缩变形,标高偏差调整控制在 4 mm 以内。

(5)第二节钢柱轴线调整。

为使上下柱不出现错口,尽量做到上下柱中心线重合。钢柱中心线偏差每次调整在 3 mm 范围以内,若偏差过大应分 2 ~3 次调整。

每一节钢柱的定位轴线应从地面控制线引至高空,不允许使用下一节钢柱的定位轴线,以保证每节钢柱安装正确无误,避免产生过大的累积偏差。

(6)第二节钢柱垂直度校正。

钢柱垂直度校正的重点是对钢柱有关尺寸预检。下节钢柱的柱顶垂直度偏差就是上节钢柱的底部轴线、位移量、焊接变形、日照影响、垂直度校正及弹性变形等的综合。可采用预留垂直度偏差值消除部分误差。预留值大于下节钢柱累积偏差值时，只预留累积偏差值，反之则可预留预留值，其方向与偏差方向相反。

经验值测定：梁与柱一般焊缝收缩值小于 2 mm；柱与柱焊缝收缩值一般在 3.5 mm，厚钢板焊缝的横向收缩值可按下列公式计算：

$$S = K \cdot A/T \tag{7-1}$$

式中 S——焊缝的横向收缩值，mm；

A——焊缝横截面面积，mm；

T——焊缝厚度，包括熔深，mm；

K——常数，一般取 0.1。

日照温度影响：其偏差变化与柱的长细比、温度差成正比，与钢柱截面形式、钢板厚度都有直接关系。较明显观测差发生在 09:00 ~ 10:00 和 14:00 ~ 15:00，控制好观测时间，减小温度影响。

(7)钢柱标高的调整。

每安装一节钢柱后，对柱顶进行一次标高实测，标高误差超过 6 mm 时，需进行调整，多用低碳钢板垫到规定要求。若误差过大（大于 20 mm），不宜一次调整，可先调整一部分，待下一次再调整，否则一次调整过大会影响支撑的安装和钢梁表面标高。中间框架柱的标高宜稍高些，因为钢框架安装工期长，结构自重不断增大，中间柱承受的结构荷载较大，基础沉降亦大。

(8)标准柱安装。

为确保钢结构整体安装质量精度，在每层都要选择一个标准框架结构体（或剪力筒），依次向外发展安装。

所谓标准柱，即能控制框架平面轮廓的少数柱子，一般选择平面转角柱为标准柱。正方形框架取 4 根转角柱；长方形框架当长边与短边之比大于 2 时取 6 根转角柱；多边形框架则取转角柱为标准柱。

标准柱的垂直度校正：采用两台经纬仪对钢柱及钢梁安装跟踪观测。钢柱垂直度校正可分两步：

①采用无缆风绳校正。在钢柱偏斜方向的一侧打入钢楔或顶升千斤顶。应该注意的是，临时连接耳板的螺栓孔应比螺栓直径大 4 mm，利用螺栓孔扩大足够余量调节钢柱制作误差为 -1 ~ +5 mm。

②将标准框架体的梁安装上。先安装上层梁，再安装中下层梁。安装过程会对柱垂直度有影响，可采用钢丝绳缆索（只适宜跨内柱）、千斤顶、钢楔和手拉葫芦进行，其他框架依标准框架体向四周发展，其做法与上同。

4)钢梁与钢桁架的安装方法

(1)安装前必须对钢柱上的连接件或混凝土核芯筒壁上的埋件进行预检。预检内容主要是对连接件检查平整度、摩擦面、螺栓孔，对埋件检查位置、平整度、清洁度。

(2)起吊前，在梁面装好扶手杆和扶手绳或扶手管，特别是主梁与主桁架一定要装，对次梁或小梁可以根据需要安装，扶手高 1 m，沿梁长通长设置，供高空作业人员做通道用。

(3)钢梁、钢桁架安装一般采用两点吊。

(4)钢梁、钢桁架吊装方法一般有捆扎法、工具式吊具法、在梁上设钢吊耳法。

(5)钢梁在吊装前，应于柱子牛腿处检查标高和柱子间距，并应在梁上装好扶手杆和扶手绳，以便待主梁吊装就位后，将扶手绳与钢柱系牢，以保证施工人员的安全。

一般可在钢梁的翼缘处开孔作为吊点，其位置取决于钢梁的跨度。为加快吊装速度，对重量较小的次梁和其他小梁，常采用多头吊索一次吊装数根。

为了减少高空作业，保证质量，并加快吊装进度，可以将梁、柱在地面组装成排架后进行整体吊装。当一节钢框架吊装完毕，即需对已吊装的柱、梁进行误差检查和校正。梁校正完毕，用高强螺栓临时固定，再进行柱校正。对梁、柱校正完毕后即紧固连接高强螺栓，焊接柱结点和梁结点，并对焊缝进行超声波检验。

(6)一节柱一般有 2 层、3 层或 4 层梁，原则上竖向构件由上向下逐件安装。由于梁上部和周边都处于自由状态，易于安装且保证质量，一般在钢结构安装实际操作中，同一列柱的钢梁从中间跨开始对称地向两端扩展安装；同一跨钢梁，先安装上层梁再安装中下层梁。

(7)在安装柱与柱之间的主梁时，会把柱与柱之间的开档撑开或缩小，因此必须跟踪校正，预留偏差值。

(8)柱与柱结点和梁与柱结点的焊接以互相协调为好。一般可以先焊一节柱的顶层梁，再从下向上焊接各层梁与柱的结点。

(9)次梁根据实际施工情况一层一层安装完成。

5)柱底灌浆

在第一节框架安装、校正、螺栓紧固后，即应进行底层钢柱柱底灌浆，灌浆方法是先在柱脚四周将基础上表面清除干净，然后用高强度聚合砂浆从一侧自由灌入至密实，灌浆后用湿草袋或麻袋养护。

6)钢柱连接

钢柱之间的连接常采用坡口电焊连接。主梁与钢柱间的连接中，一般上、下翼缘采用坡口电焊连接，而腹板用高强螺栓连接。次梁与主梁的连接基本上是在腹板处用高强螺栓连接，少量再在上、下翼缘处用坡口电焊连接。柱与梁的焊接顺序是先焊接顶部柱、梁结点，再焊接底部柱、梁结点，最后焊接中间部分的柱、梁结点。

坡口电焊连接应先做好准备(包括焊条烘焙，坡口检查，设电弧引入、引出板和钢垫板，并点焊固定，清除焊接坡口、周边的防锈漆和杂物，焊接口预热)。柱与柱的对接焊接，采用二人同时对称焊接，柱与梁的焊接亦应在柱的两侧对称同时焊接，以减小焊接变形和残余应力。

对于厚板的坡口焊，打底层焊多用直径 4 mm 焊条焊接，中间层可用 5 mm 或 6 mm 焊条焊接，盖面层多用直径 5 mm 焊条焊接。三层应连续施焊，每一层焊完后及时清渣。焊缝余高不超过对接焊体中较薄钢板厚的 1/10，但也不应大于 3.2 mm。焊后当气温低于 0 ℃时，用石棉布保温使焊缝缓慢冷却。焊缝质量检验均按二级检验。

4. 成品保护

(1)高强螺栓、栓钉、焊条、焊丝等堆放在库房的货架上,堆放层数最多不超过四层。

(2)钢构件堆放要求场地平整、牢固、干净、干燥,堆放整齐,下垫枕木,并做到防变形、防锈蚀。

(3)不得对已完工构件任意焊割,不得空中堆物。对施工完毕并经检验合格的焊缝、结点板处应马上进行清理,并按要求进行封闭。

(4)吊装钢结构就位时,应缓慢下降,不得碰撞已安装好的钢结构。

(5)对制作好的钢柱等要认真管理,以防放置的垫基点不合理产生弯曲变形。

(三)安装注意事项

(1)高层钢结构安装前,应对建筑物的定位轴线、平面封闭角、底层柱位置线、钢筋混凝土基础的标高、混凝土强度以及构件的质量进行检查,合格后才能开始安装工作。

(2)高层钢结构的安装必须按建筑物的平面形状、结构形式、安装机械的数量等因素划分安装流水段,编制安装程序,安装中必须严格执行。为了减小安装偏差和焊接应力,平面上应从建筑物中间向四周扩散安装,在立面上应从下部逐件往上安装。

(3)高层钢结构每一层柱子的定位轴线,必须从地面控制线引上来,避免从下层柱的轴线引上来,以免产生累积偏差。

(4)采用内爬、外附塔式起重机安装多层及高层钢结构时,应将机械重量、提升荷载、附着荷载、最大工作荷载、非工作状态荷载、地震荷载等对钢结构的影响进行必要的计算,并采取相应的措施,保证安装时结构和机械的安全。

(5)地脚螺栓的位置必须埋设准确,露出部分的丝扣应满足安装要求。

(6)钢结构的安装吊点必须进行计算,防止在吊装中构件产生永久变形。

(7)柱、梁、楼梯等构件的连接板应附在构件上一起起吊,尺寸较大、质量较重的连接板,可用铰链固定在构件上,翻转过来就能安装。

(8)高层钢结构在安装外侧墙板时,应根据建筑物的平面形状对称安装,使建筑物各侧面均匀加载。

(9)高层钢结构在一个单元的安装、校正、栓接、焊接全部完成并检验合格后,再开始下一个单元的安装。当天安装的构件,要形成空间稳定体系,保证结构的安全。

(10)柱、主梁等大型构件安装时,应将位置校正准确后立即进行永久固定,以保证建筑物的安装质量。

(11)高层钢结构安装时,楼面上临时堆放的施工荷载必须限制,不得超过梁和压型钢板的承载力。

(12)高层钢结构安装测量时,要注意日照等影响引起的偏差。

(13)需要在雨、雪大风等情况下焊接时,应采取防护措施。

(14)经检查不合格的焊缝,应清除重焊,直至达到要求。

(15)高强螺栓及摩擦面在施工前应进行检验,符合要求后方能安装。

(16)高强螺栓和栓焊混合连接的结点,焊接时产生的热影响不应使高强螺栓连接产生松弛。

(17)栓钉焊接前应先进行试验,取得正确的数据后,才允许在结构上焊接。穿透压型钢板的栓钉焊，钢板与构件必须密贴焊接处的板面，应清除油漆和污染，压型钢板重叠处进行栓焊时，允许在压型钢板上先开洞。

(18)高层钢结构现场焊接的顺序应按照力求减少在焊接时变形和减小焊接应力的原则加以确定。在平面上，从中心框架向四周扩展焊接；先焊收缩量大的焊缝，再焊收缩量小的焊缝；对称施焊；同一根梁的两端不能同时焊接，应先焊一端，待其冷却后再焊另一端。

(19)钢柱之间一般为坡口焊连接。主梁与钢柱一般为刚接，上、下翼缘用坡口电焊连接，而腹板用高强螺栓连接。次梁与主梁一般为铰接，在腹板处用高强螺栓连接，只有少量再在上、下翼缘处用坡口电焊连接。焊接顺序是上节钢柱和梁经校正和固定后进行柱接头焊接。柱与梁焊接时，应先焊顶部梁柱节点，再焊底部梁柱节点，最后焊中间部分的梁柱节点。

(20)柱的接头焊接在本层梁与柱连接完成之后进行。施焊时，首先由两名焊工在相对称位置以相等速度同时施焊。H 型钢柱的结点焊接顺序是先焊翼缘焊缝，再焊腹板焊缝；翼缘板焊接时两名焊工对称、反向焊接。焊接结束后，将柱子连接耳板割除并打磨平整。

(21)螺栓连接。钢梁安装就位后先采用临时螺栓固定，其螺栓个数为接头螺栓总数的 1/3 以上；并且每个接头不少于 2 个，冲钉穿入数量不多于临时螺栓的 30%。组装时应先用冲钉对准孔位，在适当的位置插入临时螺栓，用扳手拧紧。

(22)高层钢结构安装工程竣工验收应提交下列文件：①钢结构施工图，设计更改文件，并在施工图中注明修改部位；②钢结构制造合格证；③安装用材料的质量证明文件；④测量检查记录，焊缝质量检查记录，高强螺栓安装质量检查记录，栓钉焊质量检查记录；⑤各种试验报告技术资料；⑥隐蔽工程分段验收记录；⑦安装过程中建设单位、设计单位、构件制造厂、钢结构安装单位达成的各种技术文件。

三、钢结构工程中的施工测量

（一）平面控制

建立施工控制网对高层钢结构施工是极为重要的。控制网离施工现场不能太近，同时应考虑钢柱的定位、检查和校正。

（二）标高控制

高层钢结构工程标高极为重要，根据城市二等水准点建立独立的达到三等水准点要求的水准网，以便在施工过程中直接应用，在支承标高块引测时必须对水准点进行检查，三等水准精度要求为 $\pm\sqrt{n}$(mm)，n 为测站数。

（三）定位轴线检查

定位轴线从基础施工起就应引起重视，必须在定位轴线前做好控制点，待基础浇筑混凝土后再根据控制点将定位轴线引到柱基钢筋混凝土底板面上，然后预检定位轴线是否同原定位重合、闭合，每根定位线总尺寸误差值是否超过控制数，纵横网轴线是否垂直、平行。预检应由业主、土建、安装三方联合进行，对检查数据要统一认可鉴证。

(四)柱间距检查

柱间距检查是在定位轴线认可的前提下进行的,采用检定钢尺实测柱间距。柱间距偏差值应严格控制在 ±3 mm 范围内,绝不能超过 ±5 mm。若柱间距超过 ±5 mm,则必须调整定位轴线。原因是定位轴线的交点是柱基点,钢柱竖向间距以此为准,框架钢梁的连接螺孔的直径一般比高强螺栓直径大 1.5 ~2.0 mm,柱距过大或过小,都直接影响整个竖向框架梁的安装连接和钢柱的垂直,安装中还会有安装误差。在上面检查柱间距时,必须注意安全。

(五)单独柱基中心检查

检查单独柱基的中心线同定位线之间的误差,调整柱基中心线使其与定位轴线重合,然后以柱基中心线为依据,检查地脚螺栓的预埋位置。

(六)标高实测

以三等水准点的标高为依据,对钢柱柱基表面进行标高实测,将测得的标高偏差用平面图表示,作为临时支承标高块调整的依据。

(七)轴线位移校正

任何一节框架钢柱的校正均以下节钢柱顶部的实际中心线为准,安装钢柱的底部对准下节钢柱的中心线即可。由此可见,实测位移是极为重要的,根据实测位移量以实际情况加以调整。调整位移时特别注意钢柱的扭转,钢柱扭转对框架安装很不利,应引起重视。

第三节 钢结构的涂装施工技术

钢结构在常温大气环境中安装、使用,易受大气中水分、氧和其他污染物的作用而被腐蚀。钢结构的腐蚀不仅造成经济损失,还直接影响到结构安全。另外,钢材由于其导热快,比热小,虽是一种不燃烧材料,但极不耐火。钢结构通常在 450 ~650 ℃温度中就会失去承载能力,发生很大的形变,导致钢柱、钢梁弯曲,结果因过大的形变而不能继续使用,最终导致整个结构的垮塌毁坏。一般不加保护的钢结构的耐火极限为 15 min 左右,这一时间的长短还与构件吸热的速度大小有关。

因此,根据钢结构所处的环境及工作性能采取相应的防腐与防火措施,是钢结构设计与施工的重要内容。目前,国内外主要采用涂料涂装的方法进行钢结构的防腐与防火。

一、钢结构防腐涂装工程

(一)施工准备

1. 材料

钢结构建筑防腐材料的选用应符合设计要求。防腐材料有底漆、面漆和稀料等。钢结构建筑防腐面漆有各色醇酸磁漆和各色醇酸调合漆等。钢结构建筑防腐底漆有红丹油性防锈漆、钼铬红环氧酯防锈漆等;各种防腐材料应符合国家有关技术指标的规定,还应有产品出厂合格证。

2. 主要机具

主要机具有喷漆枪、喷漆气泵、胶管、铲刀、手砂轮、砂布、钢丝刷、棉丝、小压缩机、油漆小桶、刷子、酸洗槽和附件、喷砂枪、气泵、回收装置等。

3. 作业条件

(1)防腐涂装工程前钢结构工程已检查验收,并符合设计要求。

(2)油漆工进行施工作业应有特殊工种作业操作证。

(3)防腐涂装作业场地应有安全防护措施,有防火和通风措施,防止发生火灾和人员中毒事故。

(4)露天防腐施工作业应选择适当的天气,遇大风、雨、严寒等均不应作业。

(二)操作工艺

工艺流程是:基面清理→底漆涂装→面漆涂装→涂层检查→成品保护。

1. 基面清理

(1)建筑钢结构工程的油漆涂装应在钢结构安装验收合格后进行。油漆涂刷前,应将需涂装部位的铁锈、焊缝药皮、焊接飞溅物、油污、尘土等杂物清理干净。

(2)基面清理除锈质量的好坏直接关系到涂层质量的好坏。为了保证涂装质量,根据不同需要可以分别选用以下除锈工艺:

①喷砂除锈:是利用压缩空气的压力,连续不断地用石英砂或铁砂冲击钢构件的表面,把钢材表面的铁锈、油污等杂物清理干净,露出金属钢材本色的一种除锈方法。这种方法效率高,除锈彻底,是比较先进的除锈工艺。

②酸洗除锈:是把需涂装的钢构件浸放在酸池内,用酸除去构件表面的油污和铁锈。采用酸洗工艺效率也高,除锈比较彻底,但是酸洗以后必须用热水或清水冲洗构件,如果有残酸存在,构件的锈蚀会更加厉害。

③人工除锈:是由人工用一些比较简单的工具,如刮刀、砂轮、砂布、钢丝刷等工具,清除钢构件上的铁锈。这种方法工作效率低,劳动条件差,除锈也不彻底。

2. 底漆涂装

(1)调合红丹防锈漆,控制油漆的黏度、稠度、稀度,兑制时应充分搅拌,使油漆色泽、黏度均匀一致。

(2)刷第一层底漆时涂刷方向应该一致,接槎整齐。

(3)刷漆时应采用勤沾、短刷的原则,防止刷子带漆太多而流坠。

(4)待第一遍刷完后,应保持一定的时间间隙,防止第一遍未干就上第二遍,这样会使漆液流坠发皱,质量下降。

(5)待第一遍干燥后,再刷第二遍,第二遍涂刷方向应与第一遍涂刷方向垂直,这样会使漆膜厚度均匀一致。

(6)底漆涂装后至少需 4 ~ 8 h 后才能达到表干,表干前不应涂装面漆。

3. 面漆涂装

(1)建筑钢结构涂装底漆与面漆一般中间间隙时间较长。钢构件涂装防锈漆后送到工地去组装,组装结束后才统一涂装面漆。这样,在涂装面漆前需对钢结构表面进行清理,清除安装焊缝焊药,对烧去或碰去漆的构件,还应事先补漆。

(2)面漆的调制应选择颜色完全一致的面漆,兑制的稀料应合适,面漆使用前应充分搅拌,保持色泽均匀。其工作黏度、稠度应保证涂装时不流坠,不显刷纹。

(3)面漆在使用过程中应不断搅拌,涂刷的方法和方向与底漆涂装相同。

(4)涂装工艺采用喷涂施工时,应调整好喷嘴口径、喷涂压力,喷枪胶管能自由拉伸到作业区域,空气压缩机气压应为0.4~0.7 N/mm^2。

(5)喷涂时应保持好喷嘴与涂层的距离,一般喷枪与作业面距离应在100 mm左右,喷枪与钢结构基面角度应该保持垂直,或喷嘴略为上倾为宜。

(6)喷涂时喷嘴应该平行移动,移动时应平稳,速度一致,保持涂层均匀。但是采用喷涂时,一般涂层厚度较薄,故应多喷几遍,每层喷涂时应待上层漆膜已经干燥时进行。

4.涂层检查

(1)表面涂装施工时和施工后,应对涂装过的工件进行保护,防止飞扬尘土和其他杂物。

(2)涂装后的处理检查应该是涂层颜色一致,色泽鲜明光亮,不起皱皮,不起疙瘩。

(3)涂装漆膜厚度用触点式漆膜测厚仪测定,漆膜测厚仪一般测定3点厚度,取其平均值。

5.成品保护

(1)钢构件涂装后应加以临时围护隔离,防止踏踩,损伤涂层。

(2)钢构件涂装后,在4 h之内若遇有大风或下雨,应加以覆盖,防止粘染尘土和水气,影响涂层的附着力。

(3)涂装后的构件需要运输时,应注意防止磕碰,防止在地面拖拉,防止涂层损坏。

(4)涂装后的钢构件勿接触酸类液体,防止咬伤涂层。

(三)应注意的质量问题

(1)涂层作业气温应以5~38 ℃为宜,当天气温度低于5 ℃时,应选用相应的低温涂层材料施涂。

(2)由于构件温度超过40 ℃时,在钢材表面涂刷油漆会产生气泡,降低漆膜的附着力,因此当气温高于40 ℃时,应停止涂层作业。

(3)当空气湿度大于85%,或构件表面结露时,不宜进行涂层作业。

(4)钢构件制作前,应对构件隐蔽部位、结构夹层难以除锈的部位,提前除锈,提前涂刷。

(四)防腐涂料应用于钢结构的发展方向

随着对钢结构防腐要求的提高以及环境保护限制,钢结构防腐漆更进一步地朝着低溶剂、高固体成分的方向发展,致使涂料变成高黏度、厚浆型而越来越难以喷涂。高压无气喷涂技术的工作原理是通过高压无气喷涂设备将涂料增压,通过喷嘴将涂料雾化成细小的微粒,直接喷射到被涂物表面。

高压无气喷涂技术有以下特点:高压无气喷涂机将涂料用高压喷射雾化成细小的微粒,使其均匀地分布于工件表面,形成光滑、致密的涂层,具有极佳的表面质量,这是刷涂等原始方法所无法比拟的。高压无气喷涂技术采用高压喷射雾化,使涂料微粒获得强有力的动能,防腐漆微粒借此动能射达工件空隙之中,因而使涂层更密,与工件的机械咬合力增强，附着力提高，有效延长涂层寿命。该技术在节省涂料上优点更为突出：空气喷涂因空气在工件面反弹时把防腐漆带出，涂料利用率下降；人工刷涂涂层厚度极不均匀，特别是对高黏度防腐漆；而无气喷涂既可获得均匀的涂层，反弹也比空气喷涂小，涂料的有效利用率高，相对其他涂装方式可节约涂料 10% ~30%。高压无气喷涂技术有各个系列的设备以配合不同生产量的需要，大型的气动及电动高压无气喷涂机可以满足批量生产之需；而小型喷涂机无论配合小量生产还是作为现场修补之用，都显示出良好的机动性。

钢结构防腐漆传统的施工方法是手工刷涂和空气喷涂，手工刷涂不仅效率低下，而且不可避免地会留下刷痕，其漆面效果难以令人满意；而空气喷涂因不能雾化高黏度的防腐漆，势必会大量加稀释剂，造成成本上升及环境污染，且过度稀释导致油漆成膜能力下降，影响油漆涂层寿命。采用高压无气喷涂技术，这一问题便迎刃而解了。

二、钢结构防火涂装工程

要使钢结构材料在实际应用中克服防火方面的不足，必须进行防火处理，其目的就是将钢结构的耐火极限提高到设计规范规定的极限范围。防止钢结构在火灾中迅速升温发生形变塌落，其措施是多种多样的，关键是要根据不同情况采用不同方法，如采用绝热、耐火材料阻隔火焰直接灼烧钢结构，降低热量传递的速度而推迟钢结构温升、强度变弱的时间等。但无论采用何种方法，其原理是一致的。

（一）外包层

外包层添加在钢结构外表，可以现浇成型，也可以采用喷涂法。现浇成型的实体混凝土外包层通常用钢丝网或钢筋来加强，以限制收缩裂缝，并保证外壳的强度。喷涂法可以在施工现场对钢结构表面涂抹砂泵以形成保护层，砂泵可以是石灰水泥或是石膏砂浆，也可以掺入珍珠岩或石棉。外包层也可以用珍珠岩、石棉、石膏或石棉水泥、轻混凝土做成预制板，采用胶粘剂、钉子、螺栓固定在钢结构上。

（二）充水（水套）

空心型钢结构内充水是抵御火灾最有效的防护措施，这种方法能使钢结构在火灾中保持较低的温度、水在钢结构内循环、吸收材料本身受热的热量。受热的水经冷却后可以进行再循环，或由管道引入凉水来取代受热的水。

（三）屏蔽

屏蔽是一种最为经济的防火方法，即将钢结构设置在耐火材料组成的墙体或顶棚内，或将构件包藏在两片墙之间的空隙里，只要增加少许耐火材料或不增加即能达到防火的目的。

（四）防火涂料

采用钢结构防火涂料保护构件，这种方法具有防火隔热性能好、施工不受钢结构几何形体限制等优点，一般不需要添加辅助设施，且涂层质量轻，还有一定的美观装饰作用，属于现代先进的防火技术措施。

1. 防火涂料的分类

1）厚型钢结构防火涂料

厚型钢结构防火涂料又称非膨胀型防火涂料，主要成分为无机绝热材料，呈现粒状面，密度较小，涂层受热不膨胀。由于其自身具有良好的隔热性，因而也叫隔热性防火涂料。其防火机制是利用涂层固有的良好绝热性，阻止火灾热量向钢材传递，并且在高温下形成一种结构致密的釉状物，能有效隔绝氧气并具有反射热量作用，延缓钢结构温升，起到防火保护作用。

2）薄型和超薄型钢结构防火涂料

薄型和超薄型钢结构防火涂料又称膨胀型防火涂料，主要由基料、脱水剂、成碳剂和发泡剂等组成，当温度升高到一定程度的时候，脱水剂促使多羟基化合物脱水碳化，在发泡剂分解释放出的大量气体作用下，涂层发生膨胀，膨胀倍数可达十几倍甚至几十倍，形成致密的泡沫状炭化隔热层，从而阻止热量向钢结构传递，起到防火保护作用。

2. 防火涂料的选用

（1）不要把技术性能仅能满足室内的涂料用于室外。室外环境要比室内差很多，室外的防火涂料要经受风吹日晒、雨淋冰冻，应该选用耐水、耐冻融、耐老化、强度高的防火涂料。

（2）饰面型防火涂料的隔热性能一般达不到大幅度提高钢结构耐火极限的目的，因此不要把饰面型防火涂料选用于保护钢结构。

3. 防火涂料的施工

1）一般规定

（1）钢结构防火喷涂保护应由经过培训合格的专业施工队施工，施工中的安全技术和劳动保护等要求应按国家现行有关规定执行。

（2）在钢结构安装就位，与其相连的吊杆、马道、管架及其他相关联的构件安装完毕，并经验收合格后方可进行防火涂料施工。

（3）施工前钢结构表面应除锈，并根据使用要求确定防锈处理措施。除锈和防锈处理应符合现行钢结构工程施工与验收规范中有关规定。

（4）钢结构表面的杂物应清除干净，其连接处的缝隙应用防火涂料或其他防火材料填补堵平后方可施工。

（5）施工防火涂料应在室内装修之前和不被后继工程所损坏的条件下进行施工，对不需作防火保护的部位和其他物件应进行遮蔽保护，刚施工的涂层应防止脏液污染和机械撞击。

（6）施工过程中和涂层干燥固化前环境温度宜保持在 5～38 ℃，相对湿度不宜大于 90%，空气应流通。涂装时构件表面不应结露；涂装后 4 h 内应保护其免受雨淋。当风速大于 5 m/s 或雨天和构件表面结露时，不宜作业。

2）薄涂型防火涂料涂装

（1）施工方法与机具：

①喷涂底层、主涂层涂料，宜采用重力（或喷斗）式喷枪，配能自动调压的 0.6～0.9 m^3/min 的空压机。喷嘴直径为 4～6 mm，空气压力为 0.4～0.6 MPa。

②面层装饰涂料，一般采用喷涂施工，也可以采用刷涂或滚涂的方法。喷涂时，应将喷涂底层的喷嘴直径换为 1～2 mm，空气压力调为 0.4 MPa。

③局部修补或小面积施工，可采用抹灰刀等工具手工抹涂。

(2)施工操作:

①在钢基材表面除锈和防锈处理符合要求及尘土等杂物清除干净后方可施工。底层及主涂层一般应喷 2 ~3 遍,每遍间隔 4 ~24 h,待前遍基本干燥后再喷后一遍。第一遍喷涂以盖住基底面 70% 即可,第二、三遍喷涂每遍厚度以不超过 2.5 mm 为宜,喷涂时应确保涂层完全闭合、轮廓清晰。施工工程中应采用测厚针检测涂层厚度,确保各部位涂层达到设计规定的厚度。当设计要求涂层表面要平整光滑时,应对最后一遍涂层作抹平处理确保外表面均匀平整。

②面层涂料一般涂饰 1 ~2 遍。若第一遍从左至右喷涂,第二遍则应从右至左喷涂,以确保全部覆盖住下部主涂层,面层应颜色均匀、接槎平整。

3)厚涂型防火涂料涂装

(1)施工方法与机具。厚涂型防火涂料一般采用喷涂施工。机具可为压送式喷涂机或挤压泵,配能自动调压的 0.6 ~0.9 m^3/min 的空压机,喷枪口径为 6 ~12 mm,空气压力为 0.4 ~0.6 MPa。局部修补可采用抹灰刀等工具手工抹涂。

(2)涂料的搅拌与配置:

①由工厂制造好的单组分湿涂料,现场应采用便携式搅拌器搅拌均匀。

②由工厂提供的干粉料,现场加水或用其他稀释剂调配,应按涂料说明书规定配比混合搅拌,边配边用。

③由工厂提供的双组分涂料,按配制涂料说明规定的配比混合搅拌,边配边用,特别是化学固化干燥的涂料,配制的涂料必须在规定的时间内用完。

④搅拌和调配涂料,使稠度适宜,即能在输送管道中畅通流动,喷涂后不会流淌和下坠。

(3)施工操作:

①喷涂应分 2 ~5 次完成,第一次喷涂以基本盖住钢材表面即可,以后每次喷涂厚度为 5 ~10 mm,一般以 7 mm 左右为宜。通常情况下,每天喷涂一遍即可。

②喷涂时,应注意移动速度,不能在同一位置久留,以免造成涂料堆积流淌;配料及往挤压泵加料应连续进行,不得停顿。

③施工工程中,应采用测厚针检测涂层厚度,直到符合设计规定的厚度,方可停止喷涂。

④喷涂后的涂层要适当维修,对明显的乳突,应采用抹灰刀等工具剔除,以确保涂层表面均匀。

4.防火涂料的质量要求

(1)用于保护钢结构的防火涂料必须有国家检测机构的耐火极限检测报告和理化性能检测报告,必须有防火监督部门核发的生产许可证和生产厂方的产品合格证。

(2)钢结构防火涂料出厂时,产品质量应符合有关标准的规定并应附有涂料品种名称、技术性能、制造批号、储存期限和使用说明。

(3)防火涂料中的底层和面层涂料应相互配套,底层涂料不得锈蚀钢材,不应有误涂、漏涂,涂层应闭合无脱层、空鼓、明显凹陷、粉化松散和浮浆等外观缺陷。

(4)薄涂型防火涂料涂层表面裂纹宽度不应大于 0.5 mm,厚涂型防火涂料涂层表面裂纹宽度不应大于1 mm。

习 题

1. 钢结构常用钢材的种类有哪些？
2. 高层建筑选用钢材的原则和常用种类是什么？
3. 钢结构高层建筑在制作和安装施工时采用的连接方法主要有哪些？
4. 钢结构常用的焊接方法有哪些？
5. 高强螺栓连接按其受力状况分为哪几种类型？
6. 高层钢结构安装的准备工作有哪些？
7. 高层钢结构安装的基本要求和施工工艺有哪些？
8. 高层钢结构的焊接工艺有哪些？
9. 钢结构防腐涂料涂装的一般规定有哪些？
10. 钢结构防火涂料涂装的一般规定有哪些？

第八章　高层建筑施工中的安全管理

安全生产是人命关天的大事,关系到社会的改革、经济的发展和国家的稳定,党和国家领导人历来十分重视安全生产工作。因此,在建筑安全生产中,一定要确立“生产必须安全,安全促进生产”的辩证思想,贯彻“安全第一,预防为主”的安全生产方针,切实抓好施工生产中的安全工作,保护劳动者的安全与健康。

第一节　概　述

一、安全管理工作中存在的主要问题

目前,在国内高层建筑施工中存在诸多的安全问题:一方面来自高层建筑自身的特点,另一方面来自施工安全管理与监督的问题。

(1)对安全生产的重要性认识不足。

(2)法规建设滞后,影响依法监督,依法处罚。

(3)安全监督机构不健全,安全监管经费不落实,监管力量薄弱。

(4)高层建筑施工自身的安全问题。

(5)安全教育不深入,流于形式。

(6)重大伤亡事故处理力度不够。

无论是何种原因引发的高层建筑施工中的安全问题,都必须引起高度的重视,因为安全问题不但关系到施工人员的生命健康,更将影响到高层建筑施工的进度和社会的和谐稳定。

二、安全事故的主要诱因

建筑施工企业的全部生产经营活动,是在特定空间进行人、财、物动态组合的过程,因此各种人身伤害事故均离不开人和物这两个因素。人身伤害就是人与物之间的一种意外现象。在人与物两因素中,人的因素是最根本的,因为物的安全状态的背后,实质上还隐含着人的因素。而安全事故的主要诱因是:①人的不安全行为;②物的不安全状态;③环境的不利因素;④管理上的缺陷。人的不安全行为和物的不安全状态,是造成绝大部分事故的潜在的不安全因素或者说是事故隐患。

分析大量事故的原因可以得知,单纯由于不安全状态或单纯由于不安全行为导致的事故情况并不多,事故几乎都是由多种原因交织在一起而形成的,是由人的不安全因素和物的不安全状态结合而成的。控制人的不安全行为和物的不安全状态,是施工现场安全管理的重点。

第二节　施工中的安全管理

一、安全生产管理体制

《中华人民共和国建筑法》第四十三条“建设行政主管部门负责建筑安全生产的管理,并依法接受劳动行政主管部门对建筑安全生产的指导和监督。”此条是关于建筑安全生产行业管理与国家监察的规定。

(1)建筑安全生产的行业管理,由建设行业主管部门负责。

(2)建筑安全生产的国家监察,由劳动行政主管部门负责。

(3)建设行政主管部门进行建筑安全生产的管理,应当依照法律、法规的规定,并依法接受劳动行政主管部门对建筑安全生产的指导和监督。

(4)群众监督。

实行这种管理体制,不仅充分调动了企业重安全、抓生产的积极性,发挥国务院各部门在安全生产中行使行业管理的作用,而且有利于加强安全生产,维护劳动者合法权益,保证安全生产。

二、安全生产责任制

安全生产责任制是建筑生产中最基本的安全管理制度,是所有安全规章制度的核心。

(1)建筑施工企业必须依法加强对建筑安全生产的管理。

执行安全生产责任制度,采取有效措施防止伤亡和其他安全生产事故的发生。建筑施工企业的法定代表人对本企业的安全生产负责。

①建筑施工企业必须依法加强对建筑安全生产的管理;

②建筑施工企业执行安全生产责任制;

③建筑施工企业必须采取有效措施,防止伤亡或其他安全生产事故的发生;

④建筑施工企业的法定代表人对本企业的生产安全负责。

(2)施工现场安全由建筑施工企业负责。

实行施工总承包的,由总承包单位负责。分包单位向总承包单位负责,服从总承包单位对施工现场的安全生产管理。

①施工现场安全由建筑施工企业负责;

②实行施工总承包的,施工现场安全由总承包单位负责;

③工程总承包单位可以依法进行分包。

(3)建筑施工企业各级安全生产责任制的基本要求:

①企业经理是企业的安全生产第一责任人。

②企业总工程师(主任工程师或技术负责人)对本企业安全生产的技术工作负总的责任。

在组织编制和审批施工组织设计(施工方案)和采用新技术、新工艺、新设备时,必须制订相应的安全技术措施;负责提出改善劳动条件的项目和实施措施,并付诸实施;对职工进行安全技术教育；及时解决施工中的安全技术问题；参加重大伤亡事故的调查分析，提出技术鉴定意见和改进措施。

③项目经理应对本项目的安全生产工作负具体领导责任。

认真执行安全生产规章制度，不违章指挥，制定和实施安全技术措施；经常进行安全生产检查，消除事故隐患，制止违章作业；对职工进行安全技术和安全纪律教育；发生伤亡事故要及时上报，并认真分析事故原因，提出和实现改进措施。

④安全机构和专职人员应做好安全管理工作与监督检查工作。

三、施工现场安全管理

建筑施工企业必须坚持"安全第一、预防为主"的安全生产方针，完善安全生产组织管理体系、检查评价体系，制订安全措施计划，加强施工安全管理，实施综合治理。

（一）施工现场安全管理的内容

施工现场安全管理的内容，大体可归纳为：

(1)安全组织管理(包括机构、制度、资料)。

(2)场地与设施管理(文明施工)。

(3)行为控制安全管理。

(4)安全技术管理。

在安全管理的四项主要内容中，虽然都是为了达到安全管理的目的，但是对生产因素状态的控制，与安全管理目的关系更直接，显得更为突出。

（二）施工现场安全组织

(1)施工现场的工地负责人(或项目经理)为安全生产的第一责任者，应视工程的性质，规模和特点设置安全专职人员或安全机构。

(2)成立以工地负责人(或项目经理)为组长，有施工员、安全员、班组长参加的安全生产管理小组，并组成自上而下的安全管理网络。

(3)建立由工地领导参加的包括施工员、安全员在内的轮流值班制度，检查监督施工现场及班组安全制度的贯彻执行，并做好安全值日记录。

(4)建立健全各类人员的安全生产责任制、安全技术交底、安全宣传教育、安全检查、安全设施验收和事故报告等管理制度。

(5)按工作和作业的岗位要求，落实持证上岗工作，并做好上岗前的教育交底，同时工地安全管理小组要向班组进行安全交底。

(6)总、分包工程或多单位联合施工工程，应以总包单位为主，分包单位(或参加施工单位)参加成立联合安全生产领导小组，统筹、协调、管理施工现场安全生产工作。各分包单位(或参加施工单位)根据管生产必须管安全的原则，都应成立分包工程安全管理组织，并服从总包单位的安全监督检查。在同一施工现场，由建设单位(甲方)直接分包的部分项目工程，施工单位除负责本单位施工安全外，还应服从现场总负责施工单位的监督检查和安全管理。

（三）施工现场的安全要求

施工现场的围护设置、运输道路、施工临时用电线路布置、各种管道、仓库、构件材料堆放及场地、加工棚、办公、生活等大型设施、主要机械设备位置、安全宣传图牌标志、安全防护装置设施和其他临时工程的设施和使用，均要在符合安全、消防、卫生、环境保护的前提下，按国家和地方有关法律法规和要求加强管理，做到合理有序，便利施工。

（四）班前安全活动

班前安全活动的目的是通过班长在施工操作前对施工作业面的环境条件进行安全检查，然后告诉施工班组人员如何进行危险防范和注意事项，既不伤害自己，不伤害别人，也不被别人伤害。

四、施工安全技术措施

施工安全技术措施是指针对生产劳动过程中产生的不安全因素，从生产技术上采取控制措施，以预防工伤事故的发生。如土方工程，要根据基坑、基槽、地下室等土方开挖深度和土的种类，选择开挖方法，确定边坡的坡度或采用哪种护坡支撑的护壁桩，以防止土方坍塌；塔吊、井字架（龙门架）等垂直运输设备，对其架设位置、搭设、拆卸、稳定性、安全装置等，要提出要求和措施。

（一）建筑施工企业制定安全技术措施的规定

《中华人民共和国建筑法》第三十八条："建筑施工企业在编制施工组织设计时，应当根据建筑工程的特点制定相应的安全技术措施；对专业性较强的工程项目，应当编制专项安全施工组织设计，并采取安全技术措施。"

安全技术措施不是一般的措施，而是国家规定的安全法规，具有法律的性质，带有强制式，必须编制，必须执行。

（二）安全技术措施计划的主要内容

（1）工程概况。

（2）管理目标。

（3）组织机构与职责权限。

（4）规章制度。

（5）风险分析与控制措施。

（6）安全专项施工方案。

（7）应急准备与响应。

（8）资源配置与费用投入计划。

（9）教育培训。

（10）检查评价、验证与持续改进。

（三）单独编制安全专项施工方案的工程

《危险性较大的分部分项工程安全管理办法》（建质［2009］87 号）有关规定：

（1）本办法所称危险性较大的分部分项工程是指建筑工程在施工过程中存在的，可能导致作业人员群死群伤或造成重大不良社会影响的分部分项工程。危险性较大的分部分项工程范围见附件一。

（2）施工单位应当在危险性较大的分部分项工程施工前编制专项方案；对于超过一定规模的危险性较大的分部分项工程，施工单位应当组织专家对专项方案进行论证。超过一定规模的危险性较大的分部分项工程范围见附件二。

附件一 危险性较大的分部分项工程范围

(1)基坑支护、降水工程。

开挖深度超过3 m(含3 m)或虽未超过3 m但地质条件和周边环境复杂的基坑(槽)支护、降水工程。

(2)土方开挖工程。

开挖深度超过3 m(含3 m)的基坑(槽)的土方开挖工程。

(3)模板工程及支撑体系。

①各类工具式模板工程:包括大模板、滑模、爬模、飞模等工程。

②混凝土模板支撑工程:搭设高度5 m及以上,搭设跨度10 m及以上,施工总荷载10 kN/m^2及以上,集中线荷载15 kN/m及以上,高度大于支撑水平投影宽度且相对独立无联系构件的混凝土模板支撑工程。

③承重支撑体系:用于钢结构安装等满堂支撑体系。

(4)起重吊装及安装拆卸工程。

①采用非常规起重设备、方法,且单件起吊重量在10 kN及以上的起重吊装工程。

②采用起重机械进行安装的工程。

③起重机械设备自身的安装、拆卸。

(5)脚手架工程。

①搭设高度24 m及以上的落地式钢管脚手架工程。

②附着式整体和分片提升脚手架工程。

③悬挑式脚手架工程。

④吊篮脚手架工程。

⑤自制卸料平台、移动操作平台工程。

⑥新型及异型脚手架工程。

(6)拆除、爆破工程。

①建筑物、构筑物拆除工程。

②采用爆破拆除的工程。

(7)其他。

①建筑幕墙安装工程。

②钢结构、网架和索膜结构安装工程。

③人工挖扩孔桩工程。

④地下暗挖、顶管及水下作业工程。

⑤预应力工程。

⑥采用新技术、新工艺、新材料、新设备及尚无相关技术标准的危险性较大的分部分项工程。

附件二 超过一定规模的危险性较大的分部分项工程范围

(1)深基坑工程。

①开挖深度超过5 m(含5 m)的基坑(槽)的土方开挖、支护、降水工程。

②开挖深度虽未超过5 m，但地质条件、周围环境和地下管线复杂，或影响毗邻建筑（构筑）物安全的基坑（槽）的土方开挖、支护、降水工程。

（2）模板工程及支撑体系。

①工具式模板工程：包括滑模、爬模、飞模工程。

②混凝土模板支撑工程：搭设高度8 m及以上，搭设跨度18 m及以上，施工总荷载15 kN/m^2及以上，集中线荷载20 kN/m及以上。

③承重支撑体系：用于钢结构安装等满堂支撑体系，承受单点集中荷载700 kN以上。

（3）起重吊装及安装拆卸工程。

①采用非常规起重设备、方法，且单件起吊重量在100 kN及以上的起重吊装工程。

②起重量300 kN及以上的起重设备安装工程；高度200 m及以上内爬起重设备的拆除工程。

（4）脚手架工程。

①搭设高度50 m及以上落地式钢管脚手架工程。

②提升高度150 m及以上附着式整体和分片提升脚手架工程。

③架体高度20 m及以上悬挑式脚手架工程。

（5）拆除、爆破工程。

①采用爆破拆除的工程。

②码头、桥梁、高架、烟囱、水塔或拆除中容易引起有毒有害气（液）体或粉尘扩散、易燃易爆事故发生的特殊建、构筑物的拆除工程。

③可能影响行人、交通、电力设施、通信设施或其他建、构筑物安全的拆除工程。

④文物保护建筑、优秀历史建筑或历史文化风貌区控制范围的拆除工程。

（6）其他。

①施工高度50 m及以上的建筑幕墙安装工程。

②跨度大于36 m及以上的钢结构安装工程，跨度大于60 m及以上的网架和索膜结构安装工程。

③开挖深度超过16 m的人工挖孔桩工程。

④地下暗挖工程、顶管工程、水下作业工程。

⑤采用新技术、新工艺、新材料、新设备及尚无相关技术标准的危险性较大的分部分项工程。

（3）建筑工程实行施工总承包的，专项方案应当由施工总承包单位组织编制。其中，起重机械安装拆卸工程、深基坑工程、附着式升降脚手架等专业工程实行分包的，其专项方案可由专业承包单位组织编制。

（4）专项方案编制应当包括以下内容：

①工程概况：危险性较大的分部分项工程概况、施工平面布置、施工要求和技术保证条件。

②编制依据：相关法律、法规、规范性文件、标准、规范及图纸（国标图集）、施工组织设计等。

③施工计划：包括施工进度计划、材料与设备计划。

④施工工艺技术:技术参数、工艺流程、施工方法、检查验收等。

⑤施工安全保证措施:组织保障、技术措施、应急预案、监测监控等。

⑥劳动力计划:专职安全生产管理人员、特种作业人员等。

⑦计算书及相关图纸。

(5)专项方案应当由施工单位技术部门组织本单位施工技术、安全、质量等部门的专业技术人员进行审核。经审核合格的,由施工单位技术负责人签字。实行施工总承包的,专项方案应当由总承包单位技术负责人及相关专业承包单位技术负责人签字。

不需专家论证的专项方案,经施工单位审核合格后报监理单位,由项目总监理工程师审核签字。

(6)超过一定规模的危险性较大的分部分项工程专项方案应当由施工单位组织召开专家论证会。实行施工总承包的,由施工总承包单位组织召开专家论证会。

下列人员应当参加专家论证会:

①专家组成员;

②建设单位项目负责人或技术负责人;

③监理单位项目总监理工程师及相关人员;

④施工单位分管安全的负责人、技术负责人、项目负责人、项目技术负责人、专项方案编制人员、项目专职安全生产管理人员;

⑤勘察、设计单位项目技术负责人及相关人员。

(7)专家组成员应当由5名及以上符合相关专业要求的专家组成。

本项目参建各方的人员不得以专家身份参加专家论证会。

(8)专家论证的主要内容:

①专项方案内容是否完整、可行;

②专项方案计算书和验算依据是否符合有关标准规范;

③安全施工的基本条件是否满足现场实际情况。

专项方案经论证后,专家组应当提交论证报告,对论证的内容提出明确的意见,并在论证报告上签字。该报告作为专项方案修改完善的指导意见。

(9)施工单位应当根据论证报告修改完善专项方案,并经施工单位技术负责人、项目总监理工程师、建设单位项目负责人签字后,方可组织实施。

实行施工总承包的,应当由施工总承包单位、相关专业承包单位技术负责人签字。

(10)专项方案经论证后需做重大修改的,施工单位应当按照论证报告修改,并重新组织专家进行论证。

(11)施工单位应当严格按照专项方案组织施工,不得擅自修改、调整专项方案。

如因设计、结构、外部环境等因素发生变化确需修改的,修改后的专项方案应当按本办法(5)重新审核。对于超过一定规模的危险性较大工程的专项方案,施工单位应当重新组织专家进行论证。

(12)专项方案实施前,编制人员或项目技术负责人应当向现场管理人员和作业人员进行安全技术交底。

(13)施工单位应当指定专人对专项方案实施情况进行现场监督和按规定进行监测。

发现不按照专项方案施工的，应当要求其立即整改；发现有危及人身安全紧急情况的，应当立即组织作业人员撤离危险区域。

施工单位技术负责人应当定期巡查专项方案实施情况。

(14)对于按规定需要验收的危险性较大的分部分项工程，施工单位、监理单位应当组织有关人员进行验收。验收合格的，经施工单位项目技术负责人及项目总监理工程师签字后，方可进入下一道工序。

(15)监理单位应当将危险性较大的分部分项工程列入监理规划和监理实施细则，应当针对工程特点、周边环境和施工工艺等，制定安全监理工作流程、方法和措施。

(16)监理单位应当对专项方案实施情况进行现场监理；对不按专项方案实施的，应当责令整改，施工单位拒不整改的，应当及时向建设单位报告；建设单位接到监理单位报告后，应当立即责令施工单位停工整改；施工单位仍不停工整改的，建设单位应当及时向住房城乡建设主管部门报告。

(四)安全事故防范的主要措施

(1)落实安全责任、实施责任管理。

(2)安全教育与训练。

(3)安全检查。

(4)作业标准化。

(5)生产技术与安全技术的统一。

(6)施工现场文明施工管理。

(7)正确对待事故的调查与处理。

五、建筑工程安全检查

(一)建筑工程安全检查内容

安全检查是发现、消除事故隐患，预防安全事故和职业危害比较有效和直接的方法之一，是主动性的安全防范。安全检查要根据施工生产特点，具体确定检查的项目和检查的标准。建筑工程施工安全检查的主要内容包括：

(1)查安全思想主要是检查以项目经理为首的项目全体员工(包括分包作业人员)的安全生产意识和对安全生产工作的重视程度。

(2)查安全责任主要是检查现场安全生产责任制度的建立；安全生产责任目标的分解与考核情况；安全生产责任制与责任目标是否已落实到了每一个岗位和每一个人员，并得到了确认。

(3)查安全制度主要是检查现场各项安全生产规章制度和安全技术操作规程的建立及执行情况。

(4)查安全措施主要是检查现场安全措施计划及各项安全专项施工方案的编制、审核、审批及实施情况；重点检查方案的内容是否全面、措施是否具体并有针对性，现场的实施运行是否与方案规定的内容相符。

(5)查安全防护主要是检查现场临边、洞口等各项安全防护设施是否到位，有无安全隐患。

(6)查设备设施主要是检查现场投入使用的设备设施的购置、租赁、安装、验收、使用、过程维护保养等各个环节是否符合要求;设备设施的安全装置是否齐全、灵敏、可靠,有无安全隐患。

(7)查教育培训主要是检查现场教育培训岗位、教育培训人员、教育培训内容是否明确、具体、有针对性;三级安全教育制度和特种作业人员持证上岗制度的落实情况是否到位;教育培训档案资料是否真实、齐全。

(8)查操作行为主要是检查现场施工作业过程中有无违章指挥、违章作业、违反劳动纪律的行为发生。

(9)查劳动防护用品的使用主要是检查现场劳动防护用品、用具的购置,产品质量、配备数量和使用情况是否符合安全与职业卫生的要求。

(10)查伤亡事故处理主要是检查现场是否发生伤亡事故,对发生的伤亡事故是否已按照"四不放过"的原则进行了调查处理,是否已有针对性地制定了纠正与预防措施;制定的纠正与预防措施是否已得到落实并取得实效。

(二)建筑工程施工安全检查的主要形式

建筑工程施工安全检查的主要形式一般可分为定期安全检查,经常性安全检查,季节性安全检查,节假日安全检查,开工、复工安全检查,专业性安全检查和设备设施安全验收检查等。

安全检查的组织形式应根据检查的目的、内容而定,因此参加检查的组成人员也就不完全相同。

(1)定期安全检查。建筑施工企业应建立定期分级安全检查制度,定期安全检查属全面性和考核性的检查,建筑工程施工现场应至少每旬开展一次安全检查工作,施工现场的定期安全检查应由项目经理亲自组织。

(2)经常性安全检查。建筑工程施工应经常开展预防性的安全检查工作,以便及时发现并消除事故隐患,保证施工生产正常进行。施工现场经常性安全检查方式主要有:

①现场专(兼)职安全生产管理人员及安全值班人员每天例行开展的安全巡视、巡查;

②现场项目经理、责任工程师及相关专业技术管理人员在检查生产工作的同时进行的安全检查;

③作业班组在班前、班中、班后进行的安全检查。

(3)季节性安全检查。主要是针对气候特点(如暑季、雨季、风季、冬季等)可能给安全生产造成的不利影响或带来的危害而组织的安全检查。

(4)节假日安全检查。在节假日、特别是重大或传统节假日(如"五一"、"十一"、元旦、春节等)前后和节日期间,为防止现场管理人员和作业人员思想麻痹、纪律松懈等进行的安全检查。节假日加班,更要认真检查各项安全防范措施的落实情况。

(5)开工、复工安全检查。针对工程项目开工、复工之前进行的安全检查,主要是检查现场是否具备保障安全生产的条件。

(6)专业性安全检查。由有关专业人员对现场某项专业安全问题或在施工生产过程中存在的比较系统性的安全问题进行的单项检查。这类检查专业性强,主要应由专业工程技术人员、专业安全管理人员参加。

(7)设备设施安全验收检查。针对现场塔吊等起重设备、外用施工电梯、龙门架及井架物料提升机、电气设备、脚手架、现浇混凝土模板支撑系统等设备设施在安装、搭设过程中或完成后进行的安全验收、检查。

(三)建筑工程安全检查方法

建筑工程安全检查在正确使用安全检查表的基础上,可以采用"问"、"看"、"量"、"测"、"运转试验"等方法进行。

(1)"问"。主要是指通过询问、提问,对以项目经理为首的现场管理人员和操作工人进行的应知应会抽查,以便了解现场管理人员和操作工人的安全意识及安全素质。

(2)"看"。主要是指查看施工现场安全管理资料和对施工现场进行巡视。例如,查看项目负责人、专职安全管理人员、特种作业人员等的持证上岗情况,现场安全标志设置情况,劳动防护用品使用情况,现场安全防护情况,现场安全设施及机械设备安全装置配置情况等。

(3)"量"。主要是指使用测量工具对施工现场的一些设施、装置进行实测实量。

(4)"测"。主要是指使用专用仪器、仪表等监测器具对特定对象关键特性技术参数的测试。例如,使用漏电保护器测试仪对漏电保护器漏电动作电流、漏电动作时间的测试;使用地阻仪对现场各种接地装置接地电阻的测试;使用兆欧表对电机绝缘电阻的测试;使用经纬仪对塔吊、外用电梯安装垂直度的测试等。

(5)"运转试验"。主要是指由具有专业资格的人员对机械设备进行实际操作、试验,检验其运转的可靠性或安全限位装置的灵敏性。

(四)建筑工程安全检查标准

《建筑施工安全检查标准》(JGJ 59—2011)是以汇总表的总得分及保证项目达标与否,作为对一个施工现场安全生产情况的综合评价依据,评价分为优良、合格、不合格三个等级。

第三节　建筑工程安全隐患的防范

一、基础工程安全隐患的防范

基础工程施工容易发生坍塌、中毒、触电、机械伤害等类型生产安全事故,坍塌事故尤为突出。

(一)基础工程施工安全隐患的主要表现形式

(1)挖土机械作业无可靠的安全距离。

(2)没有按规定放坡或设置可靠的支撑。

(3)设计的考虑因素和安全可靠性不够。

(4)土体出现渗水、开裂、剥落。

(5)在底部进行掏挖。

(6)沟槽内作业人员过多。

(7)施工时地面上无专人巡视监护。

(8)堆土离坑槽边过近、过高。

(9)邻近的坑槽有影响土体稳定的施工作业。

(10)基础施工离现有建筑物过近,其间土体不稳定。

(11)防水施工无防火防毒措施。

(12)人工挖孔桩施工前不进行有毒气体检测。

(二)基坑发生坍塌以前的主要迹象

(1)周围地面出现裂缝,并不断扩展。

(2)支撑系统发出挤压等异常响声。

(3)环梁或排桩、挡墙的水平位移较大,并持续发展。

(4)支护系统出现局部失稳。

(5)大量水土不断涌入基坑。

(6)相当数量的锚杆螺母松动,甚至有的槽钢松脱等。

(三)基础工程施工安全控制的主要内容

(1)挖土机械作业安全。

(2)边坡与基坑支护安全。

(3)降水设施与临时用电安全。

(4)防水施工时的防火、防毒安全。

(5)人工挖孔桩施工的安全防范。

(四)基坑(槽)施工安全控制要点

(1)专项施工方案的编制。

(2)基坑(槽)开挖前的勘察内容。

(3)基坑(槽)土方开挖与回填安全技术措施:

①基坑(槽)开挖时,两人操作间距应大于2.5 m。多台机械开挖,挖土机间距应大于10 m。在挖土机工作范围内,不允许进行其他作业。挖土应由上而下,逐层进行,严禁先挖坡脚或逆坡挖土。

②土方开挖不得在危岩、孤石的下面或贴近未加固的危险建筑物的下面进行。施工中应防止地面水流入坑、沟内,以免发生边坡塌方。

③在坑边堆放弃土、材料和移动施工机械时,应与坑边保持一定的距离,当土质良好时,要距坑边1 m以外,堆放高度不能超过1.5 m。

④基坑(槽)开挖应严格按要求进行放坡。施工时应随时注意土壁的变化情况,若发现有裂纹或部分坍塌现象,应及时进行加固支撑或放坡,并密切注意支撑的稳固和土壁的变化。当采取不放坡开挖时,应设置临时支护,各种支护应根据土质及基坑深度经计算确定。

⑤采用机械多台阶同时开挖时,应验算边坡的稳定,挖土机离边坡应保持一定的安全距离,以防塌方,造成翻机事故。

⑥在有支撑的基坑(槽)中使用机械挖土时,应防止碰坏支撑。在坑槽边使用机械挖土时,应计算支撑的强度,必要时应加强支撑。

⑦在进行基坑(槽)和管沟回填土时,其下方不得有人,对所使用的打夯机等要检查电器线路,防止漏电、触电,停机时要切断电源。

⑧在拆除护壁支撑时,应按照回填顺序,从下而上逐步拆除。更换护壁支撑时,必须先安装新的,再拆除旧的。

(4)基坑工程的监测。包括支护结构的监测和周围环境的监测。

(5)基坑施工的安全应急措施:

①在基坑开挖过程中,一旦出现了渗水或漏水,应根据水量大小,采用坑底设沟排水、引流修补、密实混凝土封堵、压密注浆、高压喷射注浆等方法及时进行处理。

②若水泥土墙等重力式支护结构位移超过设计估计值,则应予以高度重视,同时做好位移监测,掌握发展趋势。若位移持续发展,超过设计值较多,则应采用水泥土墙背后卸载、加快垫层施工及加大垫层厚度和加设支撑等方法及时进行处理。

③若悬臂式支护结构位移超过设计值,则应采取加设支撑或锚杆、支护墙背卸土等方法及时进行处理。若悬臂式支护结构发生深层滑动,则应及时浇筑垫层,必要时也可以加厚垫层,以形成下部水平支撑。

④若支撑式支护结构发生墙背土体沉陷,则应采取增设坑外回灌井、进行坑底加固、垫层随挖随浇、加厚垫层或采用配筋垫层、设置坑底支撑等方法及时进行处理。

⑤对于轻微的流砂现象,在基坑开挖后可采用加快垫层浇筑或加厚垫层的方法"压住"流砂。对于较严重的流砂,应增加坑内降水措施进行处理。

⑥若发生管涌,可以在支护墙前再打设一排钢板桩,在钢板桩与支护墙间进行注浆。

⑦对邻近建筑物沉降的控制一般可以采用回灌井、跟踪注浆等方法。对于沉降很大,而压密注浆又不能控制的建筑,若基础是钢筋混凝土的,则可以考虑采用静力锚杆压桩的方法进行处理。

⑧对于基坑周围管线保护的应急措施一般包括增设回灌井、打设封闭桩或管线架空等。

(五)打(沉)桩施工安全控制要点

打(沉)桩施工前,应编制专项施工方案,对邻近的原有建筑物、地下管线等进行全面检查,对有影响的建筑物或地下管线等,应采取有效的加固措施或隔离措施,以确保施工安全。

(六)人工挖孔桩施工安全控制要点

(1)人工挖孔桩施工前应编制专项施工方案,严格按方案规定的程序组织施工。

(2)桩孔内必须设置应急软爬梯供人员上下井,使用的电葫芦、吊笼等应安全可靠,并配有自动卡紧保险装置。

(3)每日开工前必须对井下有毒有害气体成分和含量进行检测,并应采取可靠的安全防护措施。桩孔开挖深度超过 10 m 时,应配置专门向井下送风的设备。

(4)孔口四周必须设置安全防护栏杆。挖出的土石方应及时运离孔口,不得堆放在孔口四周 1 m 范围内。机动车辆通行应远离孔口。

(5)挖孔桩各孔内用电严禁一闸多用。孔上电缆必须架空 2.0 m 以上,严禁拖地和埋压土中,孔内电缆线必须有防磨损、防潮、防断等措施。照明应采用安全矿灯或 12 V 以下的安全电压。

二、脚手架搭设安全隐患的防范

脚手架搭设作业容易发生高处坠落、物体打击和架体倒塌等类型安全事故。

(一)脚手架搭设作业安全隐患的主要表现形式

(1)作业人员违章。

(2)作业现场未设安全警戒区。

(3)架体结构未经严格设计。

(4)架体基础不实或承载力不够。

(5)架体的构造尺寸过大。

(6)架体连墙件设置过少,连墙点以上自由高度过大。

(7)未按要求设置剪刀撑与其他整体拉结杆件。

(8)架体立杆垂直度、水平杆水平度不够。

(9)架体结点构造和连接安装不符合规定要求。

(10)悬挑式脚手架挑支件、撑拉件和挑支构造的制作或安装不符合设计要求。

(11)附着升降式脚手架和整体提升式脚手架的提升构造和设备不符合设计要求。

(12)任意混用不同规格和材质的钢管扣件。

(二)一般脚手架作业安全控制要点

1. 一般脚手架作业专项施工方案的编制

(1)脚手架搭设之前,应根据工程的特点和施工工艺要求确定搭设(包括拆除)施工方案。

(2)施工方案内容主要应包括:基础处理、搭设要求、杆件间距及连墙件设置位置、连接方法、拆除作业程序、保证安全的技术措施,并绘制施工详图及结点大样图。脚手架的搭设高度超过规范规定的,要进行相应的计算。

2. 脚手架地基与基础施工

(1)脚手架地基与基础施工,必须根据脚手架搭设高度、搭设场地土质情况与现行国家地基与基础工程施工验收规范中有关规定进行。

(2)当脚手架基础下有设备基础、管沟时,在脚手架使用过程中不应开挖,否则必须采取加固措施。

3. 脚手架主结点杆件的设置

(1)脚手架主结点处必须设置一根横向水平杆,用直角扣件扣接且严禁拆除。

(2)主结点处两个直角扣件的中心距不应大于 150 mm。在双排脚手架中,靠墙一端的外伸长度不应大于杆长的 40%,且不应大于 500 mm。

4. 脚手架扫地杆的设置

(1)脚手架必须设置纵、横向扫地杆。

(2)纵向扫地杆应采用直角扣件固定在距底座上方不大于 200 mm 处的立杆上。

(3)横向扫地杆亦应采用直角扣件固定在紧靠纵向扫地杆下方的立杆上。

(4)当立杆基础不在同一高度上时,必须将高处的纵向扫地杆向低处延长两跨与立杆固定,高差不应大于 1 m。靠边坡上方的立杆轴线到边坡的距离不应小于 500 mm。

5. 脚手架剪刀撑的设置

(1)高度在 24 m 以下的单、双排脚手架,均必须在外侧立面的两端各设置一道剪刀撑,并应由底至顶连续设置,中间各道剪刀撑之间的净距不应大于 15 m。

(2)高度在 24 m 以上的双排脚手架应在外侧立面整个长度和高度上连续设置剪刀撑。

(3)剪刀撑、横向斜撑搭设应随立杆、纵向水平杆和横向水平杆等同步搭设,各底层斜杆下端均必须支承在垫块或垫板上。

6. 脚手架拉结点的设置

(1)对高度在 24 m 以下的单、双排脚手架,宜采用刚性连墙件与建筑物可靠连接,亦可采用拉筋和顶撑配合使用的附墙连接方式,严禁使用仅有拉筋的柔性连墙件。

(2)对高度在 24 m 以上的双排脚手架,必须采用刚性连墙件与建筑物可靠连接,连墙件必须采用可承受拉力和压力的构造。

(3)50 m 以下(含 50 m)双排脚手架连墙件应按 3 步 3 跨进行布置,50 m 以上的脚手架连墙件应按 2 步 3 跨进行布置。

7. 一般脚手架搭设作业的安全技术措施

架上作业人员必须戴安全帽、系安全带、穿防滑鞋,并站稳把牢。

当遇有 6 级及 6 级以上大风和雾、雨、雪天气时,应停止脚手架搭设作业。

8. 一般脚手架拆除作业的安全技术措施

(1)拆除作业应按与搭设相反的程序由上而下逐层进行,严禁上下同时作业。

(2)每层连墙件的拆除,必须在其上全部可拆杆件均已拆除以后进行,严禁先松开连墙件,再拆除上部杆件。

(3)凡已松开连接的杆件必须及时取出、放下,以免作业人员误扶、误靠。

(4)分段拆除架体高差不应大于 2 步,若高差大于 2 步,应增设连墙件加固。

(5)拆下的杆件、扣件和脚手板应及时吊运至地面,禁止自架上向下抛掷。

(6)当遇有 6 级及 6 级以上大风和雾、雨、雪天气时,应停止脚手架拆除作业。

9. 脚手架的检查验收程序

(1)脚手架的检查与验收应由项目经理组织,项目施工、技术、安全、作业班组长等有关人员参加,按照技术规范、施工方案、技术交底等有关技术文件,对脚手架进行分段验收,确认符合要求后,方可投入使用。

(2)脚手架及其地基基础应在下列阶段进行检查和验收:

①基础完工后及脚手架搭设前;

②作业层上施加荷载前;

③每搭设完 10 ~ 13 m 高度后;

④达到设计高度后;

⑤遇有 6 级及 6 级以上大风、大雨后;

⑥寒冷地区土层解冻后;

⑦停用超过 1 个月。

10. 脚手架定期检查的主要内容

（1）杆件的设置和连接，连墙件、支撑、门洞桁架等的构造是否符合要求。

（2）地基是否积水，底座是否松动，立杆是否悬空。

（3）扣件螺栓是否松动。

（4）高度在 24 m 以上的脚手架，其立杆的沉降与垂直度的偏差是否符合技术规范的要求。

（5）架体安全防护措施是否符合要求。

（6）是否有超载使用现象。

（三）挑、吊、挂脚手架搭设作业的安全控制要点

（1）挑、吊、挂脚手架搭设作业应编制专项施工方案，严格按照设计要求和规定程序进行搭设和拆除作业。

（2）挑梁、挑架等悬挑支承构架应采用机械吊装方式进行安装，挑梁、挑架与结构的附着必须固定牢固。

（3）用杆件组装方式搭设挑架子构造时，上架人员必须具有安全作业的条件。

（4）搭设过程中要及时装设整体性拉结杆件。

（5）拆卸应严格按方案拟订的技术措施按顺序进行。

（6）整体安装和拆除的脚手架，在安装和拆除之前应进行严格的检查工作。

（四）附着式升降脚手架（整体提升式脚手架或爬架）作业的安全控制要点

（1）附着式升降脚手架（整体提升式脚手架或爬架）作业要针对提升工艺和施工现场作业条件编制专项施工方案，专项施工方案要包括设计、施工、检查、维护和管理等全部内容。

（2）安装、搭设作业必须严格按照设计要求和规定程序进行，安装后经验收并进行荷载试验，确认符合设计要求后，方可正式投入使用。

（3）在进行提升和回降作业时，架上人员和材料的数量不得超过设计规定并尽可能地减少。

（4）升降作业前必须仔细检查附着连接和提升设备的状态是否良好，发现异常时应及时查找原因和采取措施解决。

（5）升降作业时应统一指挥、协调动作。

（6）在安装、升降、拆除附着式升降脚手架（整体提升式脚手架或爬架）时，应划定安全警戒范围并设专人监护。

（五）搭设作业的安全控制要点

（1）井架搭设作业应根据现场工作条件及设备情况编制专项施工方案，严格按设计构造尺寸进行搭设。

（2）架体的基础应按图纸施工，杆件组装前应认真检查地基和垫木情况是否符合要求。

（3）在第一道缆风装设以前，应设抛撑确保井架稳定。

（4）在装设天轮梁时，一定要搭设辅助作业平台并稳铺脚手板。

（5）搭设作业时，必须按规定要求设置缆风绳和缆风绳的地锚或锚桩。

三、现浇混凝土工程安全隐患的防范

现浇混凝土工程容易发生模板支撑系统整体坍塌、高空坠落、物体打击、触电等类型安全事故。在混凝土浇筑过程中,模板支撑系统整体坍塌事故尤为突出。

(一)现浇混凝土工程安全隐患的主要表现形式

1. 模板与支撑系统部分

(1)模板支撑架体地基、基础下沉。

(2)架体的杆件间距或步距过大。

(3)架体未按规定设置斜杆、剪刀撑和扫地杆。

(4)构架的结点构造和连接的紧固程度不符合要求。

(5)主梁和荷载显著加大部位的构架未加密、加强。

(6)高支撑架未设置一至数道加强的水平结构层。

(7)大荷载部位的扣件指标数值不够。

(8)架体整体或局部变形、倾斜,架体出现异常响声。

2. 混凝土浇筑过程

(1)高处作业安全防护设施不到位。

(2)机械设备的安装、使用不符合安全要求。

(3)用电不符合安全要求。

(4)混凝土浇筑方案使支撑架受力不均衡,产生过大的集中荷载、偏心荷载、冲击荷载或侧压力。

(5)过早地拆除支撑和模板。

(二)现浇混凝土工程安全控制的主要内容

(1)模板支撑系统设计。

(2)模板支拆施工安全。

(3)钢筋加工及绑扎、安装作业安全。

(4)混凝土浇筑高处作业安全。

(5)混凝土浇筑用电安全。

(6)混凝土浇筑设备使用安全。

(三)现浇混凝土工程的安全控制要点

1. 现浇混凝土工程施工方案的编制

(1)现浇混凝土工程施工应编制专项施工方案。

(2)施工方案的主要内容应包括模板支撑系统的设计、制作、安装和拆除的施工程序、作业条件。有关模板和支撑系统的设计计算、材料规格、接头方法、构造大样及剪刀撑的设置要求等均应详细说明,并绘制施工详图。

2. 现浇混凝土工程模板支撑系统的选材及安装的安全技术措施

(1)支撑系统的选材及安装应按设计要求进行,基土上的支撑点在安装过程中应考虑必要的临时固定措施,以保证其稳定性。

(2)支撑系统的立柱材料可选用钢管、门型架、木杆,其材质和规格应符合设计和安全要求。

(3)立柱底部支承结构必须具有支承上层荷载的能力。为合理传递荷载,立柱底部应设置木垫板,禁止使用砖及脆性材料铺垫。当支承在地基上时,应对地基土的承载力进行验算。

(4)为保证立柱的整体稳定,在安装立柱的同时,应加设水平支撑和剪刀撑。

(5)立柱的间距应经计算确定,按照施工方案的规定设置。若采用多层支模,上下层立柱要垂直,并应在同一垂直线上。

3.模板工程施工前的安全审查验证

模板工程施工前,要对模板的设计资料进行审查验证,审查验证的项目主要包括:

(1)模板结构设计计算书的荷载取值是否符合工程实际,计算方法是否正确,审核手续是否齐全。

(2)模板设计图、结构构件大样及支撑体系、连接件等设计是否安全合理,图纸是否齐全。

(3)模板设计中有关安全措施是否齐全。

4.保证模板安装施工安全的基本要求

(1)模板工程作业高度在 2 m 及 2 m 以上时,要有安全可靠的操作架子或操作平台,并按照高处作业安全技术规范的相关要求进行防护。

(2)施工人员上下通行必须借助马道、施工电梯或上人扶梯等设施,不允许攀登模板或其支撑架体上下,不允许在墙顶、独立梁及其他狭窄而又无安全防护栏杆的模板面上行走。

(3)操作架子上、平台上不宜堆放模板,必须短时间堆放时,一定要码放平稳,所堆放模板的重量必须控制在架子或平台的允许荷载范围之内。

(4)高处支模作业人员所用工具在不用时要放在工具袋内,不得随意将工具、装配件等放在脚手架上,以免坠落伤人。

(5)冬期施工,对于操作地点和人行通道上的冰雪应事先清除,避免人员滑倒摔伤。

(6)雨季施工,高耸结构的模板作业,要安装避雷装置,沿海地区要考虑抗风和加固措施。

(7)5 级以上大风天气,不宜进行大块模板拼装和吊装作业。

(8)在架空输电线路下方进行模板施工,若不能停电作业,则应采取隔离防护措施。

(9)夜间施工,必须有足够的照明。

(10)模板安装施工要注意防火。

5.保证模板拆除施工安全的基本要求

现浇混凝土结构模板及其支架拆除时的混凝土强度应符合设计要求。当设计无要求时,应符合下列规定:

(1)不承重的侧模板,包括梁、柱、墙的侧模板,只要混凝土强度能保证其表面及棱角不因拆除模板而受损时,即可进行拆除。

(2)承重模板,包括梁、板等水平结构构件的底模,应在与结构同条件养护的试块强度达到规定要求时,方可进行拆除。

(3)后张预应力混凝土结构或构件模板拆除时,侧模应在预应力张拉前拆除,其混凝土强度达到侧模拆除条件即可。进行预应力张拉,必须在混凝土强度达到设计规定值时进行,底模必须在预应力张拉完毕后方能拆除。

(4)在拆模过程中,当发现实际结构混凝土强度并未达到要求,有影响结构安全的质量问题时,应暂停拆模,经妥当处理,实际强度达到要求后,方可继续拆除。

(5)已拆除模板及其支架的混凝土结构,应在混凝土强度达到设计要求后,才允许承受全部设计的使用荷载。

(6)拆除芯模或预留孔的内模时,应在混凝土强度能保证不发生塌陷和裂缝时,方可进行拆除。

6. 混凝土浇筑施工的安全技术措施

(1)混凝土浇筑作业人员的作业区域内,应按高处作业的有关规定,设置临边、洞口安全防护设施。

(2)混凝土浇筑所使用机械设备的接零(接地)保护、漏电保护装置应齐全有效,作业人员应正确使用安全防护用具。

(3)交叉作业应避免在同一垂直作业面上进行,否则应按规定设置隔离防护设施。

(4)用井架运输混凝土时,小车不得伸出料笼外,车轮前后要挡牢。

(5)用料斗进行混凝土吊运时,料斗的斗门在装料吊运前一定要关好卡牢,以防吊运过程中被挤开抛卸。

(6)用混凝土输送泵泵送混凝土时,混凝土输送泵的管道应连接和支撑牢固,试送合格后才能正式输送,检修时必须卸压。

(7)有倾倒、掉落危险的浇筑作业应采取相应的安全防护措施。

四、高处作业安全隐患的防范

高处作业是指凡在坠落高度基准面 2 m 以上(含 2 m)有可能坠落的高处进行的作业。高处作业容易发生高处坠落、物体打击等类型的安全事故。

(一)高处作业安全隐患的主要表现形式

(1)作业人员不正确佩戴安全帽,在无可靠安全防护措施的情况下不按规定系挂安全带。

(2)作业人员患有不适宜高处作业的疾病。

(3)酒后违章作业。

(4)各种形式的临边无防护或防护不严密。

(5)各种类型的洞口无防护或防护不严密。

(6)攀登作业所使用的工具不牢固。

(7)设备、管道安装、临空构筑物模板支设、钢筋绑扎、安装钢筋骨架、框架、过梁、雨篷、小平台混凝土浇筑等作业无操作架,操作架搭设不稳固,防护不严密。

(8)构架式操作平台、预制钢平台设计、安装、使用不符合安全要求。

(9)不按安全程序组织施工,地上地下并进,多层多工种交叉作业。

(10)安全设施无人监管,在施工中任意拆除、改变。

(11)高处作业的作业面材料、工具乱堆乱放。

(12)暑期施工无良好的防暑降温措施。

(二)高处作业安全控制的主要内容

(1)临边作业安全。

(2)洞口作业安全。

(3)攀登与悬空作业安全。

(4)操作平台作业安全。

(5)交叉作业安全。

(三)高处作业的安全控制要点

1.高处作业的基本安全要求

(1)高处作业前应认真检查所用的安全设施是否牢固、可靠,脚手架、平台、梯子、防护栏杆、挡脚板、安全网应符合安全要求。

(2)施工单位应为高处作业人员提供合格的安全帽、安全带等必备的个人安全防护用具,作业人员应按规定正确佩戴和使用。

(3)危险部位应悬挂安全警示标志,夜间施工应有足够的照明并设红灯示警。

(4)高处作业人员不得攀爬脚手架或栏杆上下,所用工具、材料严禁投掷。

(5)高处作业上下应设联系信号或通信装置,并指定专人负责。

(6)在雨雪天应采取防滑措施,在6级及6级以上强风和雷电、暴雨、大雾等恶劣气候条件下,不得进行露天高处作业。

2.临边作业的安全技术措施

(1)在进行临边作业时,必须设置安全警示标志。

(2)基坑周边、尚未安装栏杆或栏板的阳台周边、无外脚手架防护的楼面与屋面周边、分层施工的楼梯与楼梯段边、龙门架、井架、施工电梯或外脚手架等通向建筑物的通道的两侧边、框架结构建筑的楼层周边、斜道两侧边、料台与挑平台周边、雨篷与挑檐边、水箱与水塔周边等处必须设置防护栏杆、挡脚板,并封挂安全立网进行封闭。

(3)临边外侧靠近街道时,除设防护栏杆、挡脚板、封挂安全立网外,立面还应采取荆笆等硬封闭措施,防止施工中落物伤人。

3.洞口作业的安全技术措施

(1)各种楼板与墙的洞口,按其大小和性质应分别设置牢固的盖板、防护栏杆、安全网或其他防坠落的安全防护设施。

(2)坑槽、桩孔的上口,柱形、条形等基础的上口以及天窗等处,都要作为洞口设置符合规范的安全防护设施。

(3)楼梯口、楼梯段边应设防护栏杆,或者用正式工程的楼梯扶手代替临时防护栏杆。

(4)电梯井口除设置固定的栅门外,还应在电梯井内每隔两层(不大于10 m)设一道安全平网。

(5)在建工程地面入口处和施工现场人员流动密集的通道上方应设置防护棚,防止因落物产生物体打击事故。

(6)施工现场大的坑、槽、陡坡等处，除需设置防护设施与安全标志外，夜间还应设红灯示警。

4. 攀登与悬空作业的安全技术措施

攀登作业使用的梯子、高凳、脚手架和结构上的登高梯道等工具和设施，在使用前应认真进行检查，符合安全要求的方可使用。

5. 操作平台作业的安全技术措施

(1)移动式操作平台台面脚手板要铺满钉牢，台面面积不得超过10 m^2，高度不得超过5 m，台面四周设置安全防护栏杆。平台移动时，人员必须下到地面，不得站在平台上随平台一起移动。

(2)悬挑式操作平台的设计应符合相应的结构设计规范，周围安装安全防护栏杆。安装时不能与防护脚手架拉结在一起，应与建筑结构进行拉结。

(3)操作平台上要严格控制荷载，应在平台上标明操作人员和物料的总重量，不允许超过设计的容许荷载。

6. 交叉作业的安全技术措施

(1)交叉作业人员不允许在同一垂直方向上操作，要使上部与下部作业人员的位置错开，使下部作业人员的位置能在上部落物的可能坠落半径范围以外，当不能满足要求时，应设置安全隔离层。

(2)在拆除模板、脚手架等作业时，其下方不得有其他作业人员，防止落物伤人。拆下的模板等堆放时，不能过于靠近楼层边沿，应留出不小于1 m的安全距离，码放高度也不能超过1 m。

(3)结构施工自二层起，凡人员进出的通道口都应搭设符合规范要求的防护棚，高度超过24 m的交叉作业，应设双层防护棚进行防护。

(四)防护栏杆的设置要求

(1)防护栏杆应由上、下两道横杆及栏杆柱组成，上杆离地面高度为1.0～1.2 m，下杆离地面高度为0.5～0.6 m。除经设计计算外，横杆长度大于2 m时，必须加设栏杆柱。

(2)当栏杆在基坑四周固定时，可采用钢管打入地面50～70 cm深，钢管离基坑边口的距离不应小于50 cm。当基坑周边采用板桩时，钢管可打在板桩外侧。

(3)当栏杆在混凝土楼面、屋面或墙面固定时，可用预埋件与钢管或钢筋焊牢。

(4)当栏杆在砖或砌块等砌体上固定时，可预先砌入带预埋铁的混凝土块，再通过预埋铁与钢管或钢筋焊牢。

(5)栏杆柱的固定及其与横杆的连接，其整体构造应使防护栏杆在上杆任何处都能经受任何方向的1 000 N外力。

(6)防护栏杆必须自上而下用安全立网封闭，或在栏杆下边设置高度不低于18 cm的挡脚板或40 cm的挡脚笆，板与笆下边距离底面的空隙不应大于10 mm。

(五)洞口的防护设施要求

(1)楼板、屋面和平台等面上短边尺寸小于25 cm但大于2.5 cm的孔口，必须用坚实的盖板盖严，盖板应能防止挪动移位。

(2)楼板面等处边长为25～50 cm的洞口、安装预制构件时的洞口以及缺件临时形成的洞口，可用竹、木等做盖板，盖住洞口，盖板要保持四周搁置均衡，固定牢靠，防止挪动移位。

(3)边长为 50～150 cm 的洞口，必须设置一层用扣件扣接钢管而形成的网格，并在其上满铺竹笆或脚手板；也可采用贯穿于混凝土板内的钢筋构成防护网格，钢筋网格间距不得大于 20 cm。

(4)边长在 150 cm 以上的洞口，四周必须设安全防护栏杆，洞口下张设安全平网。

(5)垃圾井道和烟道，应随楼层的砌筑或安装而消除洞口，或按照预留洞口的做法进行安全防护。

(6)位于车辆行驶通道旁的洞口、深沟与管道坑、槽，所加盖板应能承受不小于当地额定卡车后轮有效承载力 2 倍的荷载。

(7)墙面等处的竖向洞口，凡落地的洞口应加装开关式、固定式或工具式防护门，门栅网格的间距不应大于 15 cm，也可采用防护栏杆，下设挡脚板。

(8)下边沿至楼板或底面低于 80 cm 的窗台等竖向洞口，当侧边落差大于 2 m 时，应加设 1.2 m 高的临时护栏。

(9)对邻近的人与物有坠落危险的其他竖向的孔、洞口，均应予以加盖或加以防护，并固定牢靠，防止挪动移位。

五、垂直运输机械使用安全技术措施

(一)基本安全要求

(1)操作人员在作业前必须对工作现场环境、行驶道路、架空电线、建筑物以及构件重量和分布情况进行全面了解。

(2)现场施工负责人应为起重机作业提供足够的工作场地，清除或避开起重臂起落及回转半径内的障碍物。

(3)各类起重机应装有音响清晰的喇叭、电铃或汽笛等信号装置。在起重臂、吊钩、平衡重等转动体上应标以鲜明的色彩标志。

(4)起重吊装的指挥人员必须持证上岗，作业时应与操作人员密切配合执行规定的指挥信号。操作人员应按照指挥人员的信号进行作业，当信号不清或错误时，操作人员可拒绝执行。

(5)操纵室远离地面的起重机，在正常指挥发生困难时，地面及作业层的指挥人员均应采用对讲机等有效的通信联络手段进行指挥。

(6)在露天有 6 级及以上大风或大雨、大雪、大雾等恶劣天气时应停止起重吊装作业。雨雪过后作业前应先试吊，确认制动器灵敏可靠后方可进行作业。

(7)起重机的变幅指示器、力矩限制器、起重量限制器以及各种行程限位开关等安全保护装置应完好齐全、灵敏可靠，不得随意调整或拆除。严禁利用限制器和限位装置代替操纵机构。

(8)操作人员进行起重机回转、变幅、行走和吊钩升降等动作前，应发出音响信号示意。

(9)起重机作业时，起重臂和重物下方严禁有人停留、工作或通过。重物吊运时，严禁从人上方通过。严禁用起重机载运人员。

(10)操作人员应按规定的起重性能作业,不得超载。在特殊情况下需超载使用时必须经过验算,有保证安全的技术措施,并写出专题报告,经企业技术负责人批准,有专人在现场监护下,方可作业。

(11)严禁使用起重机进行斜拉、斜吊和起吊地下埋设或凝固在地面上的重物,以及其他不明重量的物体。现场浇筑的混凝土构件或模板必须全部松动后方可起吊。

(12)起吊重物应绑扎平稳、牢固,不得在重物上再堆放或悬挂零星物件。易散落物件应使用吊笼栅栏固定后方可起吊。标有绑扎位置的物件应按标记绑扎后起吊。吊索与物件的夹角宜为45°~60°,且不得小于30°,吊索与物件棱角之间应加垫块。

(13)起吊载荷达到起重机额定起重量的90%及以上时,应先将重物吊离地面200~500 mm,检查起重机的稳定性、制动器的可靠性、重物的平稳性、绑扎的牢固性,确认无误后方可继续起吊。对易晃动的重物应拴拉绳。

(14)重物起升和下降速度应平稳、均匀,不得突然制动。左右回转应平稳,当回转未停稳前不得做反向动作。非重力下降式起重机,不得带载自由下降。

(15)严禁起吊重物长时间悬挂空中,作业中遇突发故障应采取措施将重物降落到安全地方,并关闭发动机或切断电源后进行检修。在突然停电时应立即把所有控制器拨到零位,断开电源总开关并采取措施使重物降到地面。

(16)起重机不得靠近架空输电线路作业。

(17)起重机使用的钢丝绳,应有钢丝绳制造厂签发的产品技术性能和质量的证明文件。当无证明文件时,必须经过试验合格后方可使用。

(18)起重机使用的钢丝绳,其结构形式、规格及强度应符合该型起重机使用说明书的要求。钢丝绳与卷筒应连接牢固,放出钢丝绳时卷筒上应至少保留三圈,收放钢丝绳时应防止钢丝绳打环、扭结、弯折和乱绳,不得使用扭结、变形的钢丝绳。使用编结的钢丝绳,其编结部分在运行中不得通过卷筒和滑轮。

(19)钢丝绳采用编结固接时,编结部分的长度不得小于钢丝绳直径的20倍,并不应小于300 mm,其编结部分应捆扎细钢丝。当采用绳卡固接时,与钢丝绳直径匹配的绳卡的规格、数量应符合有关规定。

(20)每班作业前应检查钢丝绳及钢丝绳的连接部位。当钢丝绳在一个节距内断丝概数达到或超过规定的根数时,应予以报废。

(21)向转动的卷筒上缠绕钢丝绳时,不得用手拉或脚踩的方式来引导钢丝绳。在钢丝绳上涂抹润滑脂,必须在停止运转后进行。

(22)起重机的吊钩和吊环严禁补焊。当出现下列情况之一时应更换:

①表面有裂纹、破口。

②危险断面及钩颈有永久变形。

③挂绳处断面磨损超过高度的10%。

④吊钩衬套磨损超过原厚度的50%。

⑤心轴(销子)磨损超过其直径的3%~5%。

(23)当起重机制动器的制动鼓表面磨损达1.5~2.0 mm(小直径取小值,大直径取大值)时,应更换制动鼓。同样,当起重机制动器的制动带磨损超过原厚度的50%时,应更换自动带。

(二)塔式起重机使用安全技术措施

1. 塔式起重机安装、拆除的安全注意事项

(1)对装拆人员的要求:

①参加塔式起重机装拆的人员,必须经过专业培训考核,持有效操作证件上岗。

②装拆人员应严格按照塔机的装拆方案和操作规程的规定、程序进行装拆。

③装拆作业人员应严格遵守施工现场安全生产的有关制度,正确使用劳动保护用品。

(2)塔式起重机装拆的管理要求:

①装拆塔机的施工企业,必须具备装拆作业的资质,并按资质等级进行相应的作业。

②进行塔机装拆时,施工企业必须编制专项的装拆安全施工组织设计和装拆工艺要求,并经过企业技术主管领导的审批。

③塔机装拆前,必须向全体作业人员进行装拆方案和安全操作技术书面交底。

④施工企业必须建立塔机的装拆专业班组并且配有起重工(装拆工)、电工、起重指挥,塔机操纵司机和维修钳工等。

(3)装拆过程中的安全要求:

①塔机的装拆区域应设立警戒区域,派专人值班。

②装拆塔机的作业,必须在班组长的统一指挥下进行,并配有现场安全监护人员,监控装拆全过程。

③行走式塔机就位后,应将夹轨钳夹紧。

④作业前,对制动器、连接件、临时支撑要进行调整和检查。对起重作业需要的吊索具要保持完好,符合安全技术要求。

⑤作业中遇大雨、雾和风力超过4级时应停止作业。

⑥塔机在安装中对所有的螺栓都要拧紧,并达到紧固力矩要求。对钢丝绳要检查是否有断丝磨损现象,若有损坏,则立即更换。

⑦对安装、拆卸中的滑轮组的钢丝绳要理整齐,其轧头要正确使用(轧头规格使用时比钢丝绳要小一号),轧头数量按钢丝绳规格配置。

⑧对整体起扳安装的塔机,起扳前要认真、仔细地对全机各处进行检查,路轨路基和各金属结构的受力状况、要害部位的焊缝情况等应进行重点检查,发现隐患及时整改或修复后,方能起扳。

(4)塔机安装完毕后必须经专门的检测机构检测验收合格后方能使用。

2. 塔机常见事故隐患

塔机事故主要有五大类:整机倾覆、起重臂折断或碰坏、塔身折断或底架碰坏、出轨、机构损坏。引起这些事故的主要原因有:

(1)超载起吊导致塔机失稳而倒塔。

(2)违章斜吊增加了张拉力矩,再加上原起重力矩,往往容易造成超载。

(3)起重指挥失误或与司机配合不当,造成失误。

(4)塔机装拆管理不严、人员未经培训、企业无装拆资质或无相应的资质。

(5)塔机的行走路基、轨道铺设不坚实、不平实，致使路轨的高低差过大，塔机重心失衡而倾覆。

(6)设备缺乏定期检修保养，安全装置失灵等造成事故。

(7)没有正确地挂钩，盛放或捆绑吊物不妥，致使吊物坠落伤人。

(8)塔机在工作过程中，力矩限制器失灵或被司机有意关闭造成司机在操作中盲目或无意超载起吊。

(9)在恶劣气候(大风、雷雨等)中进行起吊作业。

3. 塔机使用中的基本安全技术要求

(1)起重司机应持有与其所操纵的塔机的起重力矩相对应的操作证；指挥应持证上岗，并正确使用旗语或对讲机。

(2)塔机的装拆必须由有资质的单位操作。拆装前，应编制专项的拆装方案并经企业技术主管负责人的审批同意后方能进行，同时要做好对拆装人员的交底和安全教育。

(3)起吊作业中司机和指挥必须遵守"十不吊"的规定。

(4)塔机的基础必须符合安全使用的技术条件规定。

(5)塔机运行时，必须严格按照操作规程要求规定执行。最基本的要求是：起吊前，先鸣号，吊物禁止从人的头上越过；起吊时吊索应保持垂直、起降平稳，操作尽量避免急刹车或冲击；严禁超载，当起吊满载或接近满载时，严禁同时做两个动作及左右回转范围不应超过90°。

(6)塔机停用时，吊物必须落地不准悬在空中，并对停放位置和小车、吊钩、夹轨钳、电源等一一加以检查，确认无误后，方能离岗。

(7)在使用中不得利用安全限制器停车；吊重物时不得调整起升、变幅的制动器；除专门设计的塔机外，起吊和变幅两套起升机构不应同时开动。

(8)自升式塔机使用中的顶升加节工作要有专人负责。塔机安装完后的验收和检测工作是必不可少的，顶升加节后的验收工作也应该严格执行。对垂直度、爬升套架、附着装置等都必须进行检查验收。

(9)两台或两台以上塔吊作业时，应有防碰撞措施。

(10)定期对塔机的各安全装置进行维修保养，确保其在运行过程中发挥正常作用。

(三)物料提升机使用安全技术措施

1. 基础、附着架、缆风绳及地锚

1)基础

依据提升机的类型及土质情况确定基础的做法。高架提升机的基础应进行设计，其基础应能可靠承受作用在其上的全部荷载；低架提升机的基础一般可在原土夯实后采用灰土基础，也可采用混凝土基础，并做好排水措施。

2)附着架

为固定提升机的架体，在架设过程中，每间隔一定高度必须设一道附着杆件与建筑结构部分进行连接，从而确保架体的自身稳定。附着架的间隔一般不宜大于9 m，且在建筑物的顶层必须设置一组。附着架与建筑物的连接应进行设计，并采用刚性连接，不得与脚手架相连。

3）缆风绳

当提升机无条件设置附着架时，应采用缆风绳固定架体，但高架提升机在任何情况下均不得采用缆风绳。

（1）缆风绳的材料：应选用直径不小于9.3 mm的圆股钢丝绳。

（2）缆风绳的数量：提升机高度在20 m以下（含20 m）时，缆风绳不少于1组（4～8根）；提升机高度在21～30 m时，缆风绳不少于2组。

（3）缆风绳的布置：应在架体四角有横向缀件的同一水平面上对称设置，并有防止架体钢材对缆风绳的剪切破坏的措施。门字架的缆风绳则应设在顶部。缆风绳与地面的夹角以45°～60°为宜，其下端应用与钢丝绳拉力相适应的花蓝螺栓与地锚连接，并拉紧钢丝绳使其垂度不大于0.01L（L为钢丝绳长度），调节时应对角进行。

4）地锚

缆风绳的地锚应根据土质情况及受力大小设置，并经计算确定。

缆风绳的地锚一般宜采用水平式地锚。水平地锚是用一根或几根圆木捆绑在一起，横着埋入土内，其埋深根据受力大小和土质情况而定。

2. 物料提升机的安装与拆除

1）物料提升机安装前的准备工作

（1）根据施工现场工作条件及设备情况编制架体的安装方案。

（2）对作业人员根据方案进行安全技术交底，确定指挥人员与信号，提升人员必须持证上岗。

（3）划定安全警戒区域，指定监护人员、非工作人员不得进入警戒区内。

（4）提升机架体的实际安装高度不得超出设计所允许的最大高度，并做好以下检查内容：

①金属结构的成套性和完好性。

②提升机构是否完整良好。

③电气设备是否齐全可靠。

④基础位置和做法是否符合要求。

⑤地锚位置、连墙杆（附着杆）连接埋件的位置是否正确和埋设牢靠。

⑥提升机周围环境条件有无影响作业安全的因素，尤其是缆风绳是否跨越或靠近外电线路以及其他架空输电线路。必须靠近时，应保证最小安全距离并采取相应的安全防护措施。

2）架体安装

（1）每安装2个标准节（一般不大于8 m），应采用临时支撑或临时缆风绳固定。

（2）安装门字架时，两边立柱应交替进行，每安装两节，除将单肢柱进行临时固定外，尚应将两立柱横向连接成一体。

（3）装设摇臂把杆时，应符合以下要求：

①把杆底座要高出工作面，其顶部不得高出架体。

②把杆与水平面夹角应为45°～70°，转向时不得碰到缆风绳。

③把杆不得装在架体的自由端。

④把杆应安装保险钢丝绳。起重吊钩应采用符合有关规定的吊具并设置吊钩上极限限位装置。

(4)架体安装完毕后,企业必须组织有关职能部门和人员对提升机进行试验和验收,检查验收合格后,方能交付使用,并挂上验收合格牌。

3)架体拆除

(1)拆除前应作必要的检查,其内容包括:

①查看提升机与建筑物的连接情况,特别是有否与脚手架连接的现象。

②查看提升机架体有无其他牵拉物。

③临时缆风绳及地锚的设置情况。

④架体或地梁与基础的连接情况。

(2)在拆除缆风绳或附着架前,应先设置临时缆风绳或支撑,确保架体自由高度不得大于 2 个标准节(一般不大于 8 m)。

(3)拆除作业中,严禁从高处向下抛掷物件。

(4)拆除作业宜在白天进行,夜间确需作业的应有良好的照明。因故中断作业时,应采取临时稳固措施。

3. 提升机常见安全隐患及安全使用

1)物料提升机常见安全隐患及原因

(1)架体的安装与拆除。

架体的安装与拆除前未制订装拆方案和相应的安全技术措施,作业人员无证上岗,施工前未进行详尽的安全技术交底,违章操作。

架体在安装过程中,基础处理、连墙杆的设置不当也会带来严重的隐患。例如,基础面不平整或水平偏差大于 10 mm 时,会严重影响架体的垂直度;连墙杆或缆风绳的随意设置等带来安全隐患。

(2)安全装置不全或设置不当、失灵。

未按规范要求设置安全装置,或安全装置设置不当,一旦发生误操作或电气故障等情况,将产生吊篮冒顶、钢丝绳拉断、吊篮坠落等严重事故。

(3)使用和管理不当。

2)物料提升机的安全使用与管理

(1)提升机安装后,应由主管部门组织有关人员按规范和设计要求进行检查验收,确定合格后发给使用证,方可交付使用。

(2)由专职司机操作。升降机司机应经专门培训,人员要相对稳定,每班开机前,应对卷扬机、钢丝绳、地锚、缆风绳进行检查,并进行空车运行,确认各类安全装置安全可靠后方能投入工作。

(3)每月进行一次定期检查。

(4)严禁人员攀登、穿越提升机架体和乘坐吊篮上下。

(5)物料在吊篮内应均匀分布,不得超出吊篮,严禁超载使用。

(6)装设摇臂把杆的提升机,吊篮与摇臂把杆不得同时使用。

(7)提升机在工作状态下,不得进行保养、维修、排除故障等工作,若要进行,则应切断电源并在醒目处挂“有人检修,禁止合闸”的标志牌,必要时应设专人监护。

(8)作业结束时,司机应降下吊篮,切断电源,锁好控制电箱门,防止其他无证人员擅自启动提升机。

六、施工升降机使用安全技术措施

施工升降机按其传动方式可分为齿轮齿条式、钢丝绳式和混合式三种。

(一)施工升降机的安装与拆卸

(1)升降机的装拆作业必须由持有相应的装拆资质证书的专业单位实施。

(2)施工升降机每次安装与拆卸作业之前,企业应根据施工现场工作环境及辅助设备情况编制安装拆卸方案,经企业技术负责人审批同意后方能实施。

(3)每次安装和拆除作业前,应对作业人员进行详细的安全技术交底。参与装拆的人员须持有资格证书。

(4)作业人员应按高处作业的要求,系好安全带。

(5)安装与拆卸工作宜在白天进行,遇恶劣天气应停止作业。

(6)施工升降机在安装作业前,应对升降机的各部件作如下检查:

①基础位置和做法是否符合该产品的设计要求。

②传动系统的齿轮、限速器的装配精度及其接触长度。

③附着架设置处的混凝土强度和螺栓孔是否符合安装条件。

④导轨架、吊笼等金属结构的成套性和完好性。

⑤电气设备主电路和控制电路是否符合国家规定的产品标准。

⑥各安全装置是否齐全,安装位置是否正确牢固,各限位开关动作是否灵敏、可靠。

⑦升降机安装作业环境有无影响作业安全的因素。

(7)安装作业应严格按照制订的安装方案和施工工艺要求实施,安装过程中要有专人统一指挥,划出警戒区域,并有专人监控。

(8)拆卸时严禁将物件从高处向下抛掷。

(9)升降机每次安装后,施工企业应当组织有关职能部门和专业人员对升降机进行必要的试验和验收,确认合格后应当向当地建设行政主管部门认定的检测机构申报,经专业检测机构检测合格后,才能正式投入使用。

(二)施工升降机的事故隐患及安全使用

1.施工升降机的事故隐患及其产生的原因

(1)施工升降机的装拆:

①不按施工升降机装拆方案施工或无装拆方案,或有方案无针对性,且缺乏必要的审批手续,拆装过程中无专人统一指挥。

②升降机完成安装作业后即投入使用,不履行相关的验收手续或必经的试验程序,甚至不向专业检测机构申报检测。

③装拆人员未经专业培训即上岗作业。

④装拆作业前未进行安全技术交底,作业时又缺乏必要的监护措施,现场违章作业。

(2)升降机司机未持证上岗,或司机离开驾驶室未关闭电源使无证人员有机会擅自开机。

(3)不按设计要求及时配置配重,又不将额定荷载减半。

(4)安全装置装设不当甚至不装。

(5)楼层门设置不符合要求:层门净高偏低、楼层门可从楼层内打开。

(6)不按升降机额定荷载控制人员数量和物料重量。

(7)限速器未按规定进行每三个月一次的坠落试验。

另外,金属结构和电气金属外壳不接地或接地不符合安全要求、悬挂配重的钢丝绳安全系数达不到8倍、电气装置不设置相序和断电保护器等是施工升降机使用过程中常见的事故通病。

2. 施工升降机的安全使用和管理

(1)升降机司机应为经行政主管部门培训合格的专职人员,严禁无证操作。

(2)施工企业必须建立健全升降机的各类管理制度,落实专职机构和专职管理人员,明确各级安全使用和管理责任制。

(3)建立和执行定期检查和维修保养制度,每周或每旬对升降机进行全面检查,对查出的隐患按“三定”原则落实整改。整改后须经有关人员复查确认符合安全要求后,方能使用。

(4)司机应做好日常检查工作,即在电梯每班首次运行时,应分别作空载和满载试运行,将梯笼升高至离地面0.5 m处停车,检查制动器的灵敏性和可靠性,确认正常后方可投入使用。

(5)风力达6级以上应停止使用升降机,并将吊笼降至地面。

(6)升降机应按规定单独安装接地保护和避雷装置。

(7)梯笼乘人、载物时,应尽量使荷载均匀分布,严禁超载使用。

(8)升降机运行至最上层和最下层时,严禁以碰撞上、下限位开关来实现停车。

(9)司机因故离开吊笼及下班时,应将吊笼降至地面,切断总电源并锁好电箱门,以防止无证人员擅自开机。

(10)各停靠层的运料通道两侧须有良好的防护。楼层门应处于常闭状态,其高度应符合规范要求,任何人不得擅自打开或将头伸出门外,当楼层门未关闭时,司机不得开动电梯。

(11)确保通信装置完好,司机应当在确认信号后方能开动升降机。作业中无论任何人在任何楼层发出紧急停车信号,司机都应当立即执行。

(12)严禁在升降机运行状态下进行维修保养工作,若需维修,必须切断电源并在醒目处挂上“有人检修,禁止合闸”的标志牌,并设专人监护。

七、施工现场临时用电安全技术

(一)临时用电管理

1. 临时用电组织设计

(1)施工现场临时用电设备在5台及以上或设备总容量在50 kW及以上者,应编制用电组织设计。施工现场临时用电组织设计应包括下列内容:

①现场勘测；

②确定电源进线、变电所或配电室、配电装置、用电设备位置及线路走向；

③进行负荷计算；

④选择变压器；

⑤设计配电系统：

⑥设计防雷装置；

⑦确定防护措施；

⑧制定安全用电措施和电气防火措施。

(2)临时用电工程图纸应单独绘制，临时用电工程应按图施工。

(3)临时用电组织设计及变更时，必须履行“编制、审核、批准”程序，由电气工程技术人员组织编制，经相关部门审核及具有法人资格企业的技术负责人批准后实施。变更用电组织设计时应补充有关图纸资料。

(4)临时用电工程必须经编制、审核、批准部门和使用单位共同验收，合格后方可投入使用。

(5)施工现场临时用电设备在5台以下和设备总容量在50 kW以下者，应制定安全用电和电气防火措施，并应符合规范规定。

2. 电工及用电人员

电工必须经过按国家现行标准考核合格后，持证上岗工作；其他用电人员必须通过相关安全教育培训和技术交底，考核合格后方可上岗工作。

(二)外电线路及电气设备防护

1. 外电线路防护

(1)在建工程不得在外电架空线路正下方施工、搭设作业棚、建造生活设施或堆放构件、架具、材料及其他杂物等。

(2)在建工程(含脚手架)的周边与外电架空线路的边线之间的最小安全操作距离应符合表8-1规定。

表8-1 在建工程(含脚手架)的周边与外电架空线路的边线之间的最小安全操作距离

外电线路电压等级(kV)	<1	1~10	35~110	220	330~500
最小安全操作距离(m)	4.0	6.0	8.0	10	15

注:上、下脚手架的斜道不宜设在有外电线路的一侧。

(3)施工现场的机动车道与外电架空线路交叉时，架空线路的最低点与路面的最小垂直距离应符合表8-2规定。

表8-2 施工现场的机动车道与外电架空线路交叉时的最小垂直距离

外心线路电压等级(kV)	<1	1~10	35
最小垂直距离(m)	6.0	7.0	7.0

(4)起重机严禁越过无防护设施的外电架空线路作业。在外电架空线路附近吊装时，起重机的任何部位或被吊物边缘在最大偏斜时与架空线路边线的最小安全距离应符

合表 8-3 规定。

表 8-3　起重机与外电架空线路边线的最小安全距离

电压(kV)		<1	10	35	110	220	330	500
安全距离(m)	沿垂直方向	1.5	3.0	4.0	5.0	6.0	7.0	8.5
	沿水平方向	1.5	2.0	3.5	4.0	6.0	7.0	8.5

(5)防护设施与外电线路之间的安全距离不应小于表 8-4 所列数值。

表 8-4　防护设施与外电线路之间的最小安全距离

外电线路电压等级(kV)	≤10	35	110	220	330	500
最小安全距离(m)	1.7	2.0	2.5	4.0	5.0	6.0

2. 电气设备防护

(1)电气设备现场周围不得存放易燃易爆物、污源和腐蚀介质,否则应予以清除或做防护处置,其防护等级必须与环境条件相适应。

(2)电气设备设置场所应能避免物体打击和机械损伤,否则应做防护处置。

(三)接地与防雷

(1)在施工现场专用变压器的供电的 TN－S 接零保护系统中,电气设备的金属外壳必须与保护零线连接。

(2)施工现场内的起重机、井字架、龙门架等机械设备,以及钢脚手架和正在施工的在建工程等的金属结构,当在相邻建筑物、构筑物等设施的防雷装置接闪器的保护范围以外时,应按表 8-5 规定安装防雷装置。

表 8-5　施工现场内机械设备及高架设施需安装防雷装置的规定

地区年平均雷暴日(d)	机械设备高度(m)
≤15	≥50
>15 且 <40	≥32
≥40 且 <90	≥20
≥90 及雷害特别严重地区	≥12

当最高机械设备上避雷针(接闪器)的保护范围能覆盖其他设备,且又最后退出现场,则其他设备可不设防雷装置。

(四)配电室

配电室应靠近电源,并应设在灰尘少、潮气少、振动小、无腐蚀介质、无易燃易爆物及道路畅通的地方。

(五)配电箱及开关箱

(1)配电系统应设置配电柜或总配电箱、分配电箱、开关箱,实行三级配电。

(2)总配电箱以下可设若干分配电箱,分配电箱以下可设若干开关箱。

(3)每台用电设备必须有各自专用的开关箱,严禁用同一个开关箱直接控制 2 台及 2

台以上用电设备(含插座)。

(4)动力配电箱与照明配电箱宜分别设置。当合并设置为同一配电箱时,动力和照明应分路配电;动力开关箱与照明开关箱必须分设。

(5)配电箱、开关箱应装设在干燥、通风及常温场所,不得装设在有严重损伤作用的瓦斯、烟气、潮气及其他有害介质中,亦不得装设在易受外来固体物撞击、强烈振动、液体浸溅及热源烘烤场所;否则,应予以清除或作防护处理。

(六)照明

(1)照明灯具的金属外壳必须与 PE 线相连接,照明开关箱内必须装设隔离开关、短路与过载保护电器和漏电保护器,并应符合规定。

(2)室外 220 V 灯具距地面不得低于 3 m,室内 220 V 灯具距地面不得低于 2.5 m。

(3)碘钨灯及钠、铊、铟等金属卤化物灯具的安装高度宜在 3 m 以上,灯线应固定在接线柱上,不得靠近灯具表面。

(4)对夜间影响飞机或车辆通行的在建工程及机械设备,必须设置醒目的红色信号灯,其电源应设在施工现场总电源开关的前侧,并应设置外电线路停止供电时的应急自备电源。

八、高层钢结构安全施工技术

(一)钢结构安装工程安全技术

高层钢结构安装工程,绝大部分工作都是高空作业,此外还有临边、洞口、攀登、悬空、立体交叉作业等;施工中还使用有起重机、电焊机、切割机等用电设备和氧气瓶、乙炔瓶等化学危险品,以及吊装作业、电弧焊与气切割明火作业等,因此施工中必须贯彻“安全第一、预防为主”的方针,确保人身安全和设备安全。此外,由于钢结构耐火性能差,任何消防隐患都可能造成重大经济损失,还必须加强施工现场的消防安全工作。

1. 施工安全要求

(1)高空安装作业时,应系好安全带,并应对使用的脚手架或吊架等进行检查,确认安全后方可施工。操作人员需要在水平钢梁上行走时,安全带要挂在钢梁上设置的安全绳上,安全绳的立杆钢管必须与钢梁连接牢固。

(2)高空操作人员携带的手动工具、螺栓、焊条等小件物品,必须放在工具袋内,互相传递要用绳子,不准扔掷。

(3)凡是附在柱、梁上的爬梯、走道、操作平台、高空作业吊篮、临时脚手架等,要与钢构件连接牢固。

(4)构件安装后,必须检查连接质量,无误后才能摘钩或拆除临时固定。

(5)风力大于 5 级,雨、雪天和构件有积雪、结冰、积水时,应停止高空钢结构的安装作业。

(6)应按规定在建筑物外侧搭设水平和垂直安全网。第一层水平安全网离地面 5 ~ 10 m,挑出网宽 6 m;第二层水平安全网设在钢结构安装工作面下,挑出 3 m。第一、二层水平安全网应随钢结构安装进度往上转移,两者相差一节柱距离。网下已安装好的钢结构外侧,应安设垂直安全网,并沿建筑物外侧封闭严密。建筑物内部的楼梯、电梯井口,各种预留孔洞等处，均要设置水平防护网、防护挡板或防护栏杆。

(7)构件吊装时，要采取必要措施防止起重机倾翻。起重机行驶道路必须坚实可靠；尽量避免满负荷行驶；严禁超载吊装；双机抬吊时，要根据起重机的起重能力进行合理的负荷分配，并统一指挥操作；绑扎构件的吊索须经过计算，所有起重机具应定期检查。

(8)使用塔式起重机或长吊杆的其他类型起重机时，应有避雷防触电设施。

(9)各种用电设备要有接地装置，地线和电力用具的电阻不得大于4 Ω。各种用电设备和电缆(特别是焊机电缆)要经常进行检查，保证绝缘良好。

2. 施工现场消防安全措施

(1)钢结构安装前，必须根据工程规模、结构特点、技术复杂程度和现场具体条件等，拟定具体的安全消防措施，建立安全消防管理制度，并强化进行管理。

(2)应对参加安装施工的全体人员进行安全消防技术交底，加强教育和培训工作。各专业工程应严格执行本工种安全操作规程和本工程指定的各项安全消防措施。

(3)施工现场应设置消防车道，配备消防器材，安排足够的消防水源。

(4)施工材料的堆放、保管应符合防火安全要求，易燃材料必须专库堆放。

(5)进行电弧焊、栓钉焊、气切割等明火作业时，要有专职人员值班防火。氧、乙炔瓶不应放在太阳光下暴晒，更不可接近火源(要求与火源距离不小于10 m)；冬季氧、乙炔瓶筏门发生冻结时，应用干净的热布把筏门烫热，不可用火烤。

(6)安装使用的电气设备，应按使用性质的不同设置专用电缆供电。其中，塔式起重机、电焊机、栓钉焊机三类用电量大的设备，应分成三路电源供电。

(7)多层与高层钢结构安装施工时，各类消防设施(灭火器、水桶、砂袋等)应随安装高度的增加及时上移，一般不得超过两个楼层。

(二)钢结构涂装工程安全技术

1. 防腐涂装安全技术

钢结构防腐涂料的溶剂和稀释剂大多为易燃品，大部分有不同程度的毒性，且当防腐涂料中的溶剂与空气混合达到一定比例时，一遇火源(往往不是明火)即发生爆炸。为此，应重视钢结构防腐涂装施工中的防火、防爆、防毒工作。

1)防火措施

(1)防腐涂装施工现场或车间不允许堆放易燃物品，并应远离易燃物品仓库。

(2)防腐涂装施工现场或车间严禁烟火，并应有明显的禁止烟火标志。

(3)防腐涂装施工现场或车间必须备有消防水源和消防器材。

(4)擦过溶剂和涂料的棉纱应存放在带盖的铁桶内，并定期处理掉。

(5)严禁向下水道倾倒涂料和溶剂。

2)防爆措施

(1)防明火。防腐涂装施工现场或车间禁止使用明火，必须加热时，要采用热载体、电感加热，并远离现场。

(2)防摩擦和撞击产生的火花。施工中应禁止使用铁棒等物体敲击金属物体和漆桶；当需敲击时，应使用木质工具。

(3)防电火花。涂料仓库和施工现场使用的照明灯应有防爆装置，电器设备应使用防爆型的，并要定期检查电路及设备的绝缘情况。在使用溶剂的场所，应严禁使用闸刀开关，要用三线插销的插头。

(4)防静电。所使用的设备和电器导线应接地良好，防止静电聚集。

3)防毒措施

(1)施工现场应有良好的通风排气装置，使有害气体和粉尘的含量不超过规定浓度。

(2)施工人员应戴防毒口罩或防毒面具；对接触性的侵害，施工人员应穿工作服、戴手套和防护眼镜等，尽量不与溶剂接触。

2. 防火涂装安全技术

(1)防火涂装施工中，应注意溶剂型涂料施工的防火安全，现场必须配备消防器材，严禁现场明火、吸烟。

(2)施工中应注意操作人员的安全保护。施工人员应戴安全帽、口罩、手套和防尘眼镜，并严格执行机械设备安全操作规程。

(3)防火涂料应储存在阴凉的仓库内，仓库温度不宜高于35 ℃，不应低于5 ℃，严禁露天存放、日晒雨淋。

习　题

1. 我国实行的安全管理体制是什么？
2. 什么是安全生产责任制？
3. 企业实行安全生产责任制的意义是什么？建筑企业各级管理人员安全生产责任制是什么？
4. 施工现场的不安全因素有哪些？
5. 施工现场安全管理的内容有哪些？
6. 施工企业在施工现场应采取哪些安全防范措施？
7. 编制安全技术措施有哪些要求？
8. 安全技术措施的主要内容包括哪些？
9. 工程建设重大事故分哪几个等级？
10. 基础工程施工、脚手架搭设作业安全隐患的主要表现形式分别有哪些？
11. 高处作业时的安全防护措施有哪些？
12. 垂直运输机械使用安全技术措施有哪些？
13. 高层钢结构安全施工技术有哪些？

参 考 文 献

[1] 滕延京.建筑地基基础设计规范理解与应用[M].北京:中国建筑工业出版社,2004.
[2] 杨国立.高层建筑施工[M].北京:化学工业出版社,2010.
[3] 蒋国盛,等.基坑工程[M].北京:中国地质大学出版社,2000.
[4] 郝临山,陈晋中.高层与大跨建筑施工技术[M].北京:机械工业出版社,2004.
[5] 中国建筑工业出版社.现行建筑施工规范大全[M].北京:中国建筑工业出版社,2002.
[6] 杨嗣信.高层建筑施工手册[M].北京:中国建筑工业出版社,2003.
[7] 余志成,施文华.深基坑支护设计与施工[M].北京:中国建筑工业出版社,1997.
[8] 黄强.建筑基坑支护技术规程应用手册[M].北京:中国建筑工业出版社,1999.
[9] 张厚先.建筑施工技术[M].北京:机械工业出版社,2004.
[10] 本书编写组.建筑施工手册[M].4版.北京:中国建筑工业出版社,2003.
[11] 杨跃.高层建筑施工[M].武汉:华中科技大学出版社,2004.
[12] 范俊祥.塔式起重机[M].北京:中国建材工业出版社,2004.
[13] 赵志缙,赵帆.高层建筑施工[M].北京:中国建筑工业出版社,1996.
[14] 杜荣军.建筑施工脚手架实用手册[M].北京:中国建筑工业出版社,1994.
[15] 施岚青,余宗明,张玉祥,等.新型脚手架与模板支撑架[M].北京:中国建筑工业出版社,1997.
[16] 赵明华,俞晓.土力学与基础工程[M].武汉:武汉理工大学出版社,2011.
[17] 江正荣.建筑施工计算手册[M].北京:中国建筑工业出版社,2001.
[18] 李惠强.高层建筑施工技术[M].北京:机械工业出版社,2005.
[19] 赵志缙,赵帆.高层建筑基础工程施工[M].北京:中国建筑工业出版社,1994.
[20] 杨国立.高层建筑施工[M].北京:化学工业出版社,2010.